普通高等教育“十二五”规划教材——物电类
国家特色专业物理学教材

高校

《光学》教学参考书

杨 群 ◎ 编

西南交通大学出版社
·成 都·

图书在版编目（CIP）数据

高校《光学》教学参考书 / 杨群编. —成都：西南交通大学出版社，2015.2

普通高等教育“十二五”规划教材. 物电类 国家特色专业物理学教材

ISBN 978-7-5643-3715-5

Ⅰ. ①高… Ⅱ. ①杨… Ⅲ. ①光学－高等学校－教学参考资料 Ⅳ. ①O43

中国版本图书馆 CIP 数据核字（2015）第 020833 号

普通高等教育“十二五”规划教材——物电类
国家特色专业物理学教材

高校《光学》教学参考书　　杨群　编

责任编辑　牛　君
助理编辑　张少华
特邀编辑　穆　丰
装帧设计　何东琳设计工作室

印张　13.25　　字数　326千
成品尺寸　185 mm × 260 mm
版本　2015年2月第1版
印次　2015年2月第1次
印刷　四川森林印务有限责任公司
出版 发行　西南交通大学出版社
网址　http://www.xnjdcbs.com
地址　四川省成都市金牛区交大路146号
邮政编码　610031
发行部电话　028-87600564　028-87600533

书号：ISBN 978-7-5643-3715-5
定价：30.00元

丛书编写委员会

主　任　陆　华

副主任　司民真　山玉林

委　员　周瑞云　董　刚　徐卫华　王新春
　　　　王昆林　王怡林　杨　群

总　序

特色专业是指充分体现学校办学定位，在教育目标、师资队伍、课程体系、教学条件和培养质量等方面，具有较高的办学水平和鲜明的办学特色，获得社会认同并有较高社会声誉的专业。特色专业是经过长期建设形成的，是学校办学优势和办学特色的集中体现。2010 年 7 月，楚雄师范学院物理学（师范类）专业被批准为第六批国家特色专业建设点。这套教材就是楚雄师范学院物理与电子科学学院在建设国家特色物理学（师范类）专业过程中的部分成果展示。

在特色专业的建设中，我们根据目前中学物理新课标及中学物理教学改革的趋势，构建课程体系和改革教学内容；整合课程内容，突出专业基本知识、基本技能以及教师职业核心能力培养；实施“5+5”课程改革计划，即“力学、热学、电磁学、光学、原子物理 5 门基础知识课程+5 个相应中学物理课程学习”，突出专业基本知识的学习，同时熟悉中学物理课程体系。在学生实践能力的培养上，我们搭建了 6 个实践平台，即实验教学“8+2”模式平台、设计性实验平台、开放实验室平台、学科竞赛（如大学生电子设计大赛、物理教学技能大赛）平台、学生社团活动、大学生创新性实验计划项目以及学生参与教师科研项目平台，为培养学生的创新精神、实践能力助力。在本套教材编写过程中，我们根据学生实际，从实验课程构架情况以及对学生要求出发，以够用、适用为准则，以培养应用型人才为导向，希望能够指导学生更好地掌握相关物理学内容。

在编写过程中，我们得到了学校各级领导和同事的大力支持，也借鉴了一些国内同行的先进经验，在此一并表示衷心感谢。

由于时间和水平有限，书中难免存在疏漏之处，恳请广大师生在使用过程中提出宝贵意见，以利将来改进。

丛书编委会

二〇一四年三月

前　言

这本书的前身，是本人编写供楚雄师范专科学校和楚雄师院物理专业多年使用的光学讲义。编写的主导思想是，既要符合国家的教学要求，又能适应我校的学生实际，利于教学。本书根据本人的长期的教学实践，融入了多年的授课经验，并多次征求同行和学生意见，几经修改而成。在对物理概念、规律和理论的阐述中，力求易于理解，重点突出。在每章的内容中，精选了较多的由浅入深的例题，便于学生学习。此外，本书还在光学内容的现代化方面做了一些探索，适当引入了一些现代光学的新知识和新成果，使该门课更具活力和现代气息。希望该书能对同学们的学习有所裨益。

在此，对在该书的编写和修改过程中，所有提出过宝贵意见和建议的老师和同学们深表感谢。

由于水平有限，欢迎批评指正。

杨　群

2014 年 12 月

目　录

1　**光学总论**······1
1.1　光的本性······1
1.2　光学的研究对象、分支和应用······2
1.3　光的电磁本性······2
1.4　光度学基本概念······5
小　结······8
思考题······8
习　题······8
阅读材料······9
2　**几何光学基础**······10
2.1　几何光学的基本定律······10
2.2　费马原理······12
2.3　全反射及其应用　棱镜······15
2.4　物和像······20
2.5　平面反射和折射成像······21
2.6　单球面折射成像······23
2.7　单球面反射成像······29
2.8　逐次求像法······32
2.9　薄透镜······33
2.10　理想光学系统······40
小　结······46
思考题······50
习　题······51
阅读材料······54
3　**光学仪器的基本原理**······57
3.1　眼睛与眼镜······57
3.2　照相机与投影仪······60
3.3　放大镜　显微镜······61
3.4　望远镜　目镜······64
3.5　光阑　像差简介······67
小　结······71

思考题……71
习　题……71
阅读材料……72
4　光的干涉……76
4.1　干涉的基本概念……76
4.2　分波前法干涉……80
4.3　薄膜干涉（一）——等厚条纹……84
4.4　薄膜干涉（二）——等倾条纹　迈克耳孙干涉仪……91
4.5　多光束干涉……95
4.6　干涉现象的应用……97
4.7　光源的相干性……99
小　结……100
思考题……104
习　题……105
阅读材料……107
5　光的衍射……108
5.1　光的衍射现象　惠更斯-菲涅耳原理……108
5.2　菲涅耳圆孔衍射……111
5.3　夫琅禾费单缝衍射……115
5.4　光栅衍射……120
5.5　夫琅禾费圆孔衍射……126
5.6　光学仪器的分辨本领……127
5.7　晶体对X射线的衍射……130
小　结……132
思考题……134
习　题……135
阅读材料……136
6　光的偏振……137
6.1　光的偏振　自然光　偏振光……137
6.2　马吕斯定律　线偏振光的检验……139
6.3　反射与折射起偏　布儒斯特定律……142
6.4　晶体的双折射……144
6.5　常见偏振元件……148
6.6　椭圆偏振光与圆偏振光　偏振光的检验……150
6.7　偏振光的干涉……154
6.8　人工双折射与偏振光干涉的应用……157
6.9　旋光现象……159

小　结……160
思考题……164
习　题……165
阅读材料……167
7　激光和全息照相……169
7.1　激光的产生……169
7.2　氦-氖激光器……170
7.3　激光的特性和应用……172
7.4　全息照相……174
小　结……176
思考题……176
阅读材料……177
8　信息光学简介……178
8.1　空间频率与光学信息……178
8.2　阿贝成像原理和空间滤波……181
小　结……183
思考题……183
阅读材料……184
9　光的量子性……186
9.1　光电效应……186
9.2　康普顿效应……190
9.3　光的波粒二象性……192
小　结……193
思考题……193
习　题……194
阅读材料……194
习题参考答案……198
参考文献……200

1 光学总论

【教学要求】

（1）了解光的电磁本性、可见光的波长范围和频率范围，理解光强的概念。

（2）了解光通量、发光强度、光照度和光亮度的概念及其单位，理解照度平方反比定律。

1.1 光的本性

人类离不开光，人们之所以能够看到人世间的千姿百态、万紫千红，是因为人眼能够接收物体发射、反射或散射的光，光是人们通常遇到的一种最普遍的自然现象，人类对光的认识和研究已有 3 千多年的历史；同时，光学也是一门发展最早的学科，整个光学的发展史，紧紧围绕着“光究竟是什么？”这个古老而又年轻的主线来展开。

早在 2000 多年的漫长历史岁月中，人类的光学知识仅限于对一些现象和规律的描述。如公元前 400 多年，春秋战国时期，在墨子所著《墨经》里，记录了影的形成、针孔成像、光在镜面（凹面和凸面）上的反射等现象。在《墨经》问世后 100 多年，希腊的欧几里得在《光学》一书中，研究了平面镜成像，指出反射角与入射角的关系，提出“触须学说”。宋代的沈括在《梦溪笔谈》中记载了丰富的几何知识。对凸凹面镜的成像规律、测定凹面镜焦点和虹的成因等方面进行了富有创造性的阐述。阿拉伯的阿尔哈金（11 世纪）认为，光线来自所观察的物体，并发明了凸透镜。1299 年，阿玛蒂发明了眼镜；玻特（1535—1615 年）发明了成像暗箱。后来又相继发明望远镜，显微镜。直到 17 世纪，斯涅尔和笛卡儿给出折射定律，费马提出费马原理，几何光学才初步形成，人类对光的认识仅处于萌芽阶段。

对光本性的认真探讨，应该说是从 17 世纪开始的，当时有两个学说并立。以牛顿为代表的一些人提出了**微粒理论，认为光是一群做匀速直线运动的微粒流**。这种学说直接说明了光的直线传播定律，并能对光的反射和折射作一些解释。但是用微粒说研究光的折射定律时，得出了光在水中的传播速度比空气中大的错误结论。不过这一点在当时的科学技术条件下，还不能通过实验测定来鉴别，光的微粒理论差不多统治了两百多年。另一个学说，是和牛顿同时代的惠更斯提出的**波动理论，认为光是在一种特殊弹性媒质中传播的机械波**。这种理论也解释了光的反射和折射等现象，然而惠更斯认为光是纵波，他的理论是很不完善的。19 世纪初，托马斯·杨和菲涅尔等人的实验和理论工作，把光的波动理论大大推向前进，解释了光的干涉、衍射现象，初步测定了光的波长，并根据光的偏振现象确认光是横波。根据光的波动理论研究光的折射，得出光在水中的速度应小于光在空气中的速度，这一点在 1862 年为傅科的实验所证实。因此，到 19 世纪中叶，光的波动说战胜了微粒说。

惠更斯-菲涅耳旧波动理论的弱点，和牛顿的微粒理论一样，都带有机械论的色彩：把光现象看成某种机械运动过程，认为光是一种在特殊的弹性媒质（历史上称为“以太”）中传播的机械波。

重要的突破发生在 19 世纪 60 年代，麦克斯韦建立起电磁理论，预言了电磁波的存在，并指出**光是波长较短的电磁波**。1888 年，赫兹实验发现了波长较长的电磁波——无线电波。光的电磁理论以无可辩驳的事实赢得了公认。**光的电磁理论**能很好地解释光在传播过程中的各种现象，但是却不能解释光和物质相互作用时发生的现象：光电效应和康普顿效应。

1900 年普朗克提出了量子假说，认为各种频率的电磁波（包括光），只能像微粒似地以一定最小份额的能量发射（称为能量子，其能量正比于频率），说明了光的发射问题。1905 年，爱因斯坦发展了**光的量子理论**。应用光量子理论可以成功地解释光电效应和康普顿效应，**说明光与物质发生作用时，光子将会与物质微粒传递能量和动量**。那么，光究竟是微粒还是波动？

人类对光的本性的研究，已经进行了几千年，时至今日，仍不能作出肯定的答复。近代科学实践证明，光是一个十分复杂的客体，对于它的本性问题，目前只能用它所表现的性质和规律来回答：光的某些行为像“波动”，某些行为像“粒子”，即所谓“**光的波粒二象性**”。由于“粒子”和“波动”都是经典物理的概念，而任何经典的概念都不能完全概括光的本性。

1.2 光学的研究对象、分支和应用

光学是研究光的本性，研究光的发射、传播以及和物质相互作用规律的学科。

光学除了是物理学中一门重要的基础学科外，也是一门应用性很强的学科，它的研究对象早已不限于可见光。在长期的发展过程中，光学里形成一套行之有效的特殊方法和仪器设备，可用之于日益宽广的电磁波段。

光学在传统上分为两大类：几何光学和物理光学。当光的波动效应不明显时，在传播过程中，对光遵从直射、反射和折射等定律的研究，称为几何光学；研究光的波动性学科，称为物理光学（或波动光学）。光和物质相互作用的问题，通常是在分子或原子的尺度上来研究问题的，这类不完全属传统光学的内容，也仍可归于物理光学之内。

从 20 世纪 60 年代起，特别是激光问世以来，一向沉寂的光学又焕发了青春，发展迅猛，成为现代物理学和现代科学的前沿阵地，产生了崭新的分支学科：如全息光学、信息光学和非线性光学等形成现代光学的主体。

信息光学（变换光学或傅里叶光学）是由信息论和光学相结合形成的学科。可应用到信息处理、像质评价、光计算机等技术中。信息光学从“空域”走向“频域”，采用新的数学方法，使用空间频率、频谱及傅氏变换等一系列新观念讨论问题，使得人们对早已熟悉的光学现象得到更深刻的理解和认识。信息光学认为，物光所携带的信息除了强度、颜色和偏振态等外，还有反映空间频率的信息。光学仪器的成像质量决定于物光在空间频率的传递情况。

激光的发明，是光学发展史上的一个里程碑。其产物如全息摄影术等应用也十分广泛。激光的出现，为研究强光作用下的非线性光学创造了条件。

光学的应用十分广泛。几何光学是各种光学仪器设计的基础；光的干涉可用于精密测量；光栅是重要的分光仪器，光谱分析是物质成分分析中的先进方法。现代光学应用的范围非常广泛，具有光辉的前景。

1.3 光的电磁本性

在各种波长的电磁波中，能为人眼所感受的，只是波长 λ 在 390～760 nm 的狭小范围，

叫作可见光。在可见光范围内不同波长的光引起不同的颜色感觉。一般来说，波长与颜色的对应关系见表 1-1。

表 1-1　波长与颜色对应关系

红	橙	黄	绿	青	蓝	紫

760　630　600　570　500　450　430　390（nm）

光在真空中的传播速度是

$$c = 299\ 792\ 458\ \text{m/s}$$

电磁理论证明

$$c = \frac{1}{\sqrt{\varepsilon_0 \mu_0}}$$

从波长 λ 可换算出频率 ν，

$$\nu = \frac{c}{\lambda}$$

例如，波长范围为 390～760 nm 的可见光，对应的频率范围是 $7.7 \sim 3.9 \times 10^{14}$ Hz。

通常说的光的强度（简称光强），是指单位时间内，通过与传播方向垂直的单位截面内的平均光能。也即光的平均能流密度。

如图 1.1 所示，一个沿 x 轴正向传播的单色平面电磁波可表示为

$$E = E_0 \cos\left[\omega\left(t - \frac{x}{\upsilon}\right) - \varphi\right] \tag{1.1}$$

$$H = H_0 \cos\left[\omega\left(t - \frac{x}{\upsilon}\right) - \varphi\right]$$

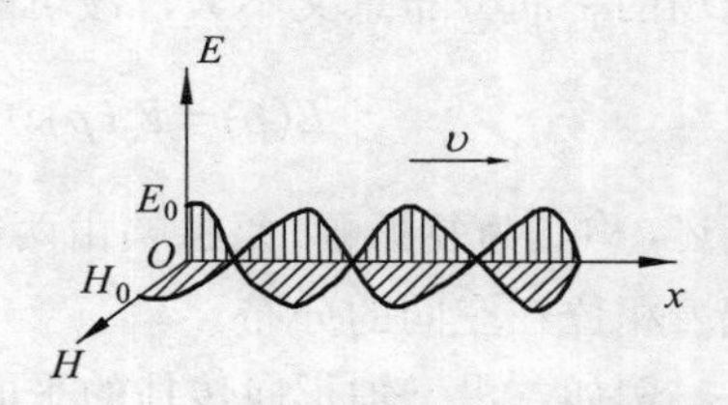

图 1.1　单色平面电磁波

其中，E_0、H_0 分别为 $\boldsymbol{E}$、$\boldsymbol{H}$ 的振幅；υ 为波速；ω 为圆频率。$\boldsymbol{E}$ 和 $\boldsymbol{H}$ 的初相位 φ 相同，在传播过程中相位恒相等。

由电磁理论知道，电磁波的能流密度矢量（即坡印亭矢量）$\boldsymbol{P}$ 在国际单位制中为

$$\boldsymbol{P} = \boldsymbol{E} \times \boldsymbol{H} \tag{1.2}$$

对于平面波，能流密度大小为

$$P = EH$$

求其平均值，可得平均能流密度为

$$\overline{P} \propto E_0^2 \ （或\ H_0^2）$$

光的平均能流密度（即光强）为

$$I = \overline{P} \propto E_0^2$$

在同一种介质中，我们只关心光的相对强度分布，上式的比例系数可以取为 1，于是有

$$I = E_0^2 \tag{1.3}$$

即**光强等于电矢量振幅的平方**。

上面之所以将光强定义为电矢量振幅的平方，是因为**光的很多效应**（使眼睛产生视觉、

使底片感光、光电子发射等）**都是由其中的电矢量 $\boldsymbol{E}$ 所引起的**。所以，在讨论光现象时，只考虑电矢量的变化情况，把**电矢量称为光矢量**，而（1.1）式即代表光波的表达式。

波场中物理状态的扰动可用标量场描述的，称为标量波；需要矢量场描述的，称为矢量波。光波属矢量波，但在光学中，一般都把它作为标量波看待，不再考虑光振动的方向。并且今后我们一律以定态光波为讨论对象，即我们所讨论的光波在空间各点的扰动是同频率的简谐振动，且振幅分布不随时间而变化。

普遍的定态标量波的表达式为：

$$E(p,t)=E_0(p)\cos[\omega t-\varphi(p)] \tag{1.4}$$

其中，p 代表场点；$E_0(p)$ 表示振幅的空间分布；$\varphi(p)$ 反映相位的空间分布。二者都与时间无关。波函数中唯一与时间有关的是相位因子中 ωt 一项，ω 为圆频率，而这项是与场点位置无关的。

为了使物理问题的分析变得简便，我们可将上述余弦函数的表达式转换为复数表示式，即

$$E(p,t)=E_0(p)\mathrm{e}^{-i[\omega t-\varphi(p)]} \tag{1.5}$$

当然，我们应用公式（1.5）时，必须记住真正实际的波动是由它的实部表示的。在公式（1.5）中，对于确定频率的单色光，时间因子 $\mathrm{e}^{-i\omega t}$ 对于光场中任何一点总是相同的，它对描述光场的空间分布意义不大，故可略去不写。光场的空间分布完全由

$$E(p)=E_0(p)\mathrm{e}^{i\varphi(p)}$$

描述，称其为复振幅。复振幅由两部分组成，其模量 $E_0(p)$ 代表振幅在空间的分布，其幅角 $\varphi(p)$ 代表相位在空间的分布。

例如，沿 x 轴正向传播的平面波的表达式为（见图 1.2）

$$E(p,t)=E_0\cos\left[\omega\left(t-\frac{x}{v}-\varphi_0\right)\right]$$

$$=E_0\cos\left[\omega t-\frac{2\pi}{\lambda}x-\varphi_0\right]=E_0\cos[\omega t-Kx-\varphi_0]$$

$$\left(K=\frac{2\pi}{\lambda}\right)$$

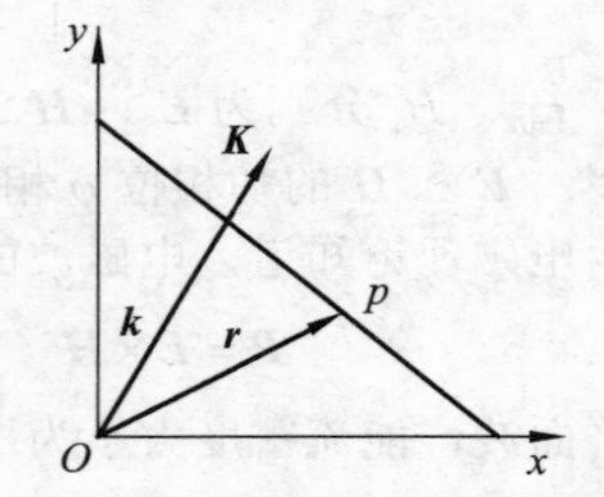

图 1.2　沿 x 轴正向传播的平面波

注：矢量用黑体表示。

在一般情形下有

$$E(p,t)=E_0\cos[\omega t-\boldsymbol{K}\cdot\boldsymbol{r}-\varphi_0]$$

式中

$$\boldsymbol{K}=\frac{2\pi}{\lambda}\boldsymbol{k}$$

其中，$\boldsymbol{K}$ 代表波的传播方向，称为波矢；$\boldsymbol{k}$ 代表沿传播方向的单位矢。在直角坐标下，式中

$$\boldsymbol{K}=K_x\boldsymbol{i}+K_y\boldsymbol{j}+K_z\boldsymbol{j},\quad \boldsymbol{r}=x\boldsymbol{i}+y\boldsymbol{i}+z\boldsymbol{K}$$

故有

$$E(p,t)=E_0\cos[\omega t-K_x x-K_y y-K_z z-\varphi_0]$$

其振幅为

$$E(p)=E_0 e^{\varphi(p)},\ \varphi(p)=K_x x+K_y y+K_z z-\varphi_0 \tag{1.6}$$

球面波的波动方程

$$E(p)=\frac{E_0}{r}\cos(\omega t-\boldsymbol{K}\cdot\boldsymbol{r})$$

对于发散球面波，$\boldsymbol{K}$ 与 $\boldsymbol{r}$ 方向一致；对于会聚波，$\boldsymbol{K}$ 与 $\boldsymbol{r}$ 方向相反。于是球面波的复振幅可写作

$$E(p)=\frac{E_0}{r}e^{\pm iKr} \tag{1.7}$$

取“+”号表示发散球面波；取“-”号表示会聚球面波。

现代光学的思想就是要在复杂的波场中分离出简单的成分——球面波或平面波。

1.4 光度学基本概念

在实际生活中，在学习和工作中，在光学仪器的研究中，我们都会碰到光能的测量和计算问题，如确定房间的照明程度，比较各光源的发光强弱等，这就需要了解有关光能传输方面的一些基本知识。

电磁波也称电磁辐射。通常大多数辐射源发射波长范围很广的电磁波，在这些电磁波中，能引起视觉感应的可见光只是其中波长很窄的一段，研究各种波长辐射能量计量的学科称为辐射度学，仅限于研究可见光波段能量计量的学科，称为光度学。本节中着重介绍光度学中的几个基本概念而不涉及具体的测量方法。

1.4.1 视见函数与光通量

辐射体在单位时间内所辐射的能量，称为光源的**辐射通量**。其单位是**瓦特**，辐射通量又称为辐射功率。辐射通量与波长 λ 有关，用 $\psi(\lambda)$ 表示。

人眼对各种波长的光敏感程度是不同的，例如对黄绿光最敏感，对红光和紫光的感觉较差，观察辐射通量相同的黄绿光、紫光或红光时，感觉到黄绿光明亮，而红光或紫光较暗。至于红外线和紫外线，即使光流很强，也不能引起视觉。人眼对各种波长光的灵敏度，称为**视见函数**，用 $V(\lambda)$表示。比较两种光在同样的视觉强度时所需辐射通量，可以规定视见函数的数值。人眼对 555 nm 的黄绿光最为敏感，规定其视见函数 $V(\lambda)=1$，对于其他波长，$V(\lambda)<1$。

应当指出，在比较明亮（明视觉）的条件下和比较昏暗（暗视觉）的条件下，视见函数也不同。如图 1.3 所示中的实线和虚线，分别表示明视觉和暗视觉条件下的视见函数。在昏暗条件下人眼对 505 nm 的蓝绿光最敏感。因此，在月色朦胧之夜，人们总感到周围世界笼罩了一层蓝绿色的色彩。

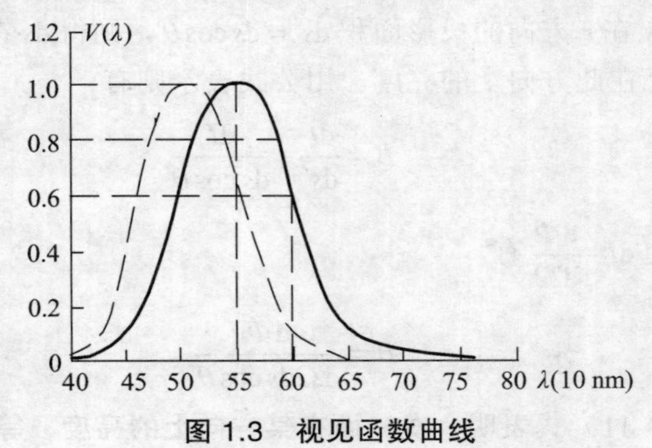

图 1.3 视见函数曲线

为描述辐射通量对人眼引起的视觉强度，引入一个称为**光通量**的物理量，其定义为：**波长为 λ，辐射通量为 $\psi(\lambda)$的光，其辐射通量 $\psi(\lambda)$和视见函数 $V(\lambda)$的乘积称为光通量**。即

$$\Phi = V(\lambda)\psi(\lambda) \tag{1.8}$$

光通量既反映了辐射通量的大小，又考虑了人眼视觉的灵敏度，也就是说，光通量可以理解为对人眼有效的辐射通量，光通量的单位是“流明”，符号 1 m。

1.4.2 发光强度

当光源的线度，比考虑问题中的照射距离小得很多的时候，这个光源可以认为是点光源；在实际中的多数情形里，我们看到的光源有一定的发光面积，这种光源叫面光源，或称扩展光源。

为了描述点光源在某一方向上发出光通量能力的大小，定义为：**点光源在这一方向上单位立体角内发出的光通量为光源在此方向上的发光强度**。如图 1.4 所示，O 为点光源或某一发光面上的发光点，以 $\boldsymbol{r}$ 为轴取一立体角元 dΩ，设 dΩ 内的光通量为 dΦ，则沿 $\boldsymbol{r}$ 方向的发光强度为

$$I = \frac{\mathrm{d}\Phi}{\mathrm{d}\Omega} \tag{1.9}$$

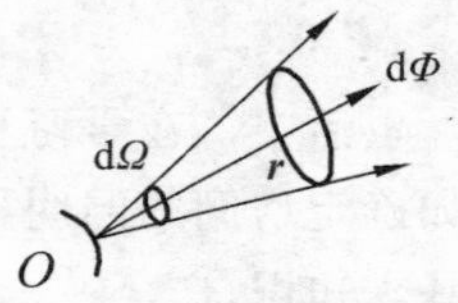

发光强度的单位是“坎德拉”，符号 cd。

$$1\ 坎德拉 = \frac{1流量}{1球面度} \quad 或 \quad 1\ \mathrm{cd}=1\ \mathrm{lm}\cdot \mathrm{sr}^{-1}$$

显然 $1\ \mathrm{lm}=1\ \mathrm{cd}\cdot\mathrm{sr}$。

图 1.4 点光源在该方向的发光强度

若光源为各向同性的，其向各方向发射的光通量是均匀的，则

$$I = \frac{\Phi}{\Omega}$$

因一点在空间所张的立体角 $\Omega = 4\pi$，则有

$$\Phi = 4\pi I$$

即各向同性的点光源所射出的总光通量在数值上等于发光强度的 4π 倍。

1.4.3 亮　度

对于面光源，我们除了可用发光强度来描述它在某一方向上的发光能力之外，还想进一步知道它的每一单位面积在这个方向上的发光能力。为此需要引入另一个物理量——**亮度**。

如图 1.5 所示，设发光面上的面元 ds 在与表面法线 $\boldsymbol{n}$ 成 θ 角的 $\boldsymbol{r}$ 方向上的发光强度为 dI，ds 在 $\boldsymbol{r}$ 方向的投影面积 $\mathrm{d}s' = \mathrm{d}s\cos\theta$，则得 d$s$ 在 $\boldsymbol{r}$ 方向上单位投影面积的发光强度，称为该面元在此方向上的亮度。用公式表示则有

$$B = \frac{\mathrm{d}I}{\mathrm{d}s'} = \frac{\mathrm{d}I}{\mathrm{d}s\cos\theta} \tag{1.10}$$

由 $\mathrm{d}I = \frac{\mathrm{d}\Phi}{\mathrm{d}\Omega}$ 有

$$B = \frac{\mathrm{d}\Phi}{\mathrm{d}\Omega\mathrm{d}s\cos\theta} \tag{1.11}$$

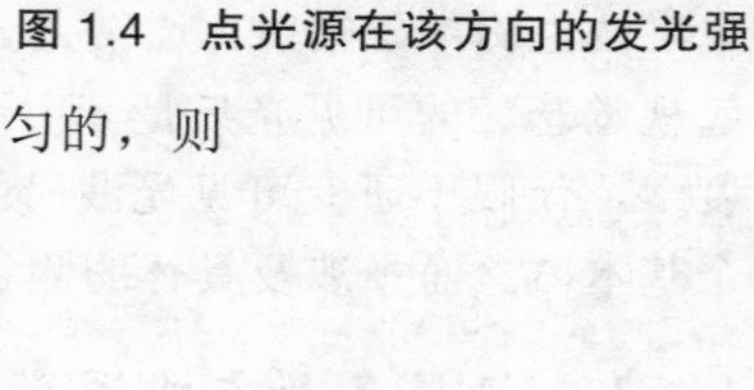

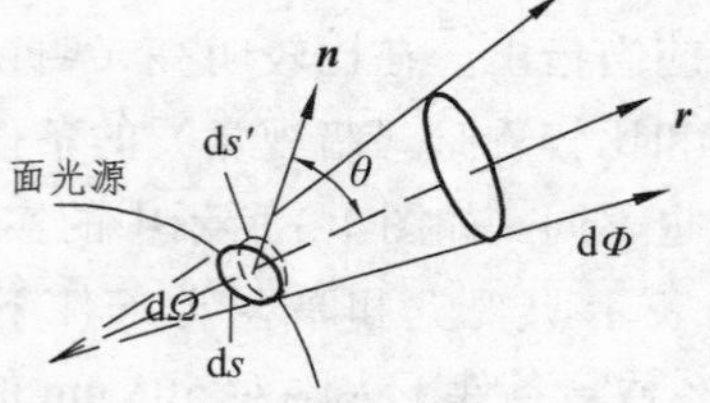

图 1.5 发光面在该方向的亮度

（1.11）式表明，**发光面在某方向上的亮度，等于该方向上单位投影面积在单位立体角内发出**

的光通量。在国际制单位中亮度的单位为 $\mathrm{cd \cdot m^{-2}}$（1 坎德拉每平方米）。

一般情况下，发光体的亮度随方向而变，然而有相当多的一些发光体，其亮度与方向无关，即从各个方面看上去，亮度都一样，这类发光体称为余弦辐射体或朗伯光源。如太阳、月亮、某些粗糙的发光面等。

1.4.4 照 度

照度是表征受照面被照明程度的物理量。

假设投射到 $\mathrm{d}s$ 面元上的光通量为 $\mathrm{d}\Phi$，如图 1.6 所示，则此面元上的照度为投射到单位面积上的光通量。即

$$E = \frac{\mathrm{d}\Phi}{\mathrm{d}s} \tag{1.12}$$

照度的单位是勒克斯（lx）。当 1 流明的光通量均匀地照射在 1 平方米的面积上时，这个面上的照度就等于 1 lx，即 $1\ \mathrm{lx} = 1\ \mathrm{lm \cdot m^{-2}}$。

在均匀照明的场合，处处有相同的照度。

$$E = \frac{\Phi}{S} \tag{1.13}$$

式中，Φ 是投射到面积 S 上的光通量。

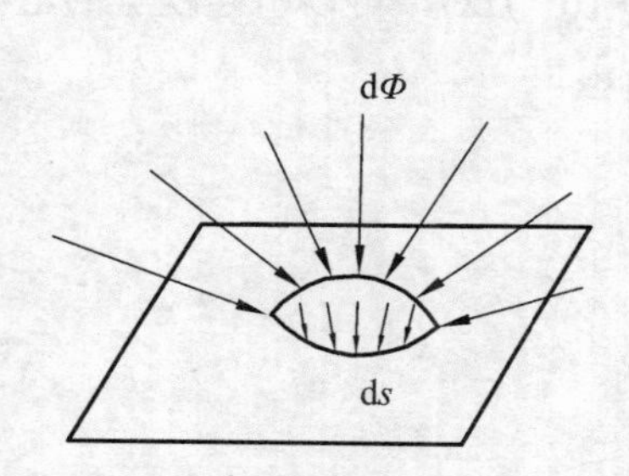

图 1.6 投射到面元的光通量

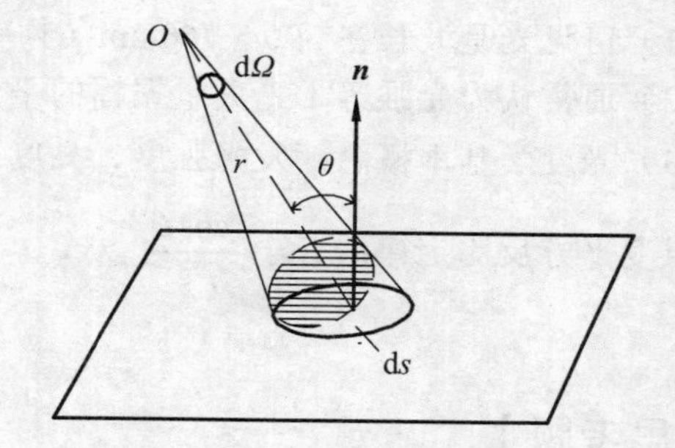

图 1.7 点光源在面元产生的照度

发光强度为 I 的点光源 O（见图 1.7），在与其相距 r 的面元 $\mathrm{d}s$ 上产生的照度

$$E = \frac{\mathrm{d}\Phi}{\mathrm{d}s} = \frac{\mathrm{I} \cdot \mathrm{d}\Omega}{\mathrm{d}s}$$

式中，$\mathrm{d}\Omega$ 是包围面元 $\mathrm{d}s$ 的立体角；而 $\mathrm{d}\Omega = \frac{\mathrm{d}s\cos\theta}{r^2}$，$\theta$ 为 $\mathrm{d}s$ 的法线和光束轴线的夹角，所以

$$E = \frac{I\cos\theta}{r^2} \tag{1.14}$$

（1.14）式表明，**点光源产生的照度，与点光源的发光强度成正比，与投射方向和面元法线的夹角的余弦成正比，与点光源到面元的距离的平方成反比**。这就是**点光源照度的平方反比定律**。

在各种场合，需要一定的照度才有利于工作和学习的进行。一些常见的实际情况下的照度值见表 1-2。为了帮助读者对亮度值有较具体的认识，在表 1-3 中给出了一些实际光源亮度的近似值。

表 1-2 一些受照面的照度（$lm \cdot m^{-2}$ 或 lx）

无月夜天光在地面上所产生的照度	3×10^{-4}
办公室工作时必须的照度	20 ~ 100
晴朗夏日采光良好的室内照度	100 ~ 500
夏日太阳不直射的露天地面照度	$10^3 \sim 10^4$

表 1-3 常见光源的亮度（$cd \cdot m^{-2}$）

满月的表面	2.5×10^3
蜡烛火焰	5×10^3
钨丝白炽灯	$5 \sim 15\times10^6$
在地面上看到的太阳	1.5×10^9

【小 结】

（1）可见光是波长在 390～760 nm（频率在 7.7～3.9×10^{14} Hz），可以引起视觉的电磁波。

（2）通常认为光强等于光矢量振幅的平方，即 $I = E_0^2$。

（3）光度学基本概念：发光强度、亮度、照度。

照度平方反比定律：$E = \dfrac{I\cos\theta}{r^2}$

【思考题】

1.1 可见光是电磁波谱中哪一波段的波，为什么把它的电振动称为光振动？

1.2 为什么要引入光通量这个物理量？它与光的辐射通量有什么关系？

【习 题】

1.1 100 cd 的白炽灯从天花板吊下，正在一个圆桌中心上方 3 m 处，圆桌直径为 1.2 m。求这个电灯投射到桌上的光通量和桌面中心的照度。设电灯可视为各方向发光强度相同的点光源。

1.2 用照度计测得离 20 000 W 氙灯 20 m 处垂直面上的照度为 200 lx，求氙灯的发光强度。

1.3 一灯（可认为是点光源）悬挂在圆桌中央的上空，桌的半径为 R，为了使桌的边缘能得到最大的照度，灯应悬在离桌面多高处？

【阅读材料】

能比光速更快吗？

20 世纪初以来，物理学工作者普遍确认，没有一种粒子、信号、因果事件能比光在真空中的速率 $c = 299\ 792\ 458$ m/s 更快。然而，德国汉堡大学物理学教授沙恩伯斯特根据量子场论中的理论，提出能比光速更快的假想实验。

首先，真空并不是虚无的空间，根据量子场论，真空是由电子和其反粒子——正电子组成的波涛汹涌的粒子海洋，这种正负电子对在特定条件下既会骤然湮灭成为光子，又可因光子湮灭而成对出现，正负电子对的不断出现和湮灭，阻碍了光子在真空中的运动而使光速变小。

假如能使真空中的波动“平静”下来，使其对光子的作用不很频繁，于是光子的速率也就提高了。沙恩伯斯特想象用两块相距很近、互相平行的导电板形成板间“平静”的真空，则垂直于导电板运动的光子会比上述所定义的 c 更快。但是这一假想实验从来也没成为现实，因为“平静”真空中光速的增加量太小了。假如“平静”真空的空间尺度大到日地间距，光速也仅仅增加 1 mm/s。

虽然，比光速更快的假想实验未能实现，但能比光速更快的想法无疑是人类认识自然的一个进步，也是为人类完美描述自然界作出的重要贡献。

2　几何光学基础

【教学要求】

（1）了解光线和单心光束的概念。

（2）理解物和像的概念，掌握虚物和虚像的实质。

（3）理解光程的概念，了解费马原理在几何光学中的地位和作用。

（4）掌握几何光学中的符号法则，并能正确熟练运用。

（5）掌握用物像公式寻找成像规律。

（6）掌握以几何光学的光线作图法寻找成像规律。

（7）正确运用物像公式和光线作图法求解单球面折射、反射和薄透镜的成像问题。

（8）掌握逐次成像法。

（9）明确理想光具组基点和基面的意义，掌握理想光具组成像的公式法和作图法。

几何光学中，不考虑光的波动性，而以光的直线传播等实验定律为基础，用几何方法研究物体经光学系统的成像规律。

几何光学是波动光学在忽略了波长大小条件下的近似分析。然而近似性分析在实际应用中，已经能够满足需要，并且由于几何方法的直观、简便，几何光学仍为研究光成像问题的有力工具。

本章中，将首先介绍光学的基本定律和有关成像的基本概念，然后讨论平面、球面、薄透镜及共轴球面系统等光学系统的近轴成像理论。

2.1　几何光学的基本定律

在几何光学中，用几何线表示光的传播方向，这种几何线称为光线。光线是个抽象的概念，由于光的衍射作用，不可能从实际光束中分出像几何线那样的所谓“光线”，光线只是表示光的传播方向。

由大量实验总结出来的几何光学的三个基本定律，是光学系统成像的理论基础，下面分述之。

2.1.1　光的直线传播定律

光的直线传播定律：**光在均匀媒质里沿直线传播**。在点光源的照射下，在不透明的物体背后出现清晰的影子，如图 2.1 所示，说明光沿直线传播。

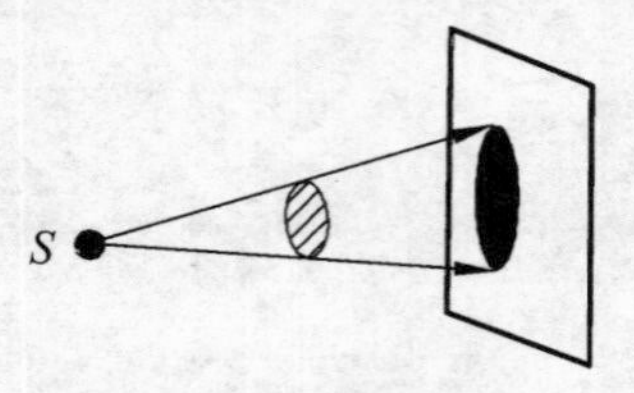

图 2.1　光沿直线传播

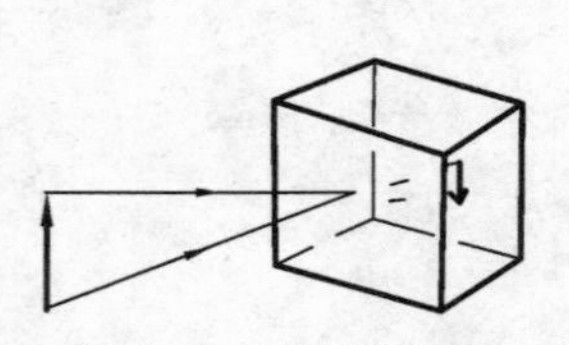

图 2.2　小孔成像

另一个例子是**小孔成像**。如图 2.2 所示，内壁涂黑的方盒，前壁开一针孔，后壁装一毛玻璃片，由物体上各点发出的光线将沿直线通过小孔，在毛玻璃片上形成一倒立的像。

应该指出，光线只在均匀介质中才沿直线传播，**在不均匀介质中光线将因折射而弯曲**，这种现象经常发生在大气中，例如在海边有时出现的海市蜃楼幻景，便是由光线在密度不均匀的大气中折射引起的（见图 2.3）。

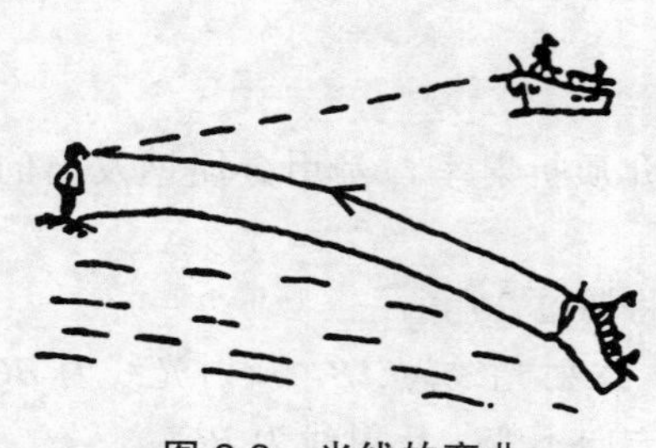

图 2.3　光线的弯曲

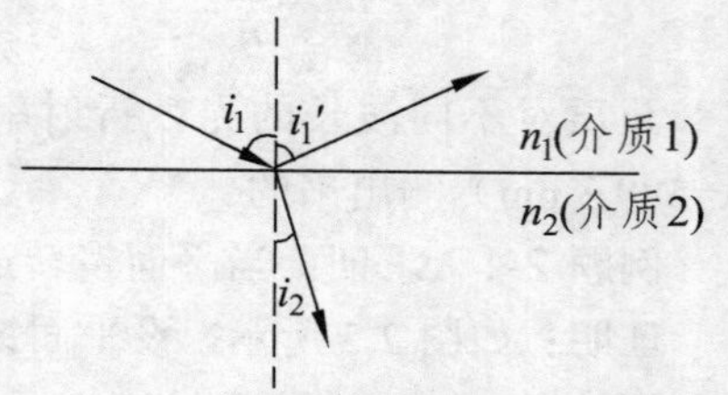

图 2.4　光线射到两介质的分界面上

2.1.2　光的反射定律和折射定律

如图 2.4 所示，当一条光线射到两透明介质的平面分界面上时，通常分成两条光线：一条返回原介质，称为反射光线；另一条进入另一种介质，称为折射光线。入射线与分界面的法线构成的平面称为入射面；分界面法线与入射线、反射线和折射线所成的夹角 i_1、i_1' 和 i_2 分别称为入射角、反射角和折射角。

反射定律　反射光线在入射面内，它与入射光线分居于入射点界面法线的两侧，且反射角等于入射角

$$i_1' = i_1 \tag{2.1}$$

折射定律　折射光线在入射面内，它与入射光线分居于法线的两侧，折射角与入射角的正弦之比与入射角无关，是一个与介质和光的波长有关的常数，即

$$\frac{\sin i_1}{\sin i_2} = n_{21} \tag{2.2}$$

式中，n_{21} 称为第二介质对于第一介质的相对折射率。

根据光的波动理论，相对折射率 n_{21} 的数值等于光在第一介质中的速率 v_1 与光在第二介质中的速率 v_2 之比，即

$$n_{21} = \frac{v_1}{v_2} \tag{2.3}$$

因此

$$\frac{\sin i_1}{\sin i_2} = \frac{v_1}{v_2} \quad 或 \quad \frac{\sin i_1}{v_1} = \frac{\sin i_2}{v_2}$$

两端乘以光在真空中的速率 c，有

$$\frac{c}{v_1}\sin i_1 = \frac{c}{v_2}\sin i_2$$

式中，$\frac{c}{v_1}$ 为第一介质相对于真空的折射率，用 n_1 表示；$\frac{c}{v_2}$ 为第二介质相对于真空的折射率，用 n_2 表示。n_1、n_2 分别称为两介质的绝对折射率，或简称为折射率。这样，折射定律还可表示为

$$n_1 \sin i_1 = n_2 \sin i_2 \tag{2.4}$$

与（2.2）式比较得

$$n_{21} = \frac{n_2}{n_1} \tag{2.5}$$

（2.5）式表明，两种介质的相对折射率等于它们各自的绝对折射率之比。由此还可得到

$$n_{12} = \frac{n_1}{n_2}$$

介质对不同波长的光，折射率不同。通常给出的介质折射率，是用金属钠发出的波长（λ=589.3 nm）测出来的。

例题 2-1 求证：当平面镜转过 θ 角时，反射光线将转过 2θ 角。

证明：如图 2.5 所示，设平面镜原来处于水平位置，入射光线为 AB，反射光线为 BC。当平面镜转过 θ 后，法线也转过 θ 至 BN'位置，入射光线方向不变，反射线为 BC'。

旋转前由反射定律有

$$i = \theta + \alpha \qquad (1)$$

旋转后由反射定律有

$$i + \theta = \alpha + \beta \qquad (2)$$

由（2）式 -（1）式有

$$\beta = 2\theta$$

故题目得证。

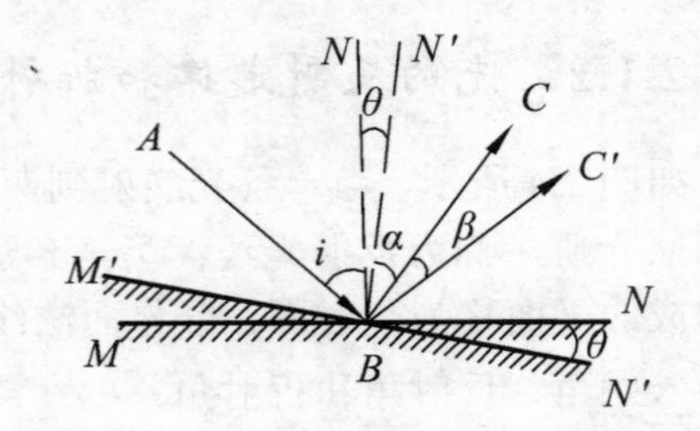

图 2.5 反射光线随平面镜的变化

2.1.3 光路可逆性原理

从前面的几何光学的三个实验定律，可以推出几何光学的一个规律——光路可逆性原理。在图 2.4 中，如果光线逆着反射方向以入射角 i_1' 入射，则反射光将以反射角 i_1 逆着原来的入射线射出。同样，如果光线逆着折射方向由介质 2 射入，则入射介质 1 中的折射线也将逆着原来的入射线方向传播。总之，**当光线沿着和原来相反的方向传播时，其路径不变**，这就是**光路可逆性原理**。

需要指出，如果两种介质的分界面是曲面时，由实验表明，只要用入射点处的曲面法线代替平面界面的法线，反射定律和折射定律仍然成立。

最后要指出的一点是，上述三个基本定律是在入射光不太强的情况下总结出来的。在强激光的照射下，同种均匀介质的折射率将随入射光强的变化而变化，从而出现了一系列新的光学现象，研究它们属于"非线性光学"的范畴。

2.2 费马原理

1675 年，费马提出了最小（传播）时间原理，统一解释了三个基本定律，这个原理后来经过改进，成为现代形式的费马原理。在学习费马原理之前，先引入一个重要概念——光程。

2.2.1 光 程

设光线在时间 t 内在真空中传播的距离为 l'，光在真空中的速率为 c，则有

$$l' = ct$$

如果光在折射率为 n 的均匀介质中传播，速率为 v，在时间 t 内光线经过的路程为 l，则有

$$l = vt = \frac{c}{n}t$$

比较前面两式有

$$l' = nl$$

上式表明，在相同的时间 t 内，光在真空中传播的距离 l'是在介质中传播距离 l 的 n 倍。于是我们将**光在介质中通过的几何路程 l 与该介质折射率 n 的乘积定义为光程**，用 $\varDelta$ 表示，即

$$\varDelta = nl$$

借助光程这个概念，可将光在各种介质中通过的路程折算为真空中的路程，这样便于比较光在不同介质中通过一定路程所需时间的长短。当光线通过几种不同的均匀介质由 A 点传到 B 点时（见图 2.6），AB 之间的光程为

$$\varDelta = n_1 l_1 + n_2 l_2 + \cdots n_K l_K = \sum_{i=1}^{K} n_i l_i \qquad (2.6)$$

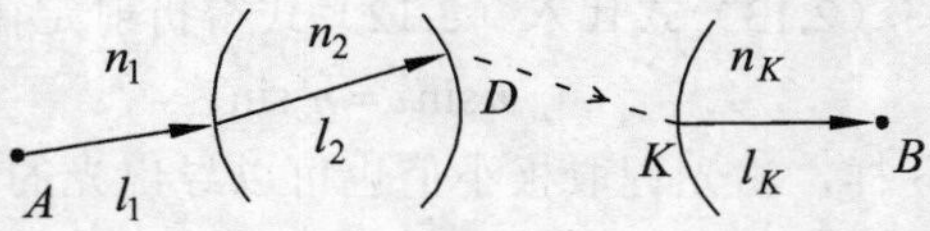

图 2.6　光线通过几种不同介质的光程

若 A 点到 B 点之间介质的折射率是逐点连续变化的，则光程应为

$$\varDelta = \int_A^B n\mathrm{d}l \qquad (2.7)$$

2.2.2　费马原理

费马原理的现代表述为：光在空间两指定点间传播的实际路径，总是取光程为极值的路径。或者说，**光沿光程取极值的路径传播**。用数学公式表示，即

$$\varDelta = \int_A^B n\mathrm{d}l = \text{极值（极大值、极小值或恒定值）} \qquad (2.8)$$

在我们遇到的大多数情况下，光程具有极小值或恒定值，少数情况是极大值。

由于光从 A 点传播到 B 点这段路程 l 所需时间为 t，与光程 nl 有如下关系：

$$t = \frac{nl}{c}$$

式中，c 为真空中的光速。故费马原理又可表述为：在两点之间光沿着所需时间为极值的路径传播。

从费马原理可导出与光的传播路径有关的直线传播定律、反射定律、折射定律以及光路可逆性原理。

例如，在同一均匀介质中，两点之间直线最短，由此得出光的直线传播定律。

费马原理只涉及光的传播路径，而不管光沿哪个方向传播。光从 A 点传到 B 点与从 B 点传到 A 点，光程为极值的条件是相同的，因此两种情况下光将沿同一路径传播。也就是说，费马原理本身包含了光的可逆性。

下面我们从费马原理导出折射定律。在图 2.7 中，A、B 为指定的两点，光从 A 点经两种透明介质的交界面折射后到达 B 点。由图可写出 A、B 两点之间的光程：

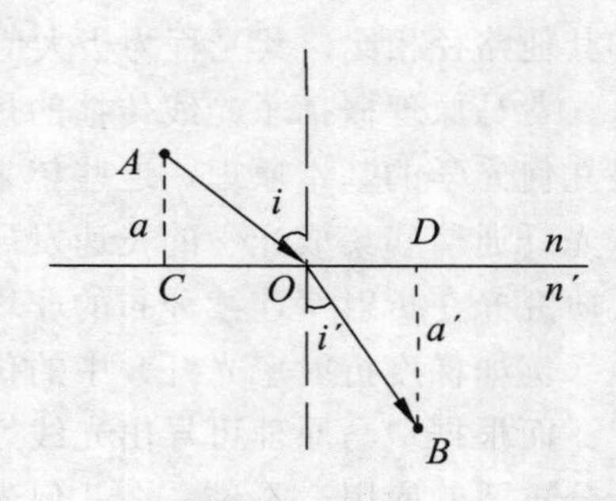

图 2.7　光的折射

$$\Delta=\frac{na}{\cos i}+\frac{n'a'}{\cos i'} \tag{2.9}$$

$$CD=a\tan i+a'\tan i'=\text{常数} \tag{2.10}$$

由费马原理有

$$\frac{\mathrm{d}\Delta}{\mathrm{d}i}=0 \tag{2.11}$$

将（2.9）式代入（2.11）式得

$$\frac{na\sin i}{\cos^2 i}=-\frac{n'a'\sin i'}{\cos^2 i'}\cdot\frac{\mathrm{d}i'}{\mathrm{d}i} \tag{2.12}$$

由（2.10）式得

$$\frac{\mathrm{d}i'}{\mathrm{d}i}=-\frac{\cos^2 i'\cdot a}{\cos^2 i\cdot a'} \tag{2.13}$$

将（2.13）式代入（2.12）式得折射定律

$$n\sin i=n'\sin i'$$

同样，由光程取极小值也可以导出光的反射定律。

由费马原理还可导出一个**重要结论：物点和像点之间各光线的光程都相等**。这便是**物像之间的等光程性**。实物与实像之间的等光程性很容易证明。如图 2.8 所示，从物点 S 发出的光束，经透镜后都将到达像点 S'，在 S 和 S'之间连续分布着无穷多条实际的光线路径。根据费马原理，它们的光程都应取极值或恒定值。这些实际光线，其光程都取极大值或极小值是不可能的，唯一的可能性是取恒定值，即它们的光程都相等。

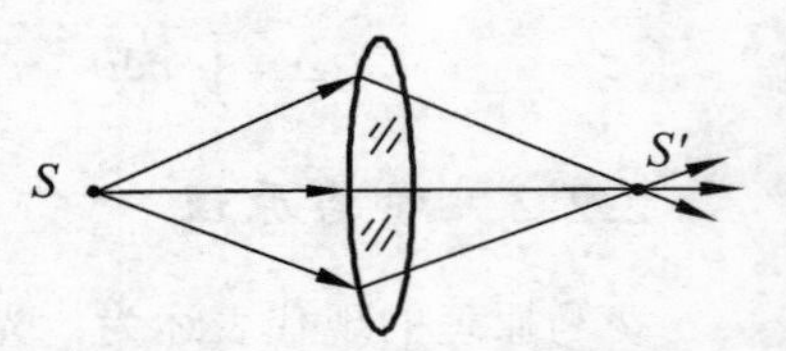

图 2.8　物点与像点的光程

上面我们所讨论的大都是光程取极小值的情况。事实上也存在着光程取极大值或恒定值的情形。例如，光在一个旋转椭球面上反射的情形［见图 2.9（a）］，A、B 两点为椭球面的焦点，根据椭球面性质，对于椭球面上任一点 C，AC、BC 与 C 点法线成等角，且 $AC+BC=AC'+C'B=$常数。因此，从 A 点发出的光线不论在椭球面哪一点反射，反射光线都经过 B 点，且 A、B 间等光程，这就是光程取恒定值的情形。如果另有一反射镜 PQ 和椭球面相切于 C 点，［见图 2.9（b）］则从 A 点发出的许多光线中只有过 C 点的一条经反射后才能到达 B 点，而过反射面其他点的反射光线经反射后不可能到达 B 点，因为 A、B 间光线传播的实际路径和其他路径相比，其光程为极大值。

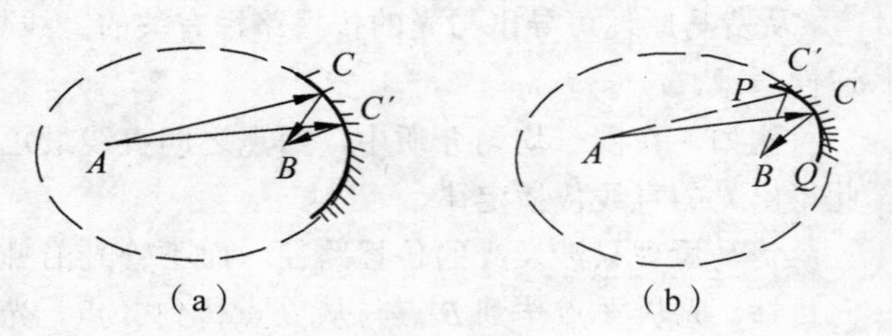

图 2.9　光在椭球面反射的情形

费马原理概括了光线传播的规律，是几何光学的基本原理。近些年来，由于光纤通信和集成光学的飞速发展，需要研究光在折射率连续分布的非均匀介质（例如梯度折射率光纤）中的传播规律。而根据费马原理可导出光线方程，从而可确定光在非均匀介质中的传播路径，所以它有十分重要的应用。不过，在几何光学中讨论均匀介质中的成像问题时，直接用反射定律和折射定律往往更为简单。

2.3 全反射及其应用　棱镜

2.3.1 全反射

在两种相互接触的介质中，我们把折射率较小的介质称为光疏介质，折射率较大的介质称为光密介质。由折射定律 $n_1\sin i_1 = n_2\sin i_2$ 知，**当光线从光密介质射向光疏介质时，** $n_1 > n_2$，折射角大于入射角（见图 2.10），而且随入射角的增大而增大。当入射角增大到某一角度 i_c 时，折射角等于 90°，此时就不再有折射光线，故当入射角大于或等于 i_c 时，入射光的能量将按反射定律全部返回光密介质，这种现象就叫作**全反射**，而 i_c 称为**全反射的临界角**。根据折射定律可求得计算临界角的公式

$$\sin i_c = \frac{n_2}{n_1} \quad 或 \quad i_c = \sin^{-1}\frac{n_2}{n_1} \tag{2.14}$$

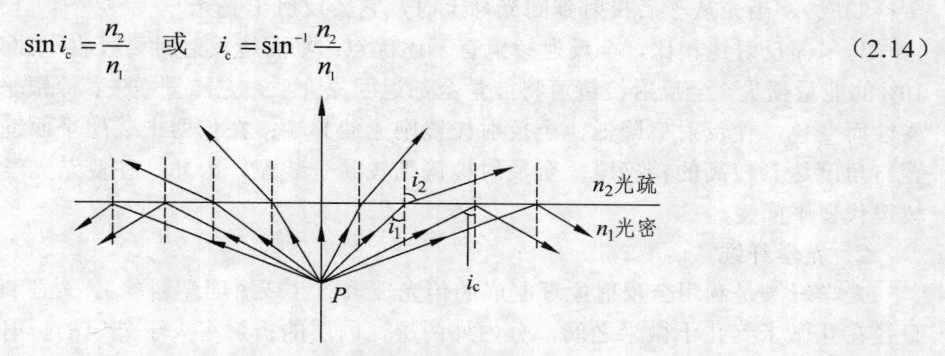

图 2.10　光从光密射向光疏介质

由(2.14)式可以算出水到空气的临界角 $i_c = \sin^{-1}\frac{3}{4} = 48°35'$，由玻璃到空气的临界角 $i_c = \sin^{-1}\left(\frac{1}{1.5}\right) = 41°49'$。

按照波动理论，产生全反射时除反射波外，在光疏介质中也存在透射波，只不过它沿界面方向传播，且其振幅在垂直界面方向作指数衰减，透射深度只有波长数量级，称为倏逝波。倏逝波沿界面传播约一个波长后又返回光疏介质，所以在光疏介质中并不形成透射光束。

2.3.2 全反射的应用

全反射时没有能量的透射损失，因而应用甚广，这里介绍两项重要应用。

1．全反射棱镜

棱镜是用透明材料制成的棱柱体，其中利用光在棱镜中的全反射来改变光的传播方向的棱镜，称为**全反射棱镜**。它是一些光学仪器不可缺少的光学元件，其主要作用是：改变光路方向；起倒像作用，使像的上、下或左右倒转。如图 2.11 所示列举了几种全反射棱镜，其中直角棱镜可将光线方向偏转 90°；波罗棱镜将光线方向偏转 180°，并使像的上、下颠倒；杜夫棱镜仅使像上、下倒转；**角锥棱镜**也称三垂面反射镜，形如从一个玻璃立方体上切下的一角。这种棱镜有一个有趣的特性，即从斜面入射的光线，相继经三个直角面反射后，出射光线与入射光线方向相反。在远距离激光测距中，用这种棱镜作被测目标的反射器，可大大减少瞄准调整的困难。1969 年 7 月 20 日，美国阿波罗 11 号首次把由 100 块角锥棱镜组成的反射器送上月球，用它来反射地面的激光，麦克唐纳天文台用它测量了地球与月球间距离，距离为 3.8×10^5 km 范围内，精确度达 30 cm。

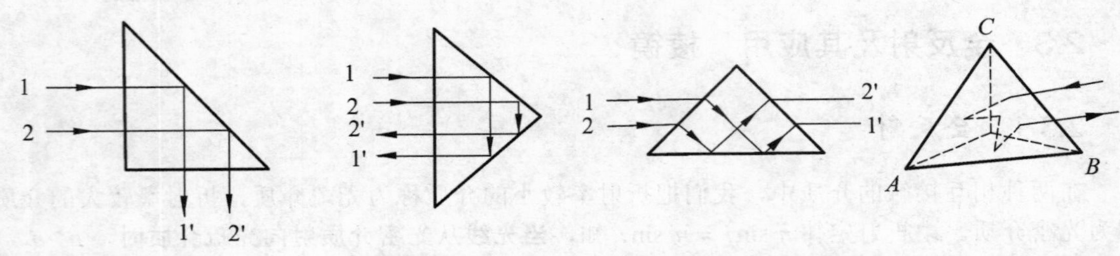

（a）直角棱镜剖面　（b）波罗棱镜剖面　（c）多夫棱镜剖面　（d）角锥棱镜

图 2.11　几种全反射棱镜

自行车后面的回光灯也是一种角锥棱镜装置，在它的内壁布满着许多小的角锥棱镜（用塑料制成），当光从车后投射到回光灯上时，它会反射出亮光。

与平面反射镜相比，全反射棱镜有下述优点：平面镜反射时要吸收一部分光能，约 6%～10%的能量损失，全反射棱镜可将能量全部返回原介质，无能量损失；涂银平面镜易受氧化或腐蚀而变色，使反射率降低，全反射棱镜则无此弊端；在仪器中装配平面镜时，不易使其位置与角度达到较高的精确度，全反射棱镜则较易于装配。因此，在复杂光学仪器中常用反射棱镜代替平面镜。

2．光学纤维

光学纤维是利用全反射原理制成的传光玻璃丝（或透明塑料丝）。光学纤维（简称光纤）直径在几微米到几十微米之间，分内外两层，内层的折射率大于外层的折射率。光线由一端输入，在两层间的界面上经多次全反射后，从另一端射出（见图 2.12）。

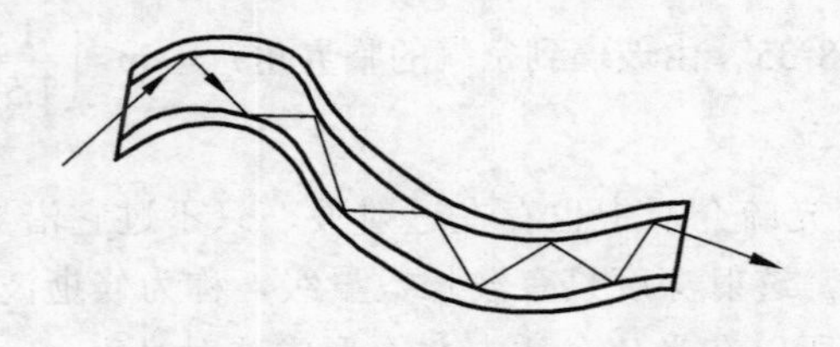

图 2.12　光在光学纤维中的传播

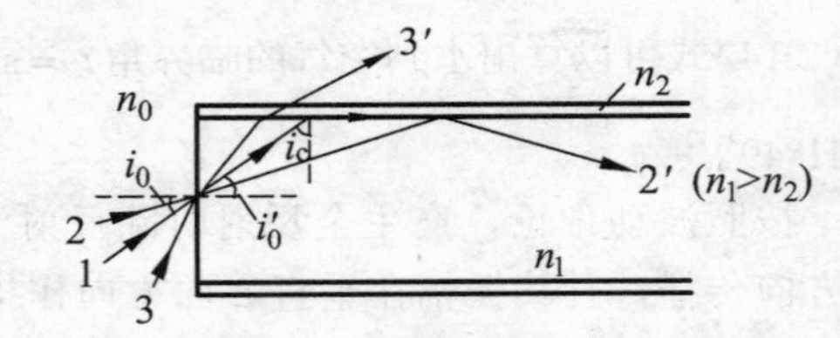

图 2.13　光在光学纤维中的传播分析

对于临界角 i_c，在端面上对应有一个入射角 i_0，如图 2.13 所示，下面计算它的值。由临界角定义有

$$\sin i_c = \frac{n_2}{n_1}$$

又设光纤端面外的介质折射率为 n_0，由折射定律有

$$n_0 \sin i_0 = n_1 \sin i_0'$$

而

$$i_0' = 90° - i_c$$

因而

$$n_0 \sin i_0 = n_1 \cos i_c = n_1 \sqrt{1 - \sin^2 i_c}$$

将（2.14）式代入上式得

$$n_0 \sin i_0 = \sqrt{n_1^2 - n_2^2}$$

所以

$$i_0 = \sin^{-1}\left(\frac{1}{n_0}\sqrt{n_1^2 - n_2^2}\right) \tag{2.15}$$

式中，i_0 为光学纤维的孔径角；$n_0 \sin i_0$ 称为光学纤维的数值孔径。由（2.15）式可知，为了得到较大的孔径角，应选用 n_1 和 n_2 差值较大的材料。

光学纤维还可以传输图像。把许多（上万根）光学纤维合成一束，并使两端的纤维按一定的次序排列，就可以用它来传像（见图 2.14），由于光学纤维束细而柔软，能弯曲成任何形状，因此可以伸入机器或人体内部进行窥视，例如工业用和医用的内窥镜。

图 2.14　光学纤维传输图像

光学纤维近年来在工业、国防、医学、通信等许多领域，应用日益广泛。光纤通信与电通信相比，具有能够抗电磁干扰、频带宽、通信容量大、保密性好、节省金属材料等优点，因而获得迅速的发展，许多国家都在大力发展光纤通信，据估计不久有可能在主要方面用光纤通信代替现在的同轴电缆通信。另外，近年来，光学传感器、塑料光纤和红外光纤的发展，开拓了光纤的新用途，使纤维光学发展到了一个新阶段。

例 2-2　如图 2.15（a）所示，在水中有两条平行光线 1 和 2，光线 2 射到水和平行平板玻璃的分界面上。问：

（1）两光线射到空气中是否还平行？

（2）如果光线 1 发生全反射，光线 2 能否进入空气？

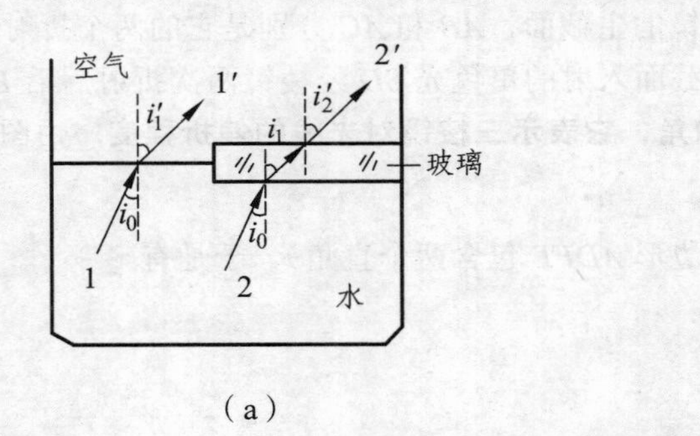

（a）

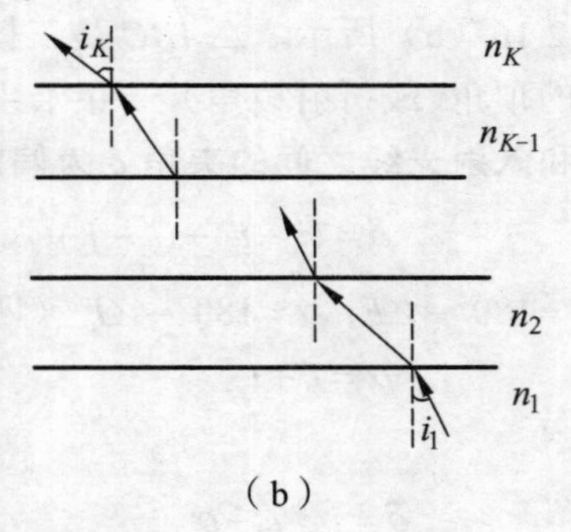

（b）

图 2.15　光在多层介质中的传播

解：（1）如图 2.15（a）所示，对光线 1 的折射有

$$n_{水} \sin i_0 = \sin i_1' \tag{1}$$

对光线 2 的两次折射，由于界面都是平行的，所以光线在同一介质中下界面的折射角等于上界面的入射角。由折射定律有

$$n_{水} \sin i_0 = n_{玻} \sin i_1 = n_{空} \sin i_2' = \sin i_2' \tag{2}$$

比较（1）、（2）两式有

$$i_1' = i_2'$$

即光线 1′与光线 2′平行，由此可得到一普遍性结论。

当光线经过具有平行分界面的多层介质时，最后出射方向只与入射方向和最外面两边的介质有关，与中间各层介质无关，即

$$n_1 \sin i_1 = n_K \sin i_K$$

如图 2.15（b）所示。

（2）由上面的结论可知，当 $i_1' = 90°$ 时，

$$i_2' = i_1' = 90°$$

所以当光线 1 发生全反射时，光线 2 也发生全反射，光线 2 也不能进入空气。

2.3.3 棱　镜

棱镜有许多种类型．作为光学元件，它的应用也很广泛。前面我们已经简单地介绍了全反射棱镜，这里再讨论棱镜对光的折射作用。

图 2.16（a）所示为一个**三棱镜**，垂直于棱镜各棱边的平面称为主截面。下面我们讨论光线在三棱镜主截面内的折射情况。

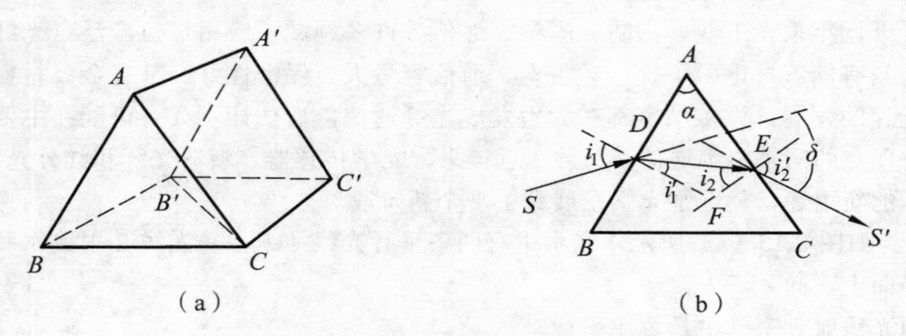

图 2.16　光在三棱镜中的传播

如图 2.16（b）所示，$\triangle ABC$ 是三棱镜的主截面，AB 和 AC 分别是它的两个折射界面，α 是三棱镜的顶角（或折射棱角），一束沿主截面入射的单色光 SD 经棱镜两次折射后沿 ES'射出。**出射光线和入射光线之间的夹角 δ 为偏向角，它表示三棱镜对光线的偏折程度**。由图可知

$$\delta = (i_1 - i_1') + (i_2' - i_2)$$

由于 $i_1' + i_2 = 180° - \angle F$，$\alpha = 180° - \angle F$（四边形 $ADFE$ 包含两个直角），于是有

$$\alpha = i_1' + i_2 \tag{2.16}$$

代入上式得

$$\delta = i_1 + i_2' - \alpha \tag{2.17}$$

（2.17）式表明，当顶角 α 给定后，偏向角 δ 随入射角 i_1 改变而改变。可以证明，当 $i_1 = i_2'$ 时，**δ 值最小，称为最小偏向角 $\delta_{\min}$**。将 $i_1 + i_2'$ 代入（2.17）式有

$$\delta_{\min} = 2i_1 - \alpha$$

由此可得偏向角为最小值时，对应的入射角为

$$i_1 = \frac{\delta_{\min} + \alpha}{2}$$

又因为 $i_1 = i_2'$ 时，$i_1' = i_2$。由（2.16）式知

$$i_1' = i_2 = \frac{\alpha}{2}$$

设棱镜材料的折射率为 n，由折射定律有

$$\sin i_1 = n \sin i_1'$$

因而有
$$n=\frac{\sin\frac{\delta_{\min}+\alpha}{2}}{\sin\frac{\alpha}{2}} \tag{2.18}$$

顶角 α 非常小的三棱镜称为**光楔**。对光楔，由（2.18）式可得
$$\delta_{\min}\approx(n-1)\alpha \tag{2.19}$$

由于棱镜的折射率随入射光的波长而改变，当一束白光射入棱镜后，各单色光将按不同的偏向角射出，其红光的偏向角最小，紫光的最大，从红到紫依次为红、橙、黄、绿、青、蓝、紫（见图 2.17），这就是三棱镜的色散作用，棱镜的分光作用在光谱分析中得到普遍应用。

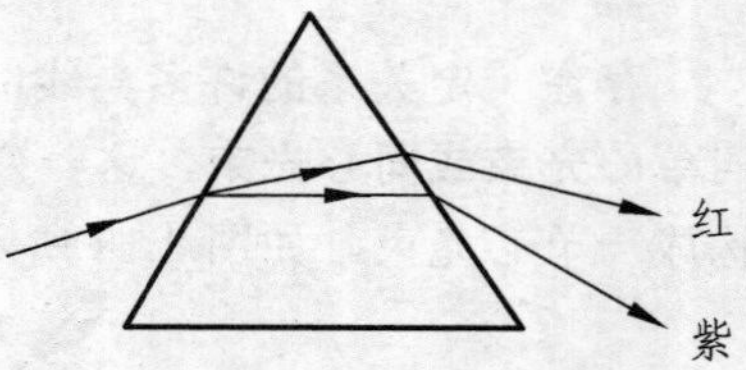

红

紫

图 2.17　三棱镜的色散作用

产生最小偏向角条件的证明如下：

将（2.17）式对 i_1 求导得
$$\frac{\mathrm{d}\delta}{\mathrm{d}i_1}=1+\frac{\mathrm{d}i_2'}{\mathrm{d}i_1}$$

产生最小偏向角的必要条件是 $\frac{\mathrm{d}\delta}{\mathrm{d}i_1}=0$，所以有
$$\frac{\mathrm{d}i_2'}{\mathrm{d}i_1}=-1 \tag{2.20}$$

根据折射定律有
$$\left.\begin{aligned}\sin i_1&=n\sin i_1'\\ n\sin i_2&=\sin i_2'\end{aligned}\right\} \tag{2.21}$$

对 i_1 求导有
$$\left.\begin{aligned}\cos i_1&=n\cos i_1'\frac{\mathrm{d}i_1'}{\mathrm{d}i_1}\\ n\cos i_2\frac{\mathrm{d}i_2}{\mathrm{d}i_1}&=\cos i_2'\frac{\mathrm{d}i_2'}{\mathrm{d}i_1}\end{aligned}\right\} \tag{2.22}$$

又由（2.16）式对 i_1 求导得
$$\frac{\mathrm{d}i_1'}{\mathrm{d}i_1}=-\frac{\mathrm{d}i_2}{\mathrm{d}i_1} \tag{2.23}$$

将（2.20）式和（2.23）式代入（2.22）式可得
$$\frac{\cos i_1}{\cos i_1'}=\frac{\cos i_2'}{\cos i_2}$$

将上式两边平方并利用（2.21）式可得
$$\frac{1-\sin^2 i_1}{n^2-\sin^2 i_1}=\frac{1-\sin^2 i_2'}{n^2-\sin^2 i_2'}$$

上式只有当 $i_1=i_2'$ 时才成立，这时 $i_1'=i_2$ 也成立，即入射光线 SD 和出射光线 ES' 对棱镜对称。

可以进一步证明，在此条件下，$\frac{\mathrm{d}^2\delta}{\mathrm{d}i_1^2}>0$，因此，$\delta$ 取极小值的充要条件是
$$i_1=i_2'$$

2.4 物和像

几何光学的主要内容是研究物体的成像问题，本节先认识一些成像的基本概念，以后再逐一讨论平面和球面系统的反射或折射成像规律。

2.4.1 单心光束

存在一定关系的许多光线的集合称为光束。**各光线或其延长线交于一个公共点的光束，叫单心光束或同心光束**，这一公共点称为光束的顶点或者“心”。例如，点光源发出的光线就构成一单心光束，如图 2.18 所示。

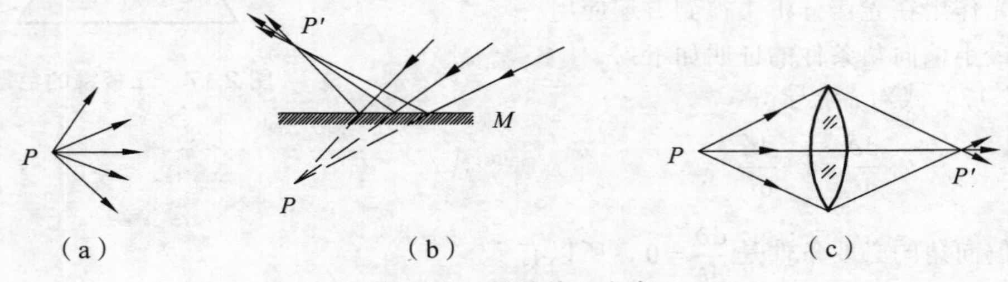

图 2.18 几种单心光束

2.4.2 物和像 物方和像方

如图 2.19 所示，一顶点为 P 的单心光束通过光学系统（用大括号表示）后，形成顶点为 P'的另一单心光束，我们就称 P'点为 P 点的像。也就是说，**对某个光学系统而言，入射单心光束的顶点为物点，出射单心光束的顶点为像点。**

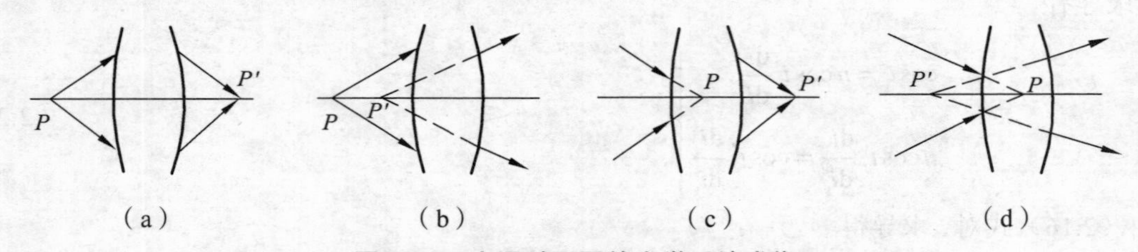

图 2.19 光通过不同的光学系统成像

我们知道，像有虚实之分。**对某光学系统而言，若出射光束是会聚的**，我们称 P' 点为实像点，如图 2.19（a）、（c）中的 P'点；**若出射光束是发散的**，我们称 P'**点为虚像点**，如图 2.19（b）、（d）中的 P'点。**实像可以用屏幕来接收**，也可以用眼睛来观察。**虚像不能呈现在屏幕上**，但可以通过眼睛观察到。眼睛为什么能看到虚像？这是由于人眼的视觉特点所决定的。当光束进入人眼时，人眼总是沿着射入人眼的那部分光线的方向来判断光束顶点的位置，因而认为该点有“物”存在。对于人眼来说，“物点”和“像点”都不过是进入人眼发散光束的顶点。所以当一束成虚像的发散光束射入人眼后［见图 2.19（b)]，人眼会感觉到在它们的顶点处有一“物点”存在，这个“物点”便是虚像点 P'。

不仅像点有虚实之分，物点也有虚实之分，**对于某个光学系统来说，如果入射的是发散同心光束**，则相应的**发散中心 P 称为实物**［见图 2.19（a)、(b)]，**如果入射的是会聚的同心光束，则会聚中心 P 称为虚物**［见图 2.19（c)、(d)]。来自真实发光点的光束当然不会是会聚的，**虚物只能出现在几个光学系统联合成像的问题中**。以如图 2.20 所示的光路为例，实物 P 经透镜 L_1 成实像于 P_1' 处，插入透镜 L_2 后，最后成实像于 P_2' 处，对 L_2 而言，P_1' 为虚物。

由此还可看出，**物和像必须是对同一光学系统而言**。而且**物和像还有相对性**，在图 2.20 中，P_1' 对 L_1 而言是像，对 L_2 则为物。

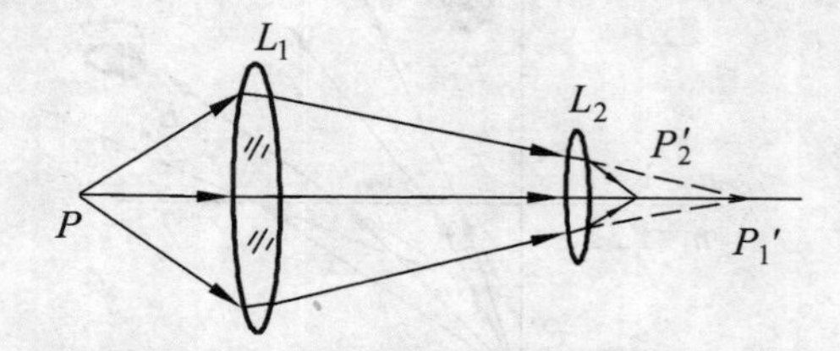

图 2.20　光通过多个光学系统成像

我们实际接触的并非点物和点像，而是有一定尺寸的二维或三维的物和像。任何实际存在的物和像都可以认为是无限多个点物和点像组成的，因此我们把点物的集合称为物，把点像的集合称为像。显然，物和像也有虚实之分。

研究成像问题还需引人物方和像方的概念。**对某一光学系统而言，我们规定入射光束在其中行进的空间为物方空间，出射光束在其中行进的空间为像方空间**。将物方空间的介质折射率称为物方折射率，像方空间的介质折射率称为**像方折射率**。

物点和像点不仅一一对应，而且根据光路的可逆性原理，若以原像点为物点，则原物点变为像点，物点和像点的**这种互易的关系称为共轭**。满足共轭关系的一对点称为共轭点。同理，任意一条入射光线和所对应的出射光线称为共轭光线，一对物像平面称为共轭平面。这种共轭关系表明物方和像方存在着一一对应并可互易的点、线、面。

2.5　平面反射和折射成像

在研究光学系统的成像问题中，最简单的就是平面反射和折射成像问题。

2.5.1　平面反射成像

应用几何学可以证明，单心光束经平面镜反射后，仍保持其单心性，即与物点 P 相联系的各物方光线经平面镜反射后的各共轭光线必定交于一点 P'。这表明**平面反射镜是一个理想光学系统，它能严格保持光束的单心性**。

平面镜成像特点：物像等大，且镜面对称。关于平面镜成像作图请注意两点：① 镜面位于物点和像点连线的中垂面上；② 入射点、反射线和像点在一条直线上。如图 2.21 所示。

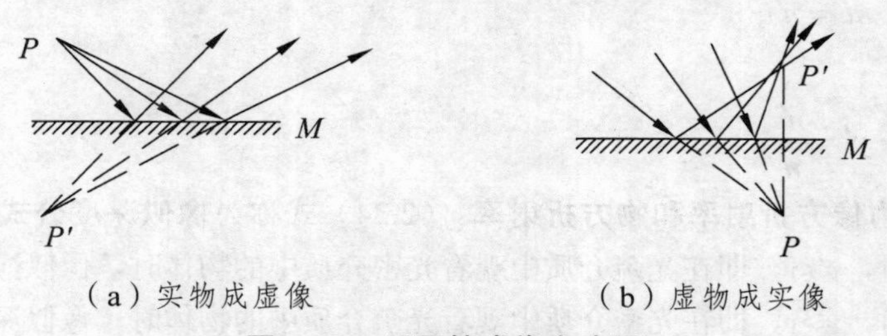

图 2.21　平面镜成像光路图

2.5.2　平面折射成像

一般情况下，单心光束经折射率不同的两种透明物质的平面分界面折射后不再保持单心性。如图 2.22 所示，水下点光源向不同方向发出的光线经水面折射后进入空气中，从图中可见，这些光线的反向延长线并不相交于一点，折射光束成为像散光束，可见平面折射不能理想地成像。

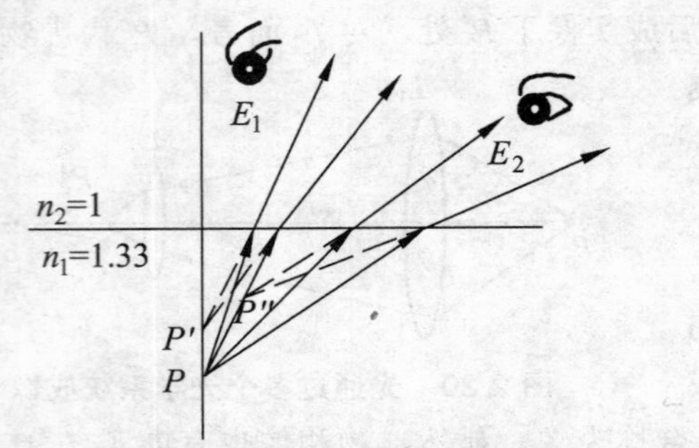

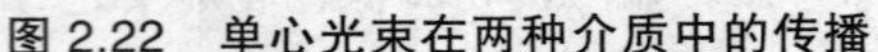

图 2.22　单心光束在两种介质中的传播

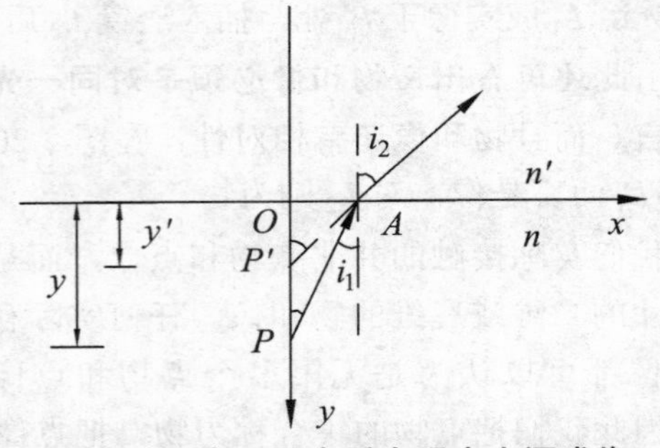

图 2.23　在不同介质中观察光源成像

但**在一些特殊情况下，平面折射也能近似成像**。如当观察装置（包括人眼）的口径足够小时，进入观察装置的成像光束较窄，它们的反向延长线近似地相交于一点，故能近似成像。如图 2.22 所示，当人眼位于 E_1 位置时，可观察到点光源 P 的虚像位于 P'处，当眼睛位于 E_2 位置时，虚像位于 P''位置。

理论分析表明，在水面上方的观察者，只有沿着接近垂直的方向才可看到水中物体的清晰像，沿倾斜角较大的方向观察时，像的清晰度变差。

下面我们讨论**在垂直方向观察**水中物体时，其虚像的深度（像似深度）公式。如图 2.23 所示，用 Ox 表示两种透明介质的分界面，它们的折射率分别为 n 和 n'，假定 $n>n'$，P 为发光点，考虑垂直入射和入射角很小的两条入射光线，它们的折射线的反向延长线交于 P'点，P'便是物点 P 的像点。设物体的深度和像似深度分别为 y 与 y'，由图可得

$$\tan i_1 = \frac{OA}{y}，\ \tan i_2 = \frac{OA}{y'}$$

由上面两式有

$$y'\tan i_2 = y\tan i_1$$

因为，i_1、i_2 很小（图中有些夸张），所以

$$\tan i_1 \approx i_1，\ \tan i_2 \approx i_2$$

且折射定律可写成

$$n i_1 = n' i_2$$

因此有

$$y' = \frac{n'}{n} y \tag{2.24}$$

式中，n'，n **分别为像方折射率和物方折射率**。(2.24) 式称为**像似深度公式**。(2.24) 式表明：

（1）当 $n'<n$ 时，$y'<y$，即在光疏介质中观看光密介质中的物体时，像似深度小于物的深度。

（2）当 $n'>n$ 时，$y'>y$，即在光密介质中观看光疏介质中的物体时，像似深度大于物的深度。

例题 2-3　在鱼缸中水面下 40 cm 处有一条小鱼（见图 2.24），(1) 在水面上方垂直往下看，问鱼在何处？(2) 若水上盖一块厚为 1 cm 的玻璃，则看到鱼在何处？

解：(1) 由像似深度公式 $y' = \frac{n'}{n} y$ 知，当 $n = 1.33$，$n'=1$，$y = 40$ cm 时，

$$y' = \frac{40}{1.33} = 30\ (\text{cm})$$

即鱼在水面下 30 cm 处。

（2）如图 2.24 所示，设小鱼位于 P 处，在水面上盖上玻璃后，人仍在空气中观察。从 P 点处发出的两条光线经界面 1 折射后，相交于 P'处，P'即为小鱼经第一次折射所成的像；这个虚像即为折射界面 2 的物，第二次折射后成像于 P''处。

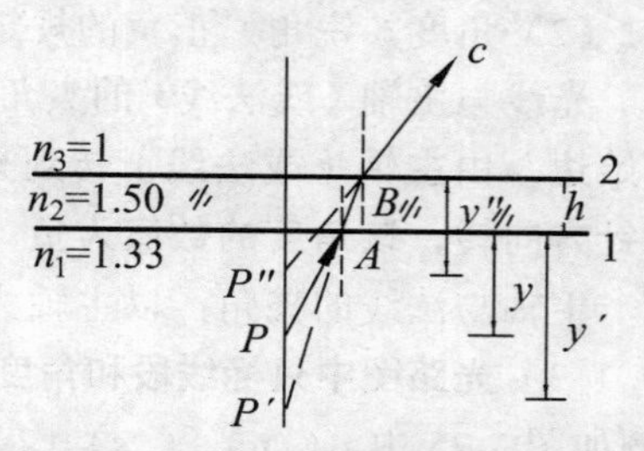

图 2.24　小鱼成像光路图

对第一次成像，$n=1.33$，$n'=1.50$，$y=40$ cm，故

$$y'=\frac{n'}{n}y=\frac{1.50}{1.33}\times 40=45.11\,(\text{cm})$$

第二次折射成像时，物像深度应以界面 2 为参考面，故

$$n=1.50,\ n'=1.0,\ y=45.11+h=46.11\,(\text{cm})$$

所以最后像 P''的深度为

$$y''=\frac{1.0}{1.50}\times 46.11=30.74\,(\text{cm})$$

故鱼在水下的深度为 30.74−1=29.74（cm）。

求解第二问时注意两点：

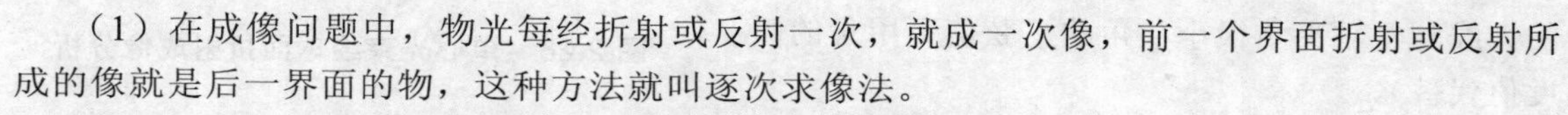

（1）在成像问题中，物光每经折射或反射一次，就成一次像，前一个界面折射或反射所成的像就是后一界面的物，这种方法就叫逐次求像法。

（2）物像深度的计算以相应的折射界面为参考面。

2.6　单球面折射成像

单球面不仅是一个简单的光学系统，而且还是构成光学仪器最重要的基本元件，研究光在球面上的反射与折射成像，是研究一般光学系统成像的基础。下面先讨论单球面的折射成像问题。

2.6.1　符号法则

几何光学中用到的线段参量和角度参量的正负号规则是人为制定的，国内外各种光学书籍中采用的符号法则并不统一，不同的符号法则得出的物像公式形式各不相同，解决问题的计算过程不同，但计算结果的物理含义是一致的。本书采用下述符号法则。

如图 2.25 所示，Σ 球面为两种均匀透明介质的分界面，设其半径为 r，球心位于 c，球面的中心点 O 称为球面的顶点，连接 cO 的直线称为主光轴，通过主光轴的平面称为主截面。

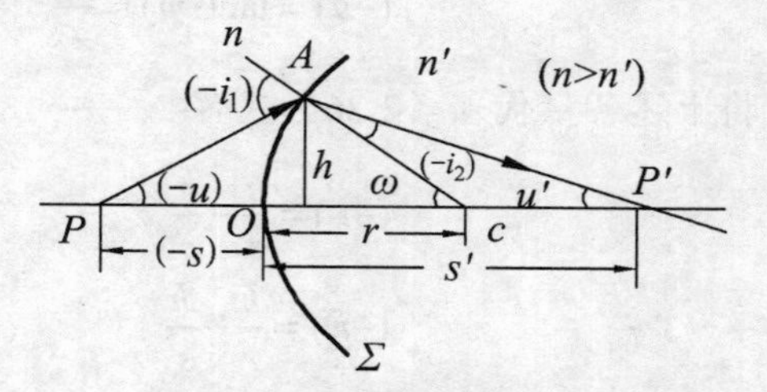

图 2.25　单球面折射成像

假设光线由左向右传播。在计算中涉及长度与角度时，对其符号的规定如下：

（1）线段正负的规定。

轴上线段：**以球面顶点 O 为原点，凡考查点在其左边，则考查点与原点间距离的数值为负；凡考查点在其右边，则考查点与原点间距离的数值为正。**

垂轴线段：**物点或像点到主轴的距离，在主光轴上方的线段为正，在主轴下方的线段为负。**

例如，在图 2.25 中，$s<0$，$s'>0$，$h>0$（以顶点 O 为参考点）。

（2）角度（锐角）正负的规定。

光线与主轴（或法线）的夹角：从主轴或法线算起，并取小于 90°的角度**以主轴（或法线）为始边，由主轴（或法线）转到光线时，若按顺时针方向转，则该角度的数值为正；若按逆时针方向转，该角度的数值为负**。例如，在图 2.25 中，$u<0$，$u'>0$。

主轴与法线的夹角：以主轴为始边，正负的规定同上。

（3）**光路图中只标线段和角度的绝对值**，如果某量为负，则在代表该量的字母前冠以负号。（例如图 2.25 中，$(-u)$、$(-s)$ 均表示大于零的量。）

2.6.2 近轴条件下，球面折射的物像公式

如图 2.26 所示，一般情况下，单心光束经球面的折射后不再保持单心性，因而不能成理想的像。只有在近轴条件下，才能近似理想地成像。**近轴条件**是：

（1）物必须是**近轴物**。即物点到主光轴的距离远小于球面的曲率半径。

（2）光线必须是**近轴光线**。即物点射向镜面的光线与主轴夹角很小（角的正弦值可用角的弧度值代替）。

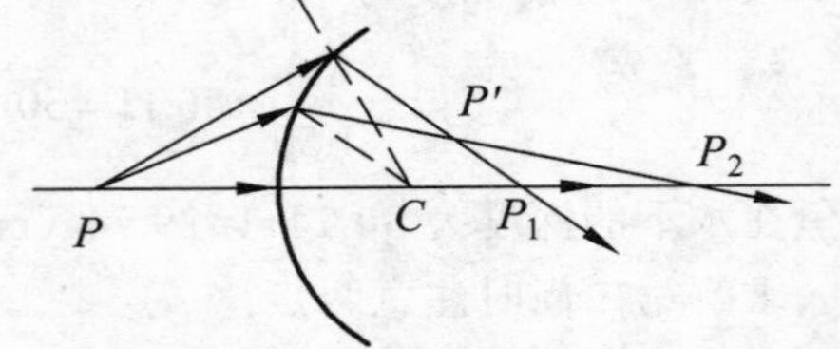

图 2.26　单心光束经球面折射成像分析

在近轴条件下，点物经单球面折射后可成理想点像。

1．物像公式

如图 2.25 所示，物点 P 位于主光轴上，入射光线 PA 为近轴光线，经球面折射后交主光轴于 P'，n 和 n' 分别为物方折射率和像方折射率，下面推导 s 和 s' 所满足的关系式。

根据符号法则将各有关线段与角度标明于图上。

在近轴条件下，折射定律可写成

$$n(-i_1) \approx n'(-i_2) \tag{2.25}$$

又由几何关系知

$$(-i_1) = (-u) + \omega\text{，}(-i_2) = \omega - u' \tag{2.26}$$

在近轴条件下

$$(-u) = \tan(-u) \approx \frac{h}{-s}\text{，}\quad u' \approx \tan u' \approx \frac{h}{s'}\text{，}\quad \omega \approx \tan\omega \approx \frac{h}{r}$$

将上述各量代入（2.26）式有

$$(-i_1) = \frac{h}{r} - \frac{h}{s}$$

$$(-i_2) = \frac{h}{r} - \frac{h}{s'}$$

代入（2.25）式有

$$n\left(\frac{1}{r} - \frac{1}{s}\right) = n'\left(\frac{1}{r} - \frac{1}{s'}\right)$$

化简后可得

$$\frac{n'}{s'}-\frac{n}{s}=\frac{n'-n}{r} \tag{2.27}$$

（2.27）式表明，**当 n、n'、r 确定后，对于任一个 s，只有一个 s'，它与 u、u' 无关**。也就是说，在近轴条件下从 P 点发出的光线经折射后都经过 P'点，即 P'为 P 的理想像，故式中的 s 和 s'可分别称为物距和像距。

上面的公式可推广到近轴物，此外它还适用于凹球面折射情形。因此，（2.27）式即为近轴条件下**单球面折射的物像公式**。

在折射成像中，由符号法则知道，$s<0$ **表示实物**，$s>0$ **表示虚物**；$s'>0$ **表示成实物**，$s'<0$ **表示成虚像**。

（2.27）式右边的 $\frac{n'-n}{r}$ 只与介质的折射率及球面的曲率半径有关，**它可表示单球面的折光性能**，我们称它为**光焦度**，用 Φ 表示，即

$$\Phi=\frac{n'-n}{r} \tag{2.28}$$

Φ **越大，表示折光性能越强**。Φ 的单位为 1/m，称为屈光度，用 D 表示。并规定

1 屈光度(D) =100 度

这里的“度”，即是眼镜片的常用单位。

2．焦点、焦距

当物点处于主光轴上无穷远处，入射光线平行于主光轴时，得到的像点称为像方焦点，也叫第二焦点或后焦点［见图 2.27（a）、（c）]，用 F'表示。F'到顶点的距离称为**像方焦距**，用 f' 表示。由（2.27）式知，当 $s=-\infty$时，得像方焦距 f'，

$$f'=\frac{n'}{n'-n}r \tag{2.29}$$

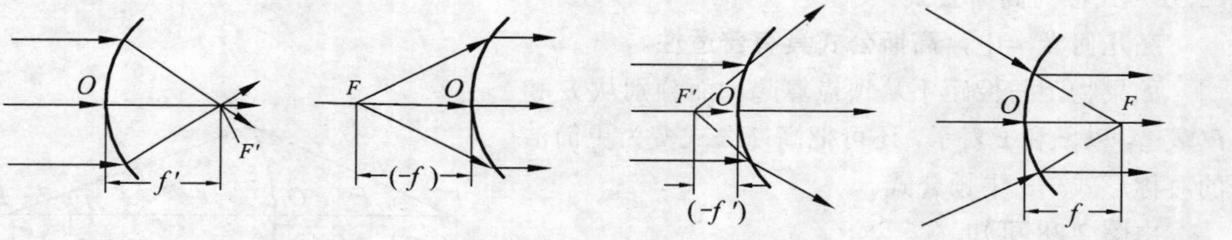

（a）　　（b）　　（c）　　（d）

图 2.27　焦点和焦距

如果物置于主光轴上某一点时，它发出的光经球面折射后成为平行于主轴的光束，像点在主光轴上无穷远处，这时的物点称为物方焦点［见图 2.27（b)、（d)]，用 F 表示。F 与顶点的距离称为物方焦距，用 f 表示。由（2.27）式，令 $s'=\infty$，得物方焦距 f,

$$f=-\frac{n}{n'-n}r \tag{2.30}$$

根据光焦度定义，焦距还可表示为

$$f'=\frac{n'}{\Phi},\quad f=-\frac{n}{\Phi}$$

并且有

$$f'/f=-n'/n \tag{2.31}$$

由（2.29）式和（2.30）式可以看出，f' 和 f 可能是正的，也可能是负的。不难看出，对于光的折射情形，当 $f'>0$, $f<0$ 时，F' 和 F 为实焦点；当 $f'<0$, $f>0$ 时，F' 和 F 为虚焦点。如图 2.27 所示。

由（2.31）式还可知道，因 n'、$n>0$，故 f' 与 f 总是异号，即 F' 和 F 位于球面的两侧；由于 $n'\neq n$，所以 $|f'|\neq|f|$，即两个焦点对于顶点并不对称。

我们还可看出，焦距的长短表示了系统折光能力的强弱。**当 $f'>0$ 时，平行于主光轴的光线经球面折射后会聚于 F'，表示该系统对光线有会聚作用**，f' 越小对光线的会聚作用越强；**当 $f'<0$ 时**，平行于主光轴的光线经球面折射后被发散，其反向延长线相交于 F' 点，该系统对光线有发散作用。

3. 高斯公式与牛顿公式

借助焦距 f、f' 可将单球面折射成像公式变为较简洁而对称的形式。在（2.27）式两端乘以 $\dfrac{r}{n'-n}$ 得

$$\frac{1}{s'}\cdot\frac{n'r}{(n'-n)}-\frac{1}{s}\cdot\frac{nr}{(n'-n)}=1$$

注意到

$$f'=\frac{n'r}{n'-n} \quad 和 \quad f=-\frac{nr}{n'-n}$$

则有

$$\frac{f'}{s'}+\frac{f}{s}=1 \tag{2.32}$$

（2.32）式称为**高斯公式**。

在几何光学中，**高斯公式具有普适性**。

如果物距与像距不从顶点算起，而分别从 F 和 F' 算起，以 x 和 x' 表示，还可把高斯公式变为更简洁的对称形式——牛顿公式。

由图 2.28 可知

$$(-s)=(-x)+(-f),\ s'=f'+x'$$

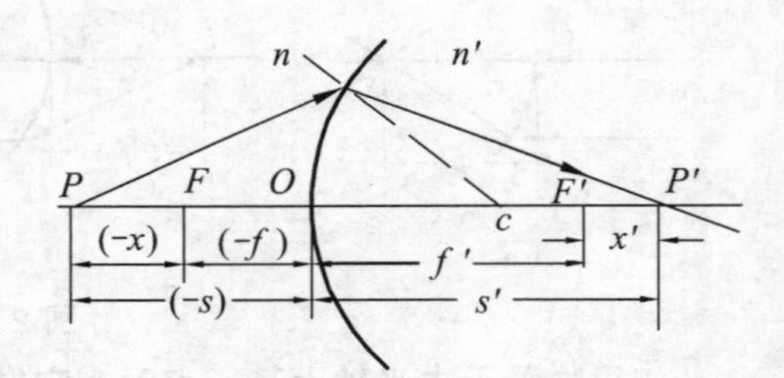

图 2.28　点光源单球面折射成像

代入高斯公式有

$$\frac{f'}{f'+x'}+\frac{f}{f+x}=1$$

通分整理得

$$xx'=ff' \tag{2.33}$$

这就是**牛顿公式**，它也是一个**普遍适用**的物像公式。（2.27）式、（2.32）式和（2.33）式均可用来解决单球面近轴折射成像问题，用它们计算的结果完全相同，可酌情选用。

4. 横向放大率

在图 2.29 中，在近轴条件下，一垂直平面物 PQ 高为 y，经单球面折射后，成一垂直平面像 $P'Q'$，高为 y'，则

$$y \approx (-s)i_1,\ (-y') = s'i_2$$

因横向放大率为像高与物高之比，用 β 表示，即

$$\beta = \frac{y'}{y} \tag{2.34}$$

则有

$$\beta = \frac{s'i_2}{si_1}$$

由折射定律

$$ni_1 \approx n'i_2$$

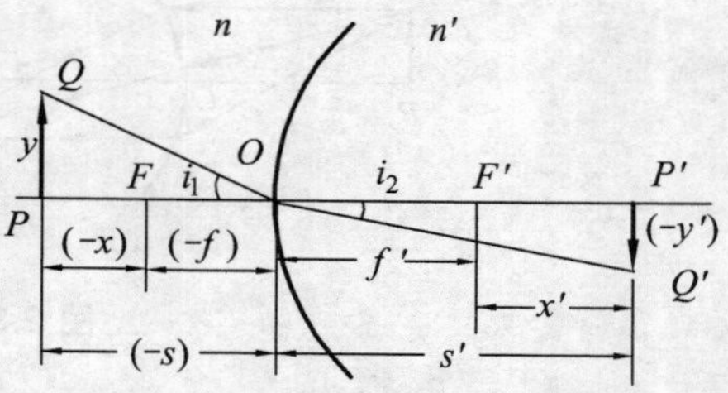

图 2.29　垂直平面物经球面折射成像

代入 β 表示式中得

$$\beta = \frac{ns'}{n's} \tag{2.35}$$

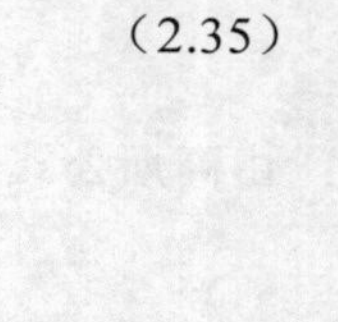

（2.35）式即为单球面折射成像的横向放大率公式。

将 $\dfrac{n}{n'} = -\dfrac{f}{f'}$ 代入（2.35）式有

$$\beta = -\frac{fs'}{sf'}$$

由（2.32）式有

$$\frac{f}{s} = 1 - \frac{f'}{s'}$$

代入上式有

$$\beta = -\frac{s'-f'}{s'} \cdot \frac{s'}{f'}$$

再由 $x' = s' - f'$ 即可得 β 的另一表述形式：

$$\beta = -\frac{x'}{f'} = -\frac{f}{x} \tag{2.36}$$

由（2.35）式或（2.36）式可以判别像的性质。$|\beta|>1$ **时，像是放大的**；$|\beta|<1$ **时，像是缩小的**；$|\beta|=1$ **时，物像等长**。**对于单球面折射成像，当** $\beta<0$ **时**，s 与 s'、y 与 y' 均异号，表明物与像分居于球面两侧，**像的虚实与物一致，倒正与物相反**；当 $\beta>0$ 时，s 与 s'、y 与 y' 均同号，**表示物与像位于球面同侧，像的虚实与物相反，倒正与物相同。**

5. 成像作图法

由于自物点发出的单心光束中各条光线经光学系统后，所得单心光束的顶点即为像点，因此只需选择从物点发出的任意两条入射光线，作出它们共轭光线的交点即为所求的像点。

有三条特殊光线可供选择：

（1）**平行于主光轴的入射光线，其共轭光线通过（包括延长线过）像方焦点** F'；

（2）**通过（包括延长线过）物方焦点** F **的入射光线，其共轭光线平行于主轴**；

（3）**过球心的入射光线，经球面折射后方向不变。**

从以上三条特殊光线中任选两条作图，其共轭射线的交点即为像点。从像点作主轴的垂直线段，即得垂轴物的像，如图 2.30 所示。

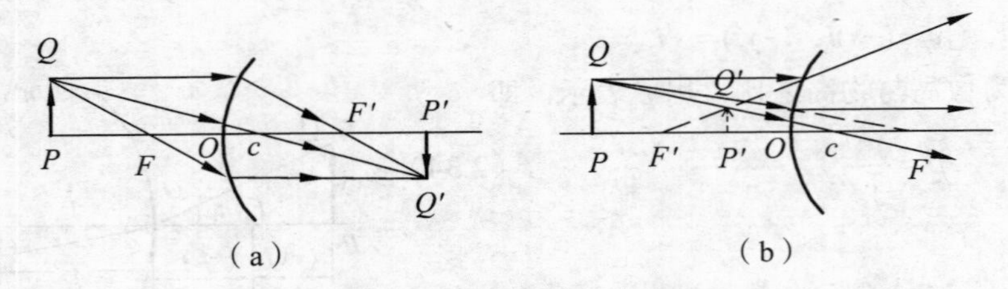

图 2.30　单球面折射成像作图法

例 2-4　一直径为 10 cm 的玻璃棒，折射率为 1.5，其一端磨成半径为 4 cm 的半球形，将长为 4 mm 的物垂直于棒轴上方离凸面顶点 12 cm 处，求像的位置及大小。

解：（1）已知 $n=1$，$n'=1.5$，r=4 cm，y=4 mm=0.4 cm，由单折射球面焦距公式得

$$f=-\frac{n}{n'-n}r=-\frac{1}{1.5-1}\times 4=-8\ (\text{cm}),\quad f'=\frac{n'}{n'-n}r=\frac{1.5}{1.5-1}\times 4=12\ (\text{cm})$$

由高斯公式 $\dfrac{f'}{s'}+\dfrac{f}{s}=1$ 知，当 $s=-12$ cm，得像距

$$s'=\frac{f's}{s-f}=\frac{12\times(-12)}{(-12)-(-8)}=36\ (\text{cm})$$

横向放大率

$$\beta=\frac{ns'}{n's}=\frac{1\times 36}{1.5\times(-12)}=-2$$

像高

$$y'=\beta y=(-2)\times 0.4=-0.8\ (\text{cm})$$

因 $|\beta|>1$，$\beta<0$，$s'>0$，故像为放大倒立实像，位于棒内顶点右侧 36 cm 处。

光路图如图 2.31 所示。

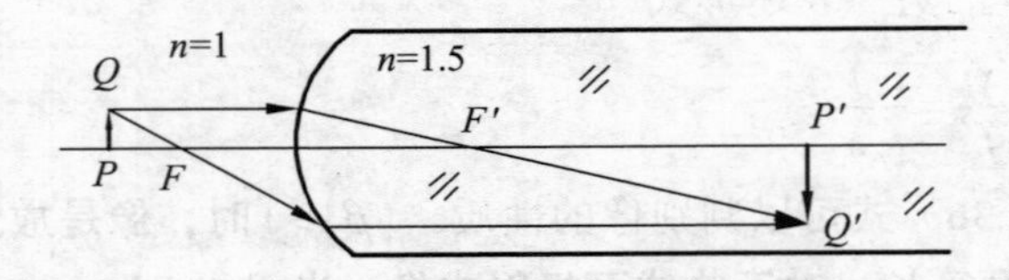

图 2.31　玻璃棒经球面折射成像作图

（2）用单球面折射成像公式，将 $n=1$，$n'=1.5$，r=4 cm，s=−12 cm 代入，有

$$\frac{n'}{s'}-\frac{n}{s}=\frac{n'-n}{r}$$

可求出 $s'=36$ cm，同上法求出 $\beta=-2$，$y'=-0.8$ cm，结果与（1）相同。

如果题目不要求画光路图，用解（2）方法求解此题比较方便。

例 2-5　直径为 1 m 的球形鱼缸中心处有一小鱼，若不考虑玻璃缸壁的影响，求缸外观察者所看到的鱼的表观位置与横向放大率。

解：按题意，r=−0.5 m，s=−0.5 m，$n=1.33$，$n'=1$，根据球面折射成像的物像公式

$$\frac{n'}{s'}-\frac{n}{s}=\frac{n'-n}{r}$$

得

$$\frac{1}{s'}-\frac{1.33}{(-0.5)}=\frac{1-1.33}{(-0.5)}$$

可解出 $s'=-0.5\,(\mathrm{m})$。

横向放大率

$$\beta=\frac{ns'}{n's}=\frac{1.33\times(-0.5)}{1\times(-1)}=0.665$$

故鱼的表观位置仍在鱼缸中心，横向放大率为 0.665。看起来鱼在原处，正立，但变小了。

2.7 单球面反射成像

单球面反射和单球面折射一样，也会破坏光束的单心性。同样地，在近轴条件下，单球面反射也能保持光束的单心性，能理想地成像。用与 2.6 节同样的方法，我们可在近轴条件下，依据反射定律和几何关系推导出单球面反射的物像公式，这里不再赘述。

我们要介绍的是推出单球面反射成像公式的另一种比较简单的方法。对于反射情形，由于反射线的方向倒转后返回原入射光线所处介质空间，我们可从形式上把反射看成是 $n'=-n$ 条件下的折射特例，这样由 2.6 节单球面折射成像的各式就可得到相应的单球面反射成像公式。应该指出，$n'=-n$ 只是数学推导中的一种需要，并没有物理意义。

于是，将 $n'=-n$ 代入（2.27）式、（2.29）式、（2.30）式和（2.35）式有

$$\frac{1}{s'}+\frac{1}{s}=\frac{2}{r} \tag{2.37}$$

$$f'=f=\frac{r}{2} \tag{2.38}$$

$$\beta=-\frac{s'}{s} \tag{2.39}$$

由（2.38）式可将（2.37）式写为

$$\frac{1}{s'}+\frac{1}{s}=\frac{1}{f'} \tag{2.40}$$

同理，在近轴条件下，（2.37）式和（2.40）式对球面反射成像具有普遍意义，故称为**单球面反射成像公式**。

单球面反射成像的特点是：第一，**对于反射成像，$s'>0$ 为虚像，$s'<0$ 为实像，与折射情形正好相反**；第二，只有一个焦点，像方焦点和物方焦点重合；第三，对于**凹面镜，球面半径 $r<0$，故 $f(f')<0$，F 为实焦点，对光线有会聚作用**。而对于**凸面镜**，$r>0$，$f>0$，**F 为虚焦点，对光线有发散作用**。

单球面反射成像作图法与前面所讲单球面折射成像作图法相同，如图 2.32 所示。

由单球面折射的物像公式，还可得出平面反射和折射的物像公式，将 $r=\infty$ 代入（2.27）式即有

$$s'=\frac{n'}{n}s \tag{2.41}$$

此式即为平面折射成像的物像公式，该式与（2.24）式是一致的。

再将 $n'=-n$ 代入（2.41）式，即有

$$s'=-s \tag{2.42}$$

（2.42）式即为平面反射成像的物像公式。

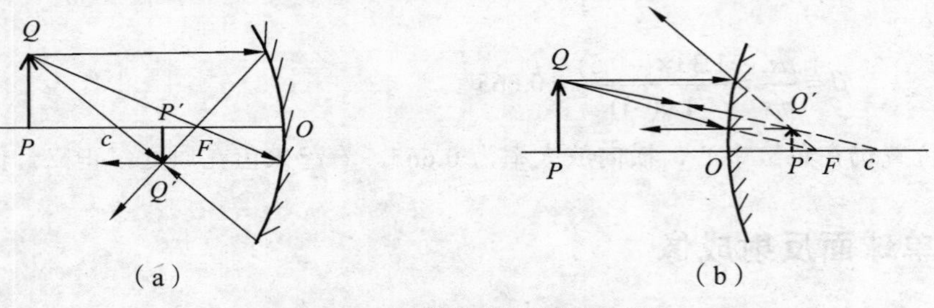

图 2.32　单球面反射成像作图法

例 2-7　一物体置于半径为 12 cm 的凹面镜顶点左方 4 cm 处，求像的位置及横向放大率，并作光路图。

解：将 $r=-12$ cm，$s=-4$ cm 代入球面镜成像公式

$$\frac{1}{s}+\frac{1}{s'}=\frac{2}{r}$$

得

$$s'=\frac{sr}{2s-r}=\frac{(-4)\times(-12)}{2\times(-4)-(-12)}=12\ (\text{cm})>0$$

成虚像。由横向放大率公式得

$$\beta=-\frac{s'}{s}=-\frac{12}{(-4)}=3$$

因 $|\beta|>1$，成放大像；$\beta>0$，y、y' 同号，为正立像。

故物体成正立、放大的虚像。光路图如图 2.33 所示。

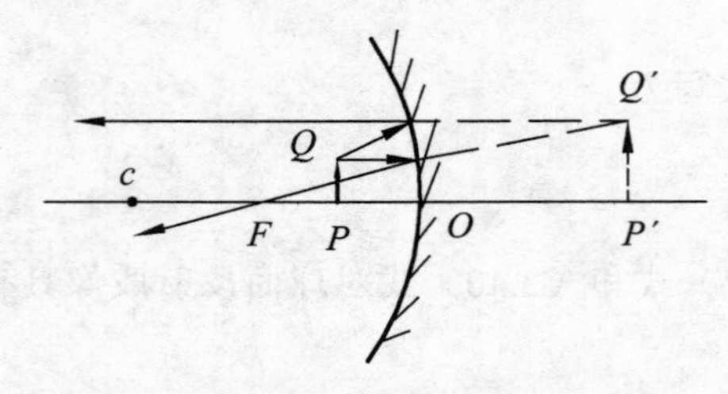

图 2.33　例 2-7 反射成像作图

例 2-8　试证明凸球面镜对正立实物只能成正立、缩小的虚像。

证：设入射光的方向自左向右，凸面镜 $r>0$，故由

$$\frac{1}{s'}+\frac{1}{s}=\frac{2}{r}$$

知，$s'>0$，即像应成在球面右侧，只能由反射线的反向延长线相交而成，故为虚像。

因 s' 与 s 反号，

$$\beta=-\frac{s'}{s}>0$$

故成正立像。

又因

$$\frac{1}{s'}>\left|\frac{1}{s}\right|$$

则 $s'<|s|$，故 $|\beta|<1$，成缩小像。

以上结论对 s 由 $0\to-\infty$ 均成立，因此凸面镜对正立实物只能成正立、缩小的虚像。

例 2-9 有一薄的平凸透镜，凸面银镜成反射面。一束近轴平行光垂直入射，问这束光聚焦于何处？已知凸面曲率半径为 20 cm，玻璃折射率为 1.5。

解一：用逐次求像法进行计算，如图 2.34（a）所示。

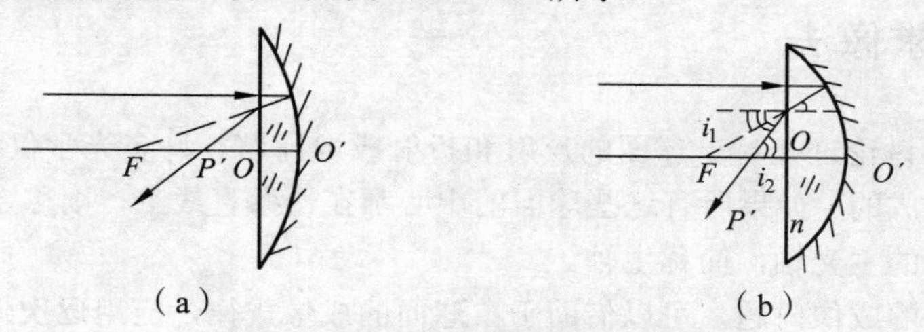

图 2.34 不同方法计算成像问题

（1）平行光垂直于平面界面入射，折射光仍平行于主轴。

（2）平行光射向凹面镜，经反射后应会聚于面镜焦点 F 处。$f=\frac{r}{2}=-10\text{ cm}$。

（3）由凹面镜反射的光又经平面折射后交 P' 点。

当光线从右→左经过平面界面时，$s\approx f=-10\text{ cm}$，$n=1.5$，$n'=1$。由平面折射公式 $s'=\frac{n'}{n}s$ 有

$$s'=\frac{1}{1.5}\times(-10)=-6.67\text{ (cm)}$$

故光线最后聚焦于透镜左方 6.67 cm 处。

解二：用等效面镜法计算。

如图 2.34（b）所示，为方便分析，图中 OO' 的长度被适当夸大。入射于凹面镜的平行光束，经反射后应聚焦于 F 点，由于反射光受到平面界面的折射而聚焦于 P 点。设入射角为 i_1，折射角为 i_2，由折射定理有

$$n\sin i_1=\sin i_2 \tag{1}$$

在近轴条件下为 $ni_1\approx i_2$，又由关系

$$\overline{FO}\cdot\tan i_1=\overline{P'O}\tan i_2,\quad \overline{OO'}\approx 0$$

有

$$\overline{FO'}\cdot i_1=\overline{P'O'}\cdot i_2 \tag{2}$$

将（1）式代入（2）式得

$$\overline{P'O'}=\overline{FO'}\cdot\frac{1}{n}$$

令 $\overline{P'O'}=f_{有效}$， $\overline{FO'}=f$，则有

$$f_{有效}=\frac{f}{n} \quad （此公式仅用于\overline{OO'}可被忽略的情形） \tag{3}$$

（3）式表明，此平凸薄镜可等效为一焦距为 $\frac{f}{n}$ 的凹面镜。

故在（3）式中，当 $f=-10\ \text{cm}$，$n=1.5$ 时，

$$f_{有效}=\frac{-10}{1.5}=-6.67\ (\text{cm})$$

2.8 逐次求像法

前面我们已经讨论过光对单球面的反射和折射成像问题。许多光学仪器都是由一系列折射或反射球面所组成的。如果所有这些球面的中心都在一条直线上，则称之为**共轴球面系统**，这条直线称为系统的主光轴，简称主轴。

共轴球面系统的成像问题，可以借助于单球面的成像规律，应用**逐次像法来解决**。

如图 2.35 所示为一含有多个球面的共轴球面折射系统。为了求出物体 PQ 经整个系统所成的像，首先求出它经第一个球面所成的像 $P_1'Q_1'$，此时假定其他折射面都不存在，把 $P_1'Q_1'$ 当作第二个球面的物，求出经第二个球面所成的像 $P_2'Q_2'$，再将 $P_2'Q_2'$ 作为第三个球面的物……如此逐次下去可得到经最后一个球面所成的像 $P_k'Q_k'$，这个像就是物 PQ 对整个系统所成的像。

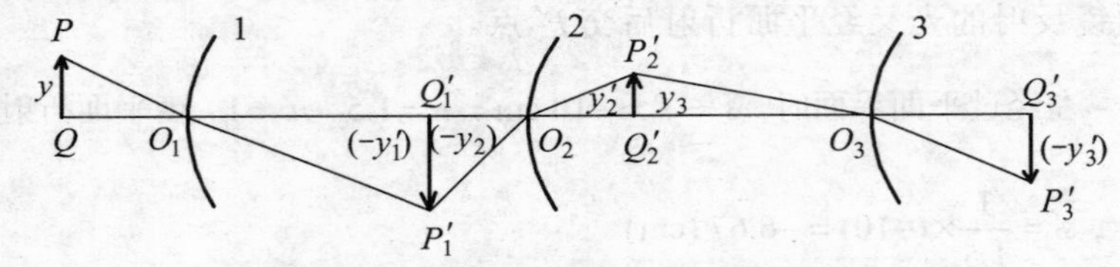

图 2.35 含多个球面的共轴折射系统

在各次成像过程中，物距、像距的参考点都不相同。如在图 2.35 中，对球面 1 成像时，参考点为 O_1；对球面 2、球面 3 逐个成像时，参考点依次为 O_2、O_3。所以**在各次成像计算中，要注意物距、像距均是对相应的参考点而言的**。

对整个系统而言，横向放大率应定义为

$$\beta=\frac{y_k'}{y} \tag{2.43}$$

由于各个球面的横向放大率分别为

$$\beta_1=\frac{y_1'}{y_1},\ \beta_2=\frac{y_2'}{y_2},\ \beta_3=\frac{y_3'}{y_3},\cdots,\beta_k=\frac{y_k'}{y_k}$$

又因为 $y_1=y, y_1'=y_2, y_2'=y_3,\cdots,y_{k-1}'=y_k$ 则

$$\beta=\frac{y_k'}{y}=\frac{y_1'}{y}\cdot\frac{y_2'}{y_2}\cdot\frac{y_3'}{y_3}\cdots\frac{y_{k-1}'}{y_{k-1}}\cdot\frac{y_k'}{y_k}=\beta_1\cdot\beta_2\cdot\beta_3\cdots\beta_k \tag{2.44}$$

（2.44）式表明，**整个系统的横向放大率为各个球面横向放大率之积**。

例 2-6 玻璃（n=1.5）半球的曲率半径为 R，平的一面镀银，物置于离球面顶点 $3R$ 处，求各次成像的位置。

解：第一次经球面折射成像，将 $n=1$，$n'=1.5$，$r=R$，$s_1=-3R$ 代入成像公式

$$\frac{n'}{s'}-\frac{n}{s}=\frac{n'-n}{r}$$

得 $s_1'=9R$。应成实像于 P' 处。

第二次经平面反射成像，P' 对平面镜成实像于 P'' 处，$s_2'=-8R$。

第三次再经球面折射成像，光线从右到左，符号法则不变，但物方、像方与第一次折射成像时相反，$n=1.5$，$n'=1$，对球面顶点，物距 $s_3=-8R+R=-7R$，代入成像公式，得 $s_3'=-1.4R$。

最后成实像于球面顶点左边 1.4R 处，为实像，各次成像位置如图 2.36 所示。注意：图 2.36 只是为分析题意用，只给出各次像点的相对位置，没有严格按比例作图。

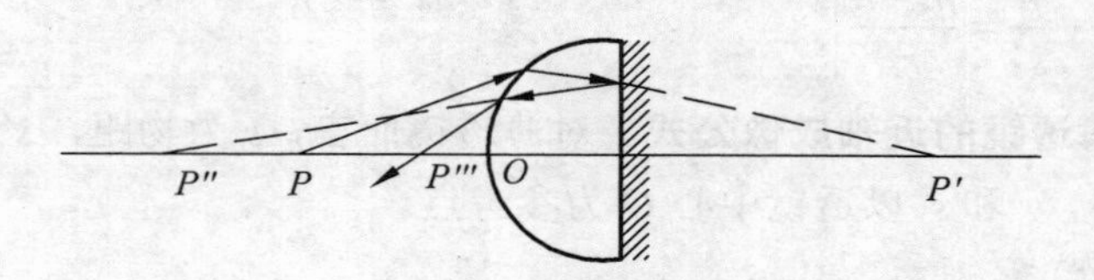

图 2.36　玻璃半球各次成像位置

2.9　薄透镜

由两个共轴折射球面（或是一个平面和一个球面）构成的光学元件，称为透镜。透镜分为凸透镜和凹透镜，中间厚边缘薄的透镜叫凸透镜，边缘厚中间薄的透镜称为凹透镜。如图 2.37 所示给出了球面透镜的六种类型。设用 r_1 和 r_2 分别表示透镜第一面和第二面的曲率半径，根据符号法则可知：双凸透镜的 $r_1>0$，$r_2<0$；平凸透镜的 $r_1=\infty$，$r_2<0$；月凸镜 $r_1<0$，$r_2<0$，且 $|r_1|>|r_2|$；这三种均是凸透镜。双凹透镜的 $r_1<0$，$r_2>0$；平凹透镜的 $r_1<0$，$r_2=\infty$；月凹透镜 $r_1<0$，$r_2<0$，且 $|r_1|<|r_2|$；这三种都为凹透镜。如果透镜的中央厚度比两个球面的曲率半径小得多，这种透镜就称为薄透镜。在计算时，可将薄透镜的厚度忽略不计，认为两个球面顶点重合于透镜的中心 O 处。

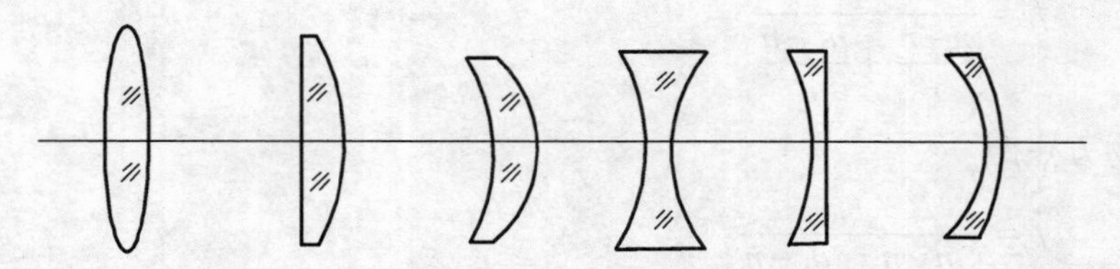

（a）双凸　（b）平凸　（c）月凸（d）双凹（e）平凹（f）月凹

图 2.37　球面透镜的类型

2.9.1　薄透镜近轴成像公式

如图 2.38 所示，薄透镜材料的折射率为 n，两球面的曲率半径分别为 r_1 和 r_2，透镜前后两边的介质折射率分别为 n_1 与 n_2。

对于透镜的两个表面，连续使用两次单球面折射成像公式，就能得到透镜所成像的位置。物点 P 经第一球面 O_1 折射后成像于 P''，再以 P'' 为物经球面 O_2 成像于 P'，此为透镜所成的像。两次成像的物像公式分别为（薄透镜厚度不计）

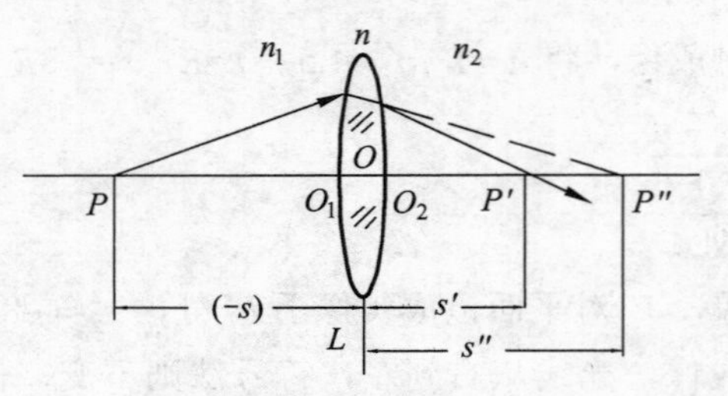

图 2.38　薄透镜成像

$$\left.\begin{aligned}\frac{n}{s''}-\frac{n_1}{s}=\frac{n-n_1}{r_1}\\ \frac{n_2}{s'}-\frac{n}{s''}=\frac{n_2-n}{r_2}\end{aligned}\right\}\xrightarrow{\text{两式相加}}\frac{n_2}{s'}-\frac{n_1}{s}=\frac{n-n_1}{r_1}+\frac{n_2-n}{r_2} \tag{2.45}$$

（2.45）式即为**薄透镜的近轴成像公式**。对薄透镜而言，s 为物距，s' 为像距，n_1，n_2 分别为物方、像方折射率，s 和 s' 以透镜中心 O 为参考点。

2.9.2　焦点、焦距

采用与单球面相同的方法，可对薄透镜的焦点、焦距和光焦度作出定义。在透镜成像中，主轴上无穷远处的物点所对应的共轭像点，叫作透镜的像方焦点 F'，从透镜中心到 F' 的距离称为像方焦距 f'；主轴上无穷远像点的共轭物点，叫作透镜的物方焦点 F，从透镜中心到 F 的距离，叫物方焦距 f，如图 2.39 所示。

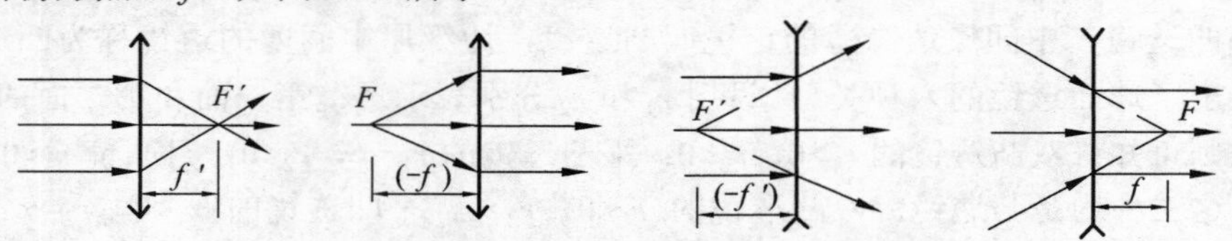

图 2.39　薄透镜的焦点与焦距

在（2.45）式中，令 $s=-\infty$，可得像方焦距

$$f'=\frac{n_2}{\dfrac{n-n_1}{r_1}+\dfrac{n_2-n}{r_2}} \tag{2.46}$$

令 $s'=\infty$，得物方焦距

$$f=-\frac{n_1}{\dfrac{n-n_1}{r_1}+\dfrac{n_2-n}{r_2}} \tag{2.47}$$

式（2.46）、（2.47）表明，**薄透镜的焦距不仅与透镜材料的折射率 n 及透镜的几何条件 r_1、r_2 有关，还与透镜两侧介质的折射率 n_1、n_2 有关。**

$f'>0$ 的透镜称为会聚透镜或正透镜，$f'<0$ 的透镜称为发散透镜或负透镜。当透镜折射率大于两侧折射率时，凸透镜为会聚透镜，凹透镜为发散透镜；当透镜折射率小于两侧折射率时，情形刚好相反。

由（2.46）式和（2.47）式可得

$$\frac{f'}{f}=-\frac{n_2}{n_1} \tag{2.48}$$

即薄透镜的像方、物方焦距之比等于像方、物方折射率之比的负值。

在（2.45）式中

$$\frac{n-n_1}{r_1}=\Phi_1,\quad \frac{n_2-n}{r_2}=\Phi_2$$

分别代表薄透镜前后二球面光焦度，令

$$\Phi=\frac{n-n_1}{r_1}+\frac{n_2-n}{r_2}=\Phi_1+\Phi_2 \tag{2.49}$$

Φ 即为薄透镜的光焦度，它表示透镜的折光性能。

根据（2.46）和（2.47）两式，有

$$\Phi=\frac{n_2}{f'}=-\frac{n_1}{f} \tag{2.50}$$

若薄透镜置于空气中，则 $n_1=n_2=1$，故有

$$\Phi=\frac{1}{f'}=-\frac{1}{f} \tag{2.51}$$

光焦度单位仍为 m^{-1}，即为屈光度（D）。

2.9.3　薄透镜的高斯公式和牛顿公式　横向放大率

使用 2.6 节相同的方法，利用薄透镜的焦距公式（2.46）和（2.47）式，可将薄透镜的成像公式（2.45）的 f'、f 表示出来，即

$$\frac{f'}{s'}+\frac{f}{s}=1 \tag{2.52}$$

这就是薄透镜成像的高斯公式。

和推导（2.33）式一样，也可由上式导出薄透镜的牛顿公式：

$$xx'=ff'$$

薄透镜的横向放大率 β 等于两个折射面的横向放大率 β_1、β_2 的乘积，即

$$\beta=\beta_1\beta_2$$

参看图 2.38，应用（2.35）式，可得

$$\beta=\frac{n_1 s''}{ns}\cdot\frac{ns'}{n_2 s''}=\frac{n_1 s'}{n_2 s} \tag{2.52}$$

参照导出（2.36）式的方法还可得出

$$\beta=-\frac{x'}{f'}=-\frac{f}{x} \tag{2.53}$$

2.9.4　空气中的薄透镜

当薄透镜置于空气中时，$n_1=n_2=1$，上面有关公式就变成以下形式。

成像公式

$$\frac{1}{s'}-\frac{1}{s}=(n-1)\left(\frac{1}{r_1}-\frac{1}{r_2}\right) \tag{2.54}$$

焦距公式

$$f' = -f = \frac{1}{(n-1)\left(\frac{1}{r_1} - \frac{1}{r_2}\right)} \tag{2.55}$$

高斯公式

$$\frac{1}{s'} - \frac{1}{s} = \frac{1}{f'} \tag{2.56}$$

牛顿公式

$$xx' = -f'^2 \tag{2.57}$$

横向放大率

$$\beta = \frac{s'}{s} = -\frac{f}{x} = -\frac{x'}{f'} \tag{2.58}$$

由公式（2.55）知，对于空气中的玻璃薄透镜而言，凸透镜 $f' > 0$，为会聚透镜；凹透镜 $f' < 0$，为发散透镜。以后只要不作说明，都认为透镜处于空气中。

2.9.5 作图求像法

下面分别讨论轴外物点和轴上物点的作图求像法。

1. 轴外物点作图求像法

对轴外近轴物点作图求像，与单球面作图求像法类似，从物点发出的光束中有三条特殊光线可供作图时选择：

（1）过光心 O 的光线，出射后方向不变；（薄透镜两侧介质相同时，光心位于透镜中心）

（2）平行于主轴的入射光线，出射后必通过像方焦点 F'；

（3）通过物方焦点 F 的入射光线，出射后必平行于主轴。

从以上三条特殊光线中任选两条作图，出射光线的交点即为像点，由此像点到主轴作垂线即得垂轴物的像，如图 2.40 所示。

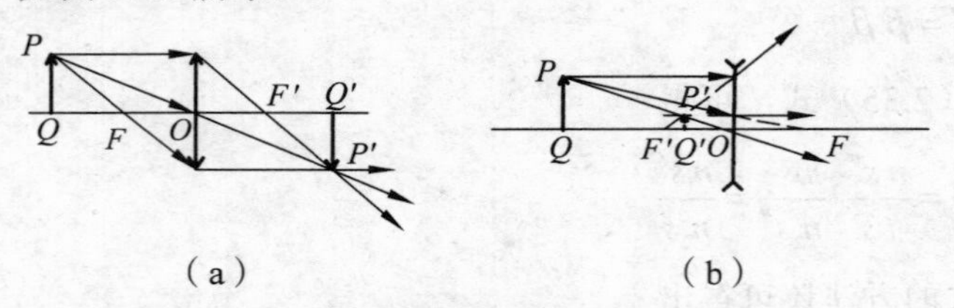

图 2.40　轴外物点作图求像

2. 轴上物点求像法

（1）副轴与焦平面。这种求像法需要利用副轴和焦平面的知识。副轴就是除主轴之外通过光心的任一直线。通过焦点 F、F' 垂直于主轴的两个平面，在近轴条件下，这两个平面分别称为物方焦平面和像方焦平面。

与副轴平行的光线射向透镜，折射后会聚于（或过）像方焦平面上一点［见图 2.41（a）］。

而物方焦平面任一点发出的（或过 F 面上一点）光线，经透镜折射后，将成为一束和副轴平行的光线［见图 2.41（b）］。

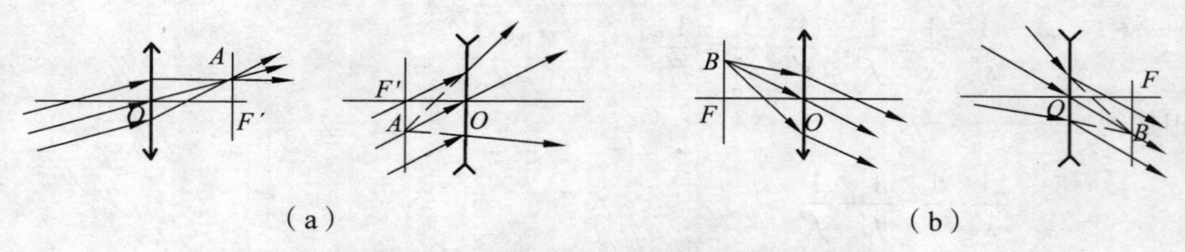

图 2.41　与副轴平行光线作图求像

（2）轴上物点作图求像法。

如图 2.42 所示，首先从主轴上给定的点 P 任意画一条入射光线 PA；再过光心作一条平行于入射光线 PA 的副轴，交像方焦平面于 B 点；作 AB 即为折射光线，它与主轴的交点 P'，即为所求像点。

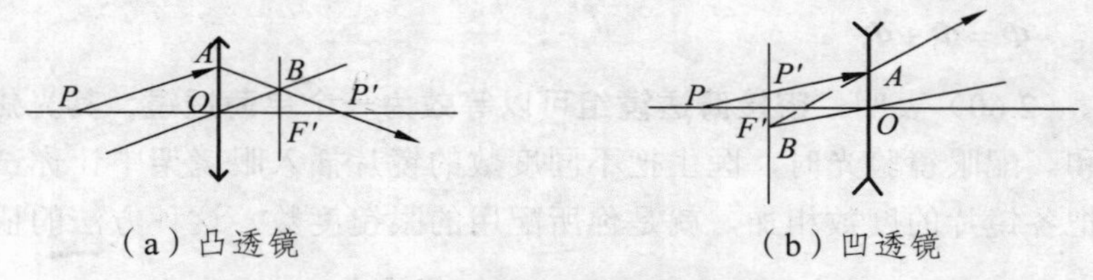

图 2.42　轴上物点作图求像

也可以利用物方焦平面和副轴来作图，如图 2.43 所示。过 F 作物方焦平面，与入射光线 PA 交于 C 点，过 C 点作一副轴，从入射点 A 作此副轴的平行线即为折射光线，它与主光轴的交点 P'，即为所求的像点，与借助像方焦平面时所得结果相同。

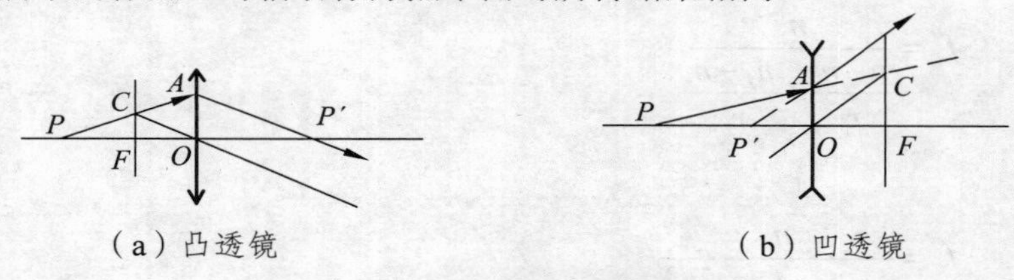

图 2.43　利用副轴作图求像

在现代信息光学中，透镜除了具有成像的本领外，还具有二维傅里叶变换的性质。不同方向的平行光线，经凸透镜后将会聚到后焦面上的不同点处。利用此性质，可将入射到透镜上的不同方向的平行光分开。这也是信息光学中，将物光中不同空间频率的成分分开的重要依据之一。后面第 8 章还将给大家作进一步介绍。

2.9.6　密接薄透镜组

若把两块薄透镜紧密结合在一起构成一薄透镜组（见图 2.44），这时两透镜间距离 d 可以忽略不计，即 $d\approx 0$。

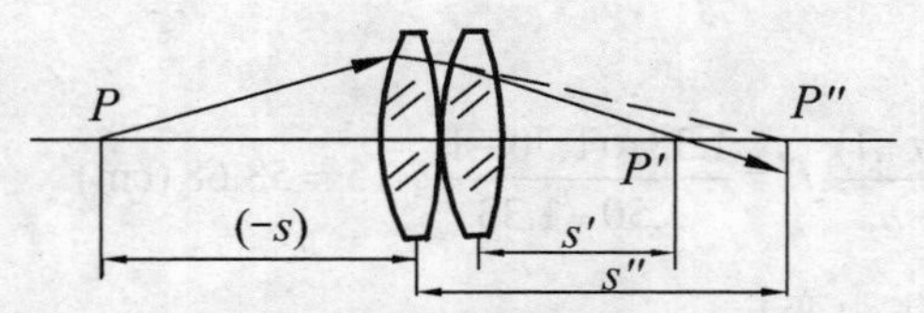

图 2.44　密接薄透镜组光路成像

物点 P 对于两个透镜所成的像可用逐次求像法解决

$$\frac{1}{s''}-\frac{1}{s}=\frac{1}{f_1'},\quad \frac{1}{s'}-\frac{1}{s''}=\frac{1}{f_2'}$$

两式相加得

$$\frac{1}{s'}-\frac{1}{s}=\frac{1}{f_1'}+\frac{1}{f_2'}$$

令 $s=-\infty$，得透镜组的像方焦距 f'，

$$\frac{1}{f'}=\frac{1}{f_1'}+\frac{1}{f_2'} \tag{2.59}$$

用光焦度表示，有

$$\Phi=\Phi_1+\Phi_2 \tag{2.60}$$

式（2.59）、（2.60）表明，**密接薄透镜组可以等效为一个单薄透镜，其光焦度等于单个透镜的光焦度之和**。配眼镜验光时，医生把不同度数的镜片插入眼镜架中让你试看，当你感到合适时，只要把各镜片的度数相加，就是你所配用的眼镜度数。这种方法的依据，正是光焦度相加的原理。

例 2-9 薄透镜的焦距为 $f'=15\ \text{cm}$，玻璃的折射率为 1.5，把薄透镜放入水中，求焦距变为多少（$n_{水}=1.33$）？

解： 据薄透镜的焦距公式

$$f'=\frac{n_2}{\dfrac{n-n_1}{r_1}+\dfrac{n_2-n}{r_2}}$$

当 $n_1=n_2$ 时有

$$f'=\frac{n_2}{(n-n_2)\left(\dfrac{1}{r_1}-\dfrac{1}{r_2}\right)}$$

设该透镜在空气中和水中的焦距分别为 f_1'、f_2'，按上式有

$$f_1'=\frac{1}{(n-1)\left(\dfrac{1}{r_1}-\dfrac{1}{r_2}\right)},\quad f_2'=\frac{n_2}{(n-n_2)\left(\dfrac{1}{r_1}-\dfrac{1}{r_2}\right)}$$

则

$$\frac{f_2'}{f_1'}=\frac{n_2(n-1)}{n-n_2}$$

故薄透镜在水中的焦距为

$$f_2'=\frac{n_2(n-1)}{n-n_2}f_1'=\frac{1.33\times(1.50-1)}{1.50-1.33}\times 15=58.68\ (\text{cm})$$

可见，薄透镜置于水中后焦距变长。

例 2-10 凸透镜的焦距为 10 cm，凹透镜的焦距为-4 cm，两个透镜相距 12 cm。已知物在凸透镜左方 20 cm 处，求像的位置并作光路图。

解：（1）物 PQ 对凸透镜成像为 $P'Q'$。已知 $s_1=-20\text{ cm}$，$f_1'=10\text{ cm}$，代入高斯公式

$$\frac{1}{s_1'}-\frac{1}{s_1}=\frac{1}{f_1'}$$

得

$$s_1'=\frac{s_1 f_1'}{s_1+f_1'}=\frac{(-20)\times10}{(-20)+10}=20\ (\text{cm})>0$$

$P'Q'$ 为实像。

（2）$P'Q'$ 对凹透镜成像，$P'Q'$ 为虚物，将 $s_2=20-12=8\text{ cm}$，$f_2'=-4\text{ cm}$ 代入高斯公式得

$$s_2'=\frac{s_2 f_2'}{s_2+f_2'}=\frac{8\times(-4)}{8+(-4)}=-8\ (\text{cm})<0$$

$P''Q''$ 为虚像。故最后像成在凹透镜左方 8 cm 处。

注意：各次成像时，使用的参考点不相同，光路图如图 2.45 所示。

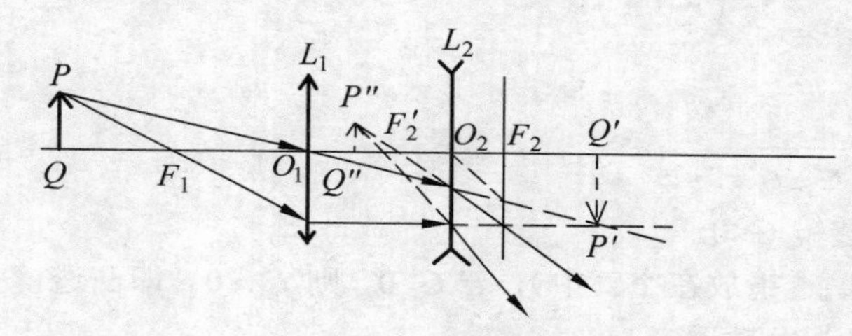

图 2.45　光路图

例 2-11　薄的平凹透镜水平地浸入水中，凹面向下，而透镜下的空间充满空气，凹面的半径 r=15 cm，构成空气平凸透镜（见图 2.46），试计算该系统的焦距（假设玻璃的折射率为 1.5）。

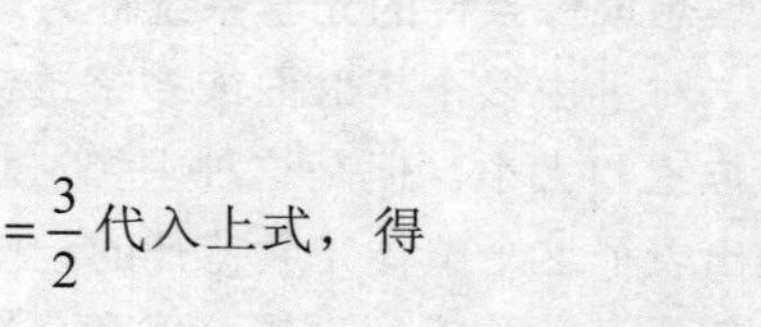

图 2.46　空气平凸透镜

解：此光学系统可等效于间距为零的玻璃凹透镜和空气凸透镜。先计算两者单独处于水中的 f'。由透镜的像方焦距公式

$$f'=\frac{n_2}{\dfrac{(n-n_1)}{r_1}+\dfrac{(n_2-n)}{r_2}}$$

将 $n_1=n_2=\dfrac{4}{3}$，$r_1=\infty$，$r_2=15\text{ cm}$（或 $r_1=15\text{ cm}$，$r_2=\infty$），$n=\dfrac{3}{2}$ 代入上式，得

$$f_1'=\frac{\dfrac{4}{3}}{0+\dfrac{\dfrac{4}{3}-\dfrac{3}{2}}{15}}=-\frac{4}{3}\times6\times15=-120\ (\text{cm})$$

将 $n_1=n_2=\dfrac{4}{3}$，$r_1=15\text{ cm}$，$r_2=\infty$，$n=1$ 代入焦距公式，得空气平凸透镜的焦距为

$$f_2' = \frac{\frac{4}{3}}{\frac{1-\frac{4}{3}}{15}+0} = -\frac{4}{3}\times 45 = -60\ (\text{cm})$$

将 $f_1' = -120\ \text{cm}$ ， $f_2' = -60\ \text{cm}$ 代入密接薄透镜组合的焦距公式，得

$$\frac{1}{f'} = \frac{1}{f_2'} + \frac{1}{f_1'} = -\frac{1}{60} - \frac{1}{120} = -\frac{3}{120}$$

故

$$f' = -40\ \text{cm} < 0$$

相当于发散透镜。

例 2-12 用折射率为 n 的材料制成如图 2.37 所示的六种薄透镜，并置于折射率为 n_1 的均匀介质中，试分析各透镜在什么条件下是会聚透镜，在什么条件下是发散透镜。

解： $f' > 0$ 的透镜为会聚透镜， $f' < 0$ 的透镜为发散透镜。由（2.46）式知，当 $n_1 = n_2$ 时有

$$f' = \frac{n_1}{(n-n_1)\left(\frac{1}{r_1} - \frac{1}{r_2}\right)}$$

令

$$G = \frac{1}{r_1} - \frac{1}{r_2}$$

对凸透镜 $G>0$，对凹透镜 $G<0$。

当 $n>n_1$ 时（如玻璃透镜放在空气中），若 $G>0$，则 $f' > 0$，即凸透镜为会聚透镜；若 $G<0$，则 $f' < 0$，也即凹透镜为发散透镜。

当 $n<n_1$ 时（如空气透镜放在水中），若 $G>0$，则 $f' < 0$，即凸透镜为发散透镜；若 $G<0$，则 $f' > 0$，即凹透镜为会聚透镜。

2.10 理想光学系统

前面我们讨论了三种成像光学系统：单球面折射面、反射面和透镜。在近轴条件下，这些系统均能理想成像，即物点发出的单心光束经过这些系统以后仍为单心光束，形成像点；垂直于主光轴的平面物仍能成一垂直于主光轴的平面像，且像和物在几何上相似。我们把**满足理想成像条件的光学系统称为理想光学系统**。

对于由多个折射面或多个透镜构成的复杂光学系统，原则上可用逐次求像法求出最后像的位置和大小，但是这种求像法将十分繁杂。如果我们把整个光学系统看作一个整体，并能找出表征这个整体光学特征的一些特殊点和面，从而能把多次成像问题转化为一次成像问题，并使得高斯公式、牛顿公式和作图求像法也能得到广泛的应用。这就提出了对共轴球面系统成像，需寻找一种等效的简化而迅速的处理方法。

高斯的理想光学系统理论解决了这个难题。理想光学系统的理论是 1841 年由德国科学家高斯（1777—1855 年）建立的，因此也称高斯光学，在理想光学系统理论中，任何共轴成像系统（包括成像元件或复杂的光学系统）都可以用一个等效的理想光学系统去代替，前面所学的成像公式和作图法仍然适用。

2.10.1 理想光学系统的基点和基面

在薄透镜等光学系统中，只要已知焦点、焦面、光心等位置，就可解决物体的成像问题。在理想光学系统中也存在着几对特殊的点和面，知道这些点和面后，就可确定物像之间的共轭关系。这几对特殊的点和面就是理想光学系统的基点和基面，它们是焦点和焦面，主点和主面，节点。

1. 焦点和焦面

焦点和焦面的定义与前面引入的相同，即平行于主光轴的入射光线经光学系统以后与主轴的交点称为像方焦点，用 F' 表示；过像方焦点而垂直于主轴的平面称为像方焦面。平行于主光轴的出射光线相对应主轴上的物点称为物方焦点，用 F 表示；过物方焦点而垂直于主光轴的平面称为物方焦平面。

与主光轴斜交的平行入射光束经光学系统后相交于像方焦平面上轴外一点，而从物方焦平面上轴外一点发出（或延长线相交于轴外点）的入射光束经光学系统以后，成为与主轴斜交的平行光束。

2. 主点与主面

我们先看薄透镜成像中的一种特殊情形，如图 2.47 所示，当物点置于透镜平面上时，像点也在透镜平面上，且横向放大率为+1。因此透镜平面实际上是一对重合的横向放大率为+1 的共轭面，与此类似，在理想光学系统中也存在着这样一对共轭面。如图 2.48 所示的一光学系统，若在物空间变动物的位置，则所成像的位置和大小必随之改变，若物 MH 位于某一特定的位置，以致它对光学系统所成的像是和它的大小相等的正立像 $M'H'$，则这物和像所在主轴上的两点 H、H' 分别叫作光学系统的**物方主点和像方主点**，过这两点与轴垂直的两平面 MH 和 $M'H'$ 分别是**物方主平面和像方主平面**。由于两主面上的共轭点到主光轴等高，**故两主面的横向放大率为**+1。两主平面的这一性质，为作图带来极大的方便。

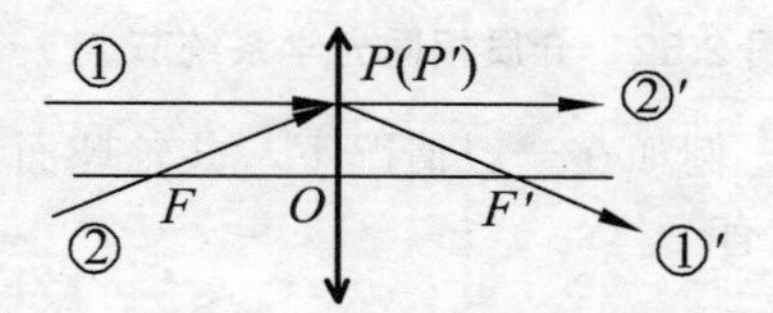

图 2.47 薄透镜成像特殊情形

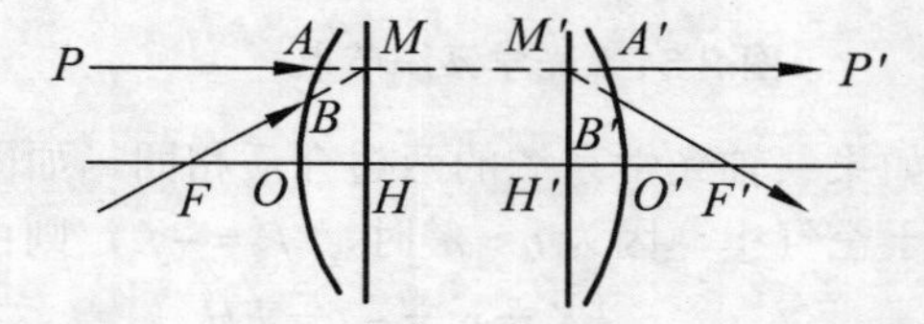

图 2.48 光学成像系统

在作图时，**入射线画到物方主平面为止，共轭出射线则从像方主平面上的等高点处画起。**

此外，我们还**规定物方主点 H 和像方主点 H' 为计算物距 s、像距 s' 和焦距 f、f' 的参考点**，物距 s、物方焦距 f 以物方主点 H 为参考点，像距 s'、物方焦距 f' 以像方主点 H' 为参考点，符号法则和前面相同。理想光学系统的两焦距和系统前后介质的折射率的关系与单球折射面的两者关系相同，即 $\dfrac{f'}{f}=-\dfrac{n'}{n}$。

如果共轴光学系统前后两边都在空气中，则 $f'=-f$，两边焦距绝对值相等。

3. 节 点

在薄透镜中经过光心的光线方向不变，即入射光线与主光轴的夹角等于出射光线与主光轴的夹角。如果将出射光线、入射光线与主光轴所成夹角之比称为角放大率 r，则在图 2.49

中，$r=\frac{u'}{u}=1$，因此光心实际上在主光轴上是一对重合的角放大率为+1 的共轭点。在理想光学系统中也存在这样一对共轭点。

在如图 2.50 所示的理想光学系统中，设从 K 点发出的光线与主轴的夹角为 u，经光学系统折射后过 K' 点的光线与轴的夹角为 u'，若 $u=u'$，则这一对特殊的共轭点 K 和 K' **为光学系统的一对节点。因此 K 和 K' 是一对角度放大率等于 1 的共轭点**。当入射光线（或延长线）以某一倾角通过**物方节点** K 时，出射光线（或其延长线）也以同一倾角通过**像方节点** K'，即通过它们的任意共轭光线彼此平行。

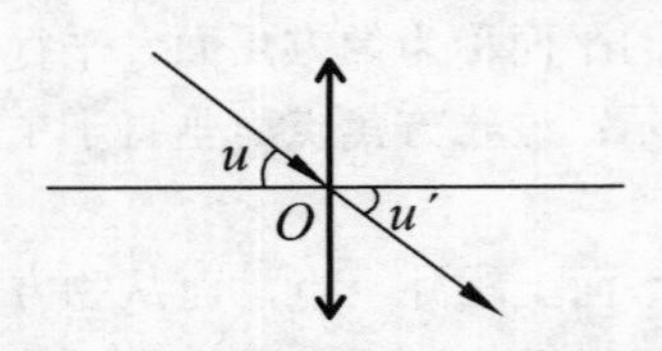

图 2.49　薄透镜中经过光心的光线

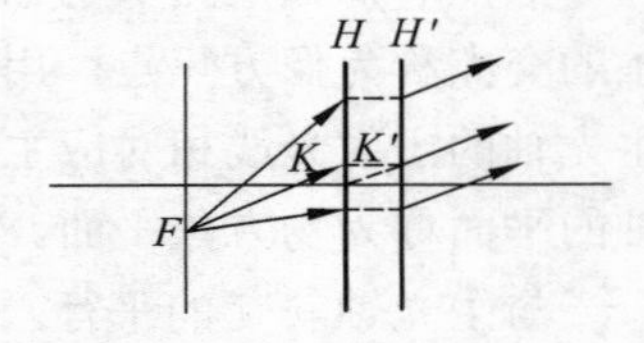

图 2.50　某理想光学系统

可以证明，如图 2.51 所示，节点的位置满足公式

$$\left.\begin{aligned}x_k &= f'\\ x'_{k'} &= f\end{aligned}\right\}\tag{2.61}$$

也即物方焦点 F 到物方节点 K 的距离 x_k 等于像方焦距 f'；像方焦点 F' 到像方节点 K' 的距离 $x'_{k'}$ 等于物方焦距 f。这表明，当两主点与两焦点确定后，节点即随之而定。

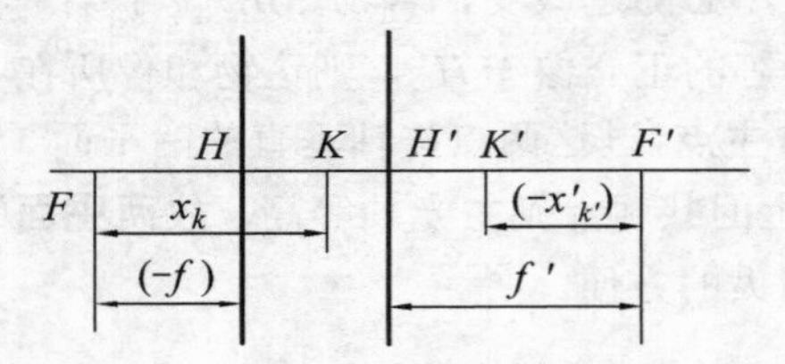

图 2.51　光学系统节点

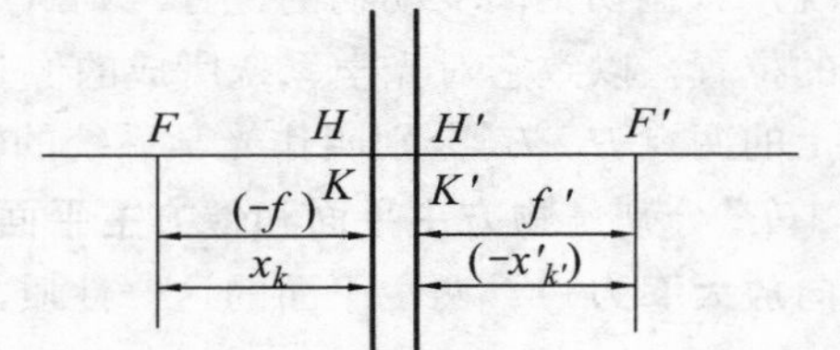

图 2.52　介质相同光学系统节点

如果共轴光学系统的两边介质相同，如图 2.52 所示，例如在一般情况下，共轴球面系统多置于空气中，因为 $n=n'$ 时，$f'=-f$，则由（2.61）式有

$$FK = x_k = -f = FH$$

$$F'K' = -x'_{k'} = -f = f' = H'F'$$

即在此种情况下，两主点和两节点分别重合。

2.10.2　理想光学系统的作图求像法

当光学系统的基点、基面确定后，即可由作图法研究物像关系。

1. 轴外物点的作图求像法

根据基点、基面的定义，有三条特殊光线可供选择。

（1）平行于主光轴的入射光线交物方主平面于 M，经光学系统后，由像方主平面上同高度的 M' 点射出并通过像方焦点 F'。

（2）过物方焦点 F 的入射光线交物方主平面于 N，经光学系统后，由像方主平面上同高度的 N' 点射出并与主光轴平行。

（3）过物方节点 K 的入射光线，经光学系统以后由像方节点 K' 射出并保持光线的倾角不变。它们的交点就是像点，如图 2.53 所示。

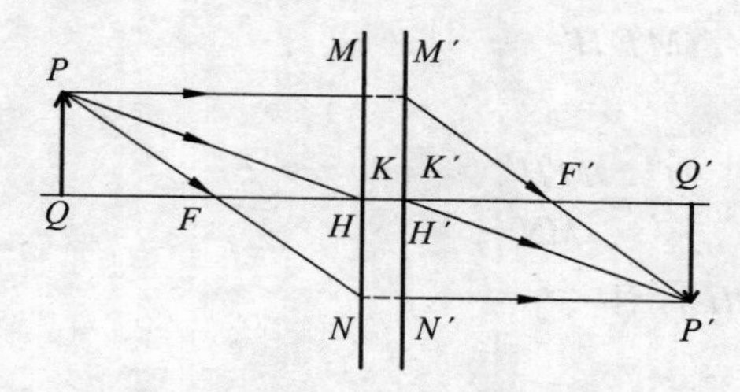

图 2.53 轴外物点作图求像法

2. 轴上物点作图求像

求作任意入射光线的共轭出射光线时，要利用焦平面和相应的节点作图。

（1）利用物方焦面和物方节点作图求像。

如图 2.54（a）所示，过 A 作任意入射光线 AB 交物方焦面于 C，交物方主面于 B，设 K 为物方节点，作辅助线 CK，由像方主平面上与 B 同高度的 B' 点作 $B'A'$ 平行于 CK，交主光轴于 A'，A' 即为 A 的像点。

（2）利用像方焦面和像方节点作图求像。

如图 2.54（b）所示，作图步骤请读者自己试着写一写，这里从略。

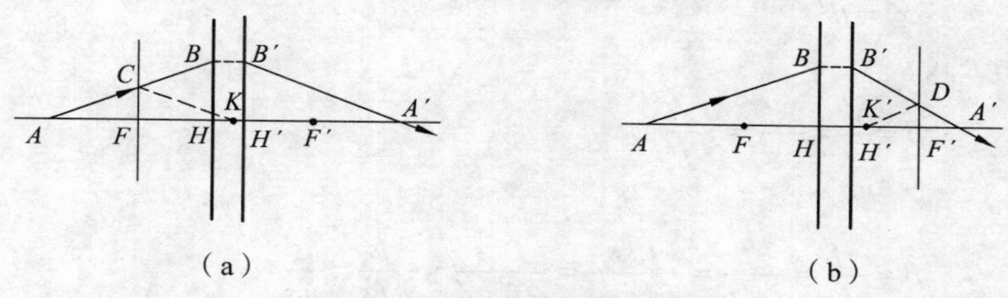

图 2.54 轴上物点作图求像法

上述作图法对于 $f'<0$ 的光学系统仍适用。

在这里要指出的是，作图法能帮助我们找到像的准确位置，但图中所画光线并不表示光学系统内部光线的实际路线，仅物点、像点附近的光线与实际相符。

2.10.3 理想光学系统的物像公式与横向放大率

已知光学系统的基点和基面，还可推导出物像的有关公式。在如图 2.55 所示的成像光路图中，以 H 与 H' 为参考点，物距为 s，像距为 s'，物方焦距为 f；以 F 与 F' 为参考点，物距为 x，像距为 x'，像方焦距为 f'。

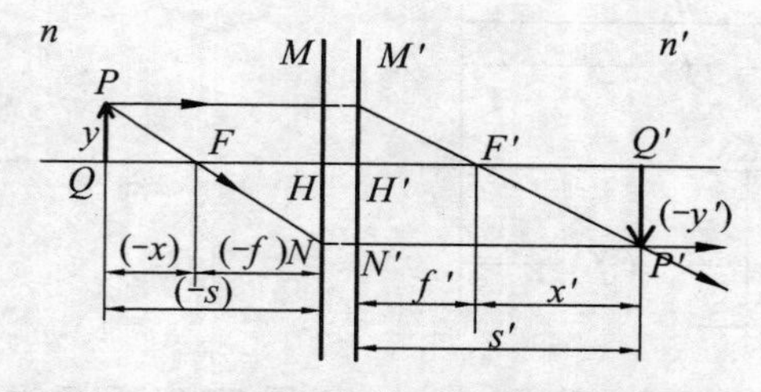

图 2.55 理想光学系统成像光路图

因

$$\triangle PMN \sim \triangle FHN$$

$$\triangle M'P'N' \sim \triangle M'F'H'$$

故

$$\frac{-f}{-s}=\frac{HN}{MN}，\frac{f'}{s'}=\frac{M'H'}{MN}$$

两式相加，注意到 $M'H'=MH$，有

$$\frac{f'}{s'}+\frac{f}{s}=1 \tag{2.62}$$

（2.62）式即为理想光学系统成像的高斯公式。

又因为

$$\triangle PQF \sim \triangle FHN$$

$$\triangle M'H'F' \sim \triangle F'Q'P'$$

所以有

$$\frac{y}{-y'}=\frac{-x}{-f}=\frac{f'}{x'}$$

从而可推出牛顿公式

$$xx'=ff'$$

和横向放大率公式

$$\beta=\frac{y'}{y}=-\frac{f}{x}=-\frac{x'}{f'}$$

而

$$\beta=\frac{-f}{x}=\frac{-f}{s-f}=\frac{f/s}{f/s-1}=\frac{f/s}{-f'/s'}=-\frac{fs'}{f's}=\frac{ns'}{n's}$$

又可以得到横向放大率的另一种形式。

2.10.4 薄透镜的基点、基面

薄透镜在近轴条件下，也是一个简单的理想光学系统，它也有基点和基面。如图 2.56 所示，薄透镜的两焦点位置由焦距确定，即

$$f=\frac{n_1}{\frac{n-n_1}{r_1}+\frac{n_2-n}{r_2}}，f'=\frac{n_2}{\frac{n-n_1}{r_1}+\frac{n_2-n}{r_2}}$$

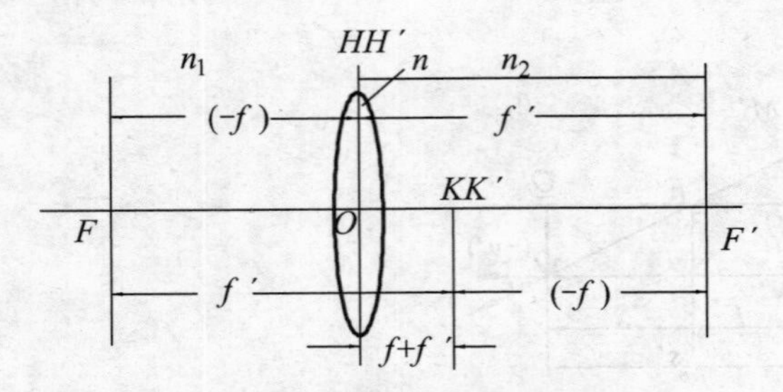

图 2.56 薄透镜的基点、基面

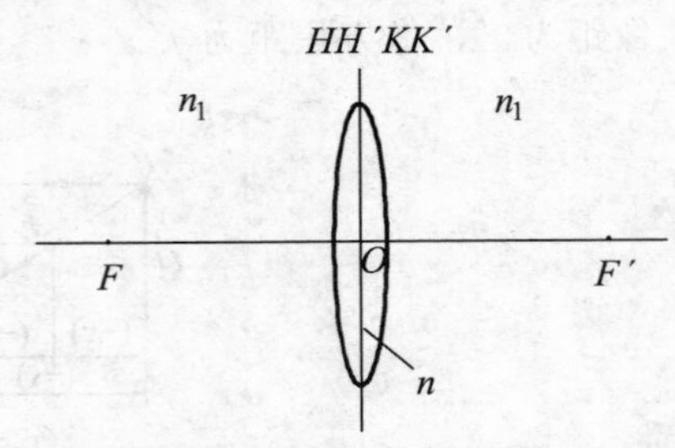

图 2.57 薄透镜两边介质相同时的主点、节点

它们都以薄透镜中心 O 为参考点，故通过透镜中心的平面就是主平面。物方节点 K 离透镜中心 O 的距离为

$$OK = FK + FO = x_k - (-f) = f' + f$$

像方节点 K' 至透镜中心 O 的距离为

$$OK' = OF' - K'F' = f' - (-x_k') = f' + f$$

这表明透镜的两个节点重合为一点，我们将这一点称为薄透镜的光心。由节点定义可以判断，过透镜光心的光线方向不发生改变。当透镜两边介质相同时，$f = -f'$，则 $OK' = OK = 0$，即光心位于透镜中心 O，这时两个主点和两个节点都在透镜中心（见图 2.57）。若透镜两侧介质不同，$f \neq -f'$，$OK' = OK \neq 0$，这时光心将不在透镜中心，应由 f 与 f' 的数值求出光心的位置，如图 2.56 所示。

例 2-12 如图 2.58 所示，已知光学系统的主面和焦点，试用作图法求各图中 PQ 或 P 的像。

解： 如图 2.58 所示，作图得 PQ 的像 $P'Q'$。

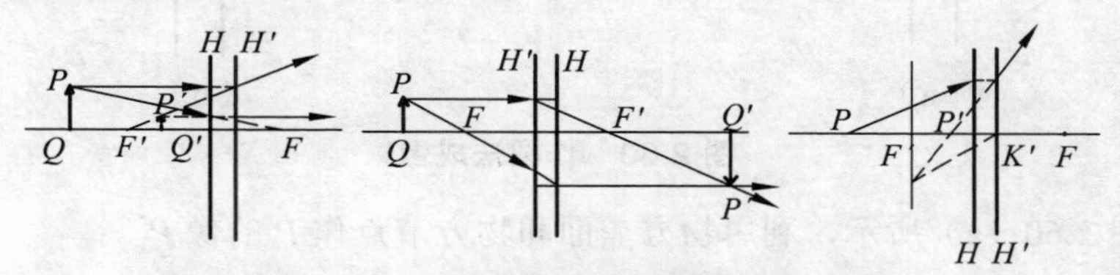

图 2.58 用作图法求各光学系统的像

例 2-13 图 2.59（a）所示为一空气中的透镜组。已知物方焦点为 F，像方焦点为 F'，物方主平面为 H，物高 1 cm，H、F 间的距离为 3 cm。

（1）试绘出像方主平面 H' 的位置及成像光路图。

（2）计算像的位置及大小。

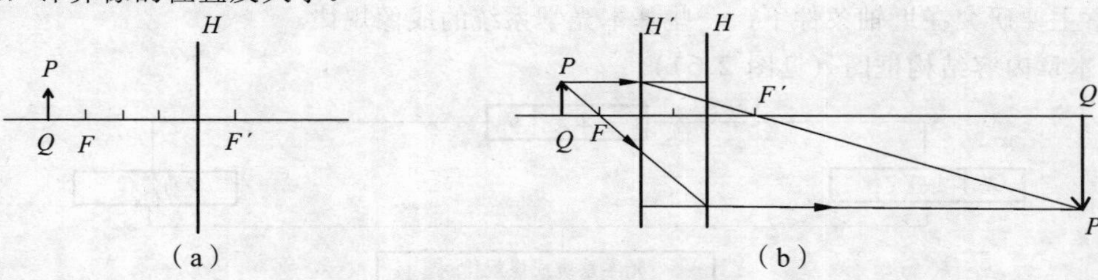

图 2.59 透镜组成像系统

解： 由题设知，$f' = -f$。

（1）由 HF=3 cm，得 $H'F' = 3\text{ cm}$，从而可确定像方主平面的位置。由作图法可求得像 $P'Q'$，如图 2.59（b）所示。

（2）由物像公式得

$$\frac{1}{s'} - \frac{1}{s} = \frac{1}{f'}$$

$$s' = \frac{sf'}{s+f}$$

把 $s = -4$ cm，$f' = 3$ cm 代入上式得

$$s' = \frac{3\times(-4)}{3-4} = 12\ (\text{cm})$$

又由横向放大率公式

$$\beta=\frac{y'}{y}=\frac{ns'}{n's}=\frac{s'}{s}\qquad (n=n'=1)$$

有

$$y'=\frac{s'}{s}y=\frac{12}{-4}\times 1=-3\,(\text{cm})$$

像的大小为 3 cm。

例 2-14 如图 2.60 所示，已知光学系统的主面和焦点，用作图法作图中 P 点的像。

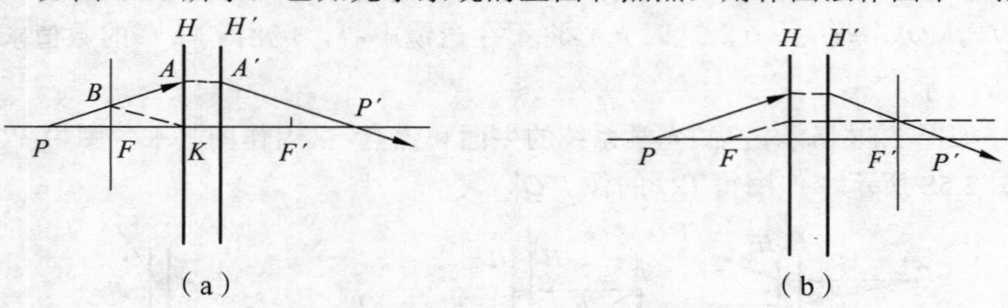

图 2.60 作图法成像

解一：如图 2.60（a）所示，利用物方焦面和物方节点作 P 的像 P'。

解二：如图 2.60（b）所示，利用两个焦面作 P 点的像 P'。

【小 结】

本章主要研究在近轴条件下，一些基本光学系统的成像规律。

1．本章内容结构框图（见图 2.61）

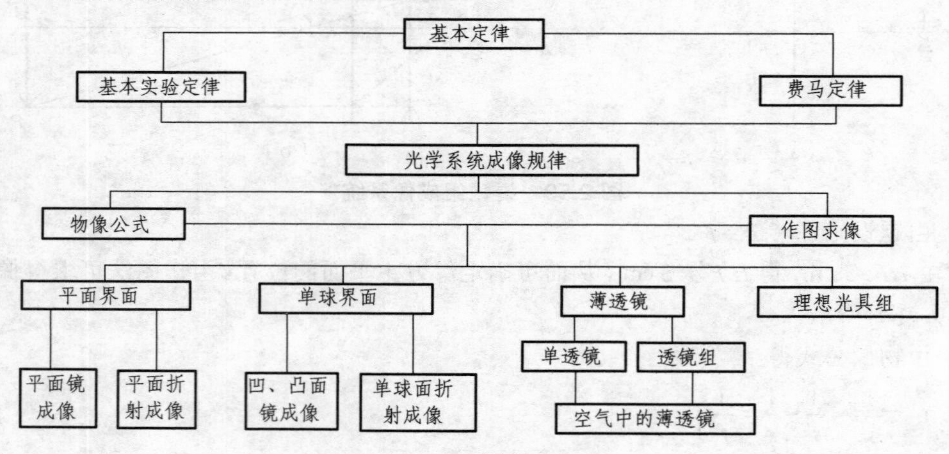

图 2.61 结构框图

2．近轴光学系统成像公式对照表（见表 2-1）

普遍形式的物像公式

$$\frac{f'}{s'}+\frac{f}{s}=1,\quad xx'=ff'$$

表 2-1

	几何表示	物像公式	焦距公式	横向放大率
球面镜	C F O	$\frac{1}{s'}+\frac{1}{s}=\frac{2}{r}$ 或 $\frac{1}{s'}+\frac{1}{s}=\frac{1}{f}$	$f'=f=\frac{r}{2}$	$\beta=-\frac{s'}{s}$
单折射球面	n n' F O C F'	$\frac{n'}{s'}-\frac{n}{s}=\frac{n'-n}{r}=\Phi$	$f'=\frac{n'}{n'-n}r=\frac{n'}{\Phi}$ $f=-\frac{n}{n'-n}r=-\frac{n}{\Phi}$	$\beta=\frac{ns'}{n's}$ $\beta=-\frac{f}{x}=\frac{x'}{f'}$
薄透镜	n_1 n n_2 F O F'	$\frac{n_2}{s'}-\frac{n_1}{s}=\frac{n-n_1}{r_1}+\frac{n_2-n}{r_2}$ $=\Phi_1+\Phi_2=\Phi$	$f'=\frac{n_2}{\frac{n-n_1}{r_1}+\frac{n_2-n}{r_2}}=\frac{n_2}{\Phi}$ $f=\frac{-n_1}{\frac{n-n_1}{r_1}+\frac{n_2-n}{r_2}}=-\frac{n_1}{\Phi}$	$\beta=\frac{n_1s'}{n_2s}$
空气中的薄透镜	n F O F'	$\frac{1}{s'}-\frac{1}{s}=(n-1)$ $\left(\frac{1}{r_1}-\frac{1}{r_2}\right)=\Phi$ 或 $\frac{1}{s'}-\frac{1}{s}=\frac{1}{f'}$	$f'=-f=\frac{1}{(n-1)\left(\frac{1}{r_1}-\frac{1}{r_2}\right)}$	$\beta=\frac{s'}{s}$
理想光学系统	F H H' F'	$\frac{f'}{s'}+\frac{f}{s}=1$ $ff'=xx'$	当两边介质相同时 $f'=f$	$\beta=\frac{ns'}{n's}$

3. 例　题

例 2-14　下列几种情形对于凸透镜而言，哪些是可能的？哪些是不可能的？

（1）实物实像；（2）实物虚像；（3）虚物实像；（4）虚物虚像。

答： 由薄透镜的成像公式

$$\frac{1}{s'}-\frac{1}{s}=\frac{1}{f'}$$

有像距

$$s'=\frac{sf'}{s+f'}$$

对于凸透镜，$f'>0$，① 对实物情形，$s<0$，当$|s|\geqslant f'$时，由像距公式知，$s'>0$，能成实像；当$|s|<f'$时，$s'<0$能成虚像。② 对于虚物情形，$s>0$，由像距公式知，$s'>0$，$s'\not<0$，故只能成实像，不能成虚像。

对于凹透镜而言，$f'<0$，① 对于实物情形，$s<0$，由像距公式知，$s'<0$，$s'\not>0$，故只能成虚像；② 对于虚物情形，$s>0$，当$s<|f'|$时，$s'>0$，能成实像，当$s>|f'|$时，$s'<0$，能成虚像。

结论： 对于凸透镜而言，除虚物不能成虚像外，其余三种情形都是可能的。对于凹透镜而言，除了实物不能成实像外，其他三种情形都是可能的。

对于凸凹面镜成像情形，请读者自己讨论。

例 2-15 一烧杯内水深 4 cm，杯底有一枚硬币，在水面上方置一焦距为 30 cm 的薄透镜，硬币中心位于透镜光轴上，若透镜上方的观察者通过透镜观察到硬币有像就在原处，求透镜应置于水面上多高的位置？

解：如图 2.62 所示，物先经平面折射成像，由 $s_1=-4\ \text{cm}$，得

$$s_1'=\frac{n'}{n}s_1=\frac{1}{4/3}\times(-4)=-3\ (\text{cm})$$

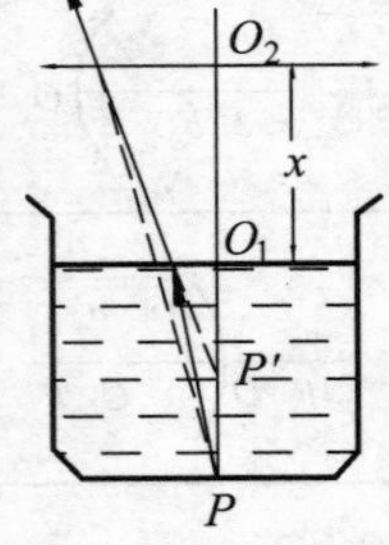

图 2.62 观察水中的硬币

再经透镜折射成像，设 $O_1O_2=x$，则

$$s_2=-(3+x)\ \text{cm},\quad s_2'=-(4+x)\ \text{cm},\quad f'=30\ \text{cm}$$

故由公式

$$\frac{1}{s'}-\frac{1}{s}=\frac{1}{f'}$$

可得

$$x_1=2\ (\text{cm}),\quad x_2=-9\ (\text{cm})\ (\text{舍去})$$

即透镜距水面 2 cm。

例 2-16 一凸透镜的焦距为 12 cm，物距 s 为已知，填充表 2-2 中的空白。

表 2-2

物距 s（cm）	−36	−24	−12	−6.0	0	6.0	12	24
像距 s'（cm）	18	24	∞	12	0	4	6	8
横向放大率 β	−1/2	−1	−∞	2	1	2/3	1/2	1/3
像的虚实	实	实	实	虚		实	实	实
像的正倒	倒	倒	倒	正	正	正	正	正

解：根据薄透镜的成像公式 $\frac{1}{s'}-\frac{1}{s}=\frac{1}{f'}$ 和横向放大率公式 $\beta=\frac{s'}{s}$，分别代入数据计算，并将结果填于表 2.2 中。

如将 $s=-36\ \text{cm}$，$f'=12\ \text{cm}$ 代入

$$\frac{1}{s'}-\frac{1}{s}=\frac{1}{f'}$$

有

$$s'=\frac{sf'}{s+f}=\frac{-36\times12}{-36+12}=18\ (\text{cm})>0$$

为实像。

$$\beta=\frac{s'}{s}=\frac{18}{-36}=-\frac{1}{2}<0$$

成缩小倒立实像。

又如当 $s=24\ \text{cm}$，$f'=12\ \text{cm}$ 时，

$$s'=\frac{sf'}{s+f'}=\frac{24\times12}{24+12}=8\ (\text{cm})>0$$

为实像。

$$\beta=\frac{8}{24}=\frac{1}{3}>0$$

像正立。

例 2-17 在焦距为 30 cm 的凸透镜 O_1 前 15 cm 处放一物在主轴上，在透镜后 d=15 cm 处放一平面镜 O_2 垂直于主轴，试求像的位置并作光路图。

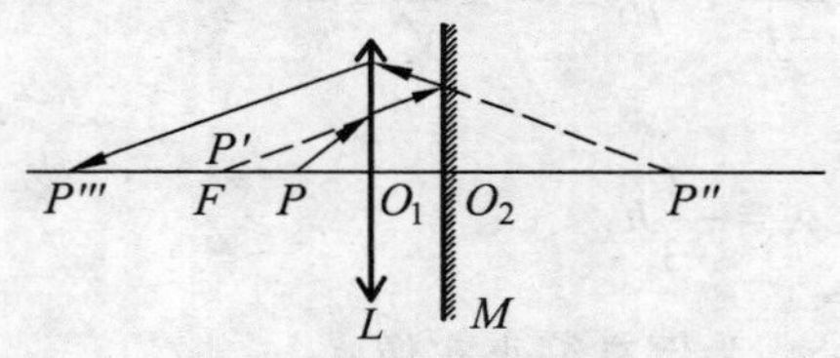

图 2.63 成像光路图

解：如图 2.63 所示，① 物 P 首先对透镜 O_1 成像，将 $s=-15\text{m}$，$f'=30\text{ cm}$ 代入透镜成像公式

$$\frac{1}{s'}-\frac{1}{s}=\frac{1}{f}$$

得

$$s_1'=\frac{s_1 f'}{s_1+f'}=\frac{(-15)\times 30}{(-15)+30}=-30\ (\text{cm})$$

$s_1'<0$，P' 为虚像。

② P' 对平面镜 O_2 成像，$s_2=-O_2P'=-45\text{ cm}$，故 $s_2'=-s_2=45\text{ cm}$，P'' 位于 O_2 右侧。

③ P'' 又经透镜 O_1 成像，光线从右至左，因像方焦点在透镜左方，故 $f_3'=-30\text{ cm}$，而 $s_3=O_1P''=45+15=60\text{ cm}$，由透镜的物像公式有

$$s_3'=\frac{s_3 f_3'}{s_3+f_3'}=\frac{60\times(-30)}{60+(-30)}=-60\ (\text{cm})<0$$

故最后所成的实像 P'' 在透镜左方 60 cm 处。

例 2-18 一平凸透镜焦距为 f'，平面镀银，在其前 $2f'$ 处放一物体，高度为 h，求物体所成的最终像，并作图。

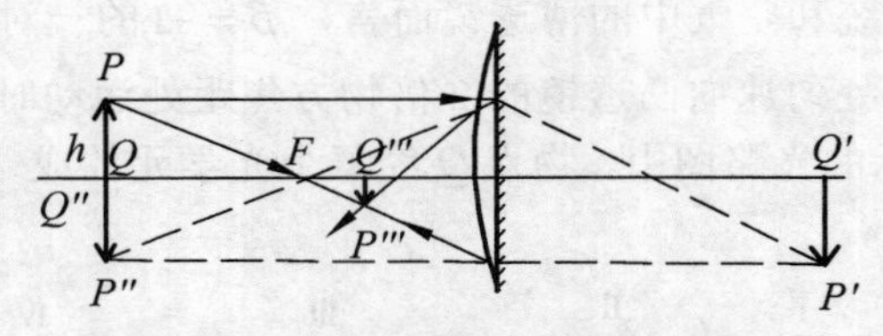

图 2.64 平凸透镜成像光路图

解：整个成像过程分为三步。

第一步，经薄透镜折射，由

$$\frac{1}{s_1'}-\frac{1}{-2f'}=\frac{1}{f'}$$

及

$$\beta_1=\frac{y_1'}{h}=\frac{s_1'}{s_1}$$

可得 $s_1' = 2f$，$y_1' = -h$。

第二步，经平面镜反射可得其像位于透镜的左侧，即

$$s_2' = -2f',\ y_2' = -h$$

第三步，再经透镜折射，此时光线是由右向左，由

$$\frac{1}{s_3'} - \frac{1}{-2f'} = \frac{1}{-f'},\quad \beta_3 = \frac{y_3'}{y_3} = \frac{y_3'}{y_2'} = \frac{s_3'}{s_3}$$

可得

$$s_3' = -\frac{2}{3}f',\ y_3' = -\frac{1}{3}h$$

即最后像位于透镜左侧 $\frac{2}{3}f'$ 处，为倒立缩小实像。

【思考题】

2.1 为什么阳光透过茂密的树叶投影地面形成圆形光斑？若发生日偏蚀或日环蚀，光斑将呈什么形状？

2.2 我们能够看到天空“本来的面目”吗？为什么？

2.3 为什么玻璃（或水）中的气泡看起来特别亮？

2.4 如何判断物和像的虚实？

2.5 发光点和物点有何区别？两者可以等同吗？

2.6 平面镜能成实像吗？如能形成，试讨论形成的条件。

2.7 有人说：“对某折射单球面而言，其左侧空间为物空间，右侧空间为像空间，单球面就是它们的分界面”。你以为如何？

2.8 单球面折射系统的像方焦距在什么条件下为正，在什么条件下为负？

2.9 对于一个单球面折射系统，当物点向折射球面运动时，像点将如何运动？

2.10 球面镜的焦距是否与它所在的介质有关？

2.11 对单球面折射系统和空气中的薄透镜而言，$\beta = -1$ 的一对共轭点各在什么位置？

2.12 当物体从无穷远处匀速向凸透镜的 2 倍物方焦距处运动时，其像如何运动？

2.13 在如图 2.65 所示的光路图中，物点 Q_1 经每个光学元件成一次像，试说明每次成像时物和像的虚实。

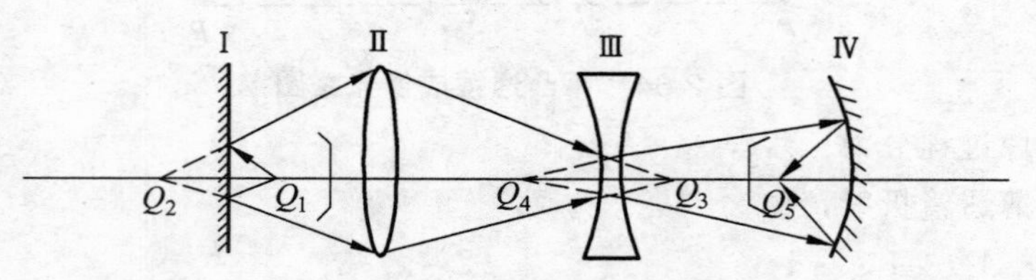

图 2.65　多元件成像系统

2.14 物方焦点和像方焦点是一对共轭点吗？

2.15 下列几种情况对于凸透镜和凹透镜而言，哪些是可能的，哪些不可能？

（1）实物实像；（2）实物虚像；（3）虚物实像；（4）虚物虚像。

2.16 如果薄透镜两侧的介质不同，文中所说的薄透镜作图求像法中哪些还成立，哪些不再成立？

2.17 薄透镜的焦距与它所在介质是否有关？凸透镜一定是聚透镜吗？凹透镜一定是发散透镜吗？

2.18 中学课本中对于物和像虚实的规定与本书有何区别？

【习　题】

2.1 试证明：如图 2.66 所示，在相交成 α 角的两平面镜上，一入射光线经两次反射后，出射光线和入射光线的夹角为 $\Phi = 2\alpha$。

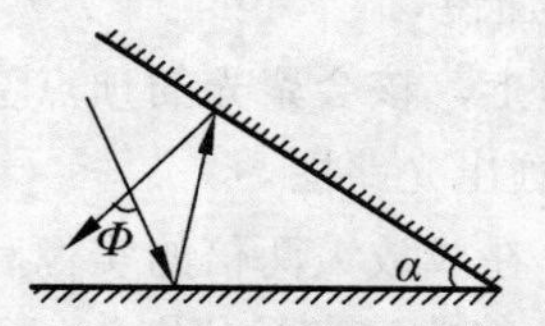

图 2.66　成 α 角的两平面镜

2.2 试证明：当一条光线通过厚度为 d，折射率为 n 的平行平面玻璃板时，出射光线方向不变，只产生侧向平移，当入射角 i_1 很小时，侧移为 $\Delta L = \dfrac{n-1}{n} i_1 d$（见图 2.67）。

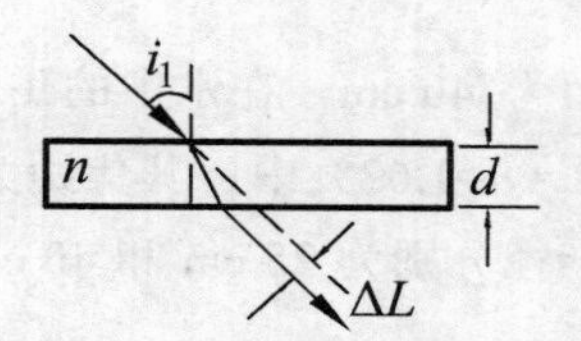

图 2.67　平面玻璃板

2.3 设有一条光线垂直入射于玻璃直角三棱镜［见图 2.68（a）］，一个面上的光线受到全反射，如果 $\theta = 45°$，那么该棱镜玻璃的折射率是多少？如果换用 $n = 1.5$ 的玻璃做同样的三棱镜，浸没于水（n=1.33）中将发生什么情况？［见图 2.68（b）］

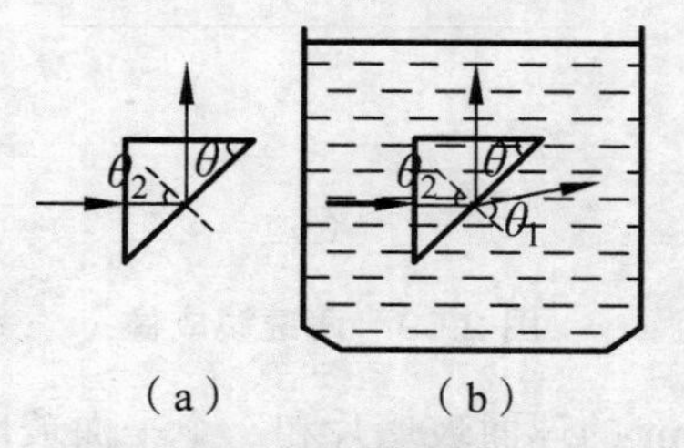

图 2.68　玻璃直角三棱镜

2.4 试证明：如果人能够从铅直平面镜中看到自己的全身，这个铅直平面镜的长度至少为人身高的一半。

2.5 水槽里有一层水浮在一层四氯化碳之上，水层厚 2 cm，折射率为 1.33，而四氯化碳厚 4 cm，折射率为 1.46。从正入射方向看，水槽的底在水面之下多深？

2.6 欲使由无穷远处发射的近轴光线通过透明球而成像于后半球面顶点处，问这透明球的折射率应是多少？

2.7 折射率为 1.50 的玻璃棒，一端磨成半径为 2 cm 的凸面球，一个高为 1 cm 的小物垂直于棒轴放在离球面顶点前方 8 cm 处，棒置于空气中，求该像的位置、大小，并画出光路图。

2.8 在一张报纸上放一个平凸透镜，眼睛通过透镜看报纸，当透镜平面向上时，虚像在平面下 13.3 mm；当透镜凸面向上时，虚像在凸面以下 14.6 mm。若透镜中心厚度为 20 mm，求透镜的折射率和凸球面的曲率半径。

2.9 高 5 cm 的物体放在凹面镜前 12 cm 处，凹面镜的曲率半径为 20 cm。求像的位置及像高，画出光路图。

2.10 一个高 5 cm 的物体放在球面镜前 10 cm 处造成 1 cm 高的虚像。求：（1）此镜的曲率半径：（2）此镜是凸面镜还是凹面镜？

2.11 一束会聚光投射到凸面镜上，该会聚光的顶点位于凸面镜后 15 cm 处，凸面镜的曲率半径为 20 cm，求像的位置，并画出光路图。

2.12 半径为 40 cm 的凹面镜，在成放大两倍的实像和虚像时，物体各放在何处？

2.13 两个凹面反射镜 M_1 和 M_2 的曲率半径分别为 $|r_1|=0.5\ \mathrm{m}$ 和 $|r_2|=2\ \mathrm{m}$，两镜凹面相对，中心 $O_1O_2=2\ \mathrm{m}$，发光点在 O_1O_2 连线上，$O_1P=\dfrac{3}{11}\ \mathrm{m}$，计算下列情况中像的位置：

（1）由 M_1 反射一次；（2）M_1 反射后，M_2 反射一次；（3）依次由 M_1、M_2 反射后，再由 M_1 反射一次。

2.14 一凸透镜在空气中的焦距为 40 cm，在水中的焦距为 136.8 cm，问此透镜的折射率为多少？若将此透镜置于二硫化碳（n=1.62）中，其焦距为多少？

2.15 双凹薄透镜两个球面的半径分别为 25 cm 和 40 cm，透镜的折射率为 1.5，求这透镜的光焦度和焦距。

2.16 如图 2.69 所示，MM' 为薄透镜的主光轴，S，S' 为物点和像点，用作图法求透镜中心点与焦点位置。（光线从左到右）

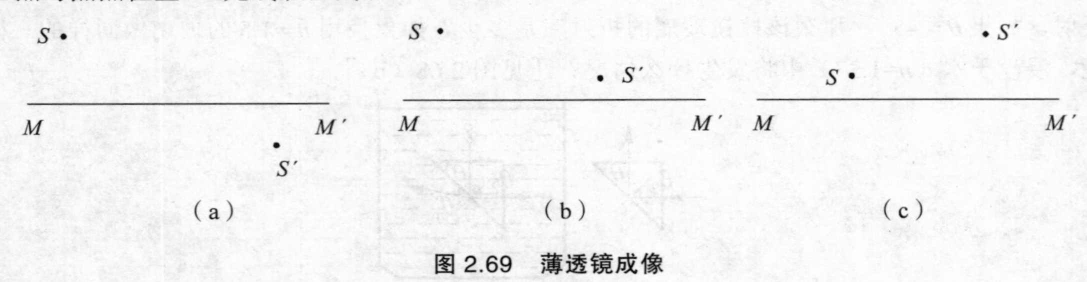

图 2.69　薄透镜成像

2.17 用一曲率半径为 20 cm 的球面玻璃片和一个平面玻璃片合成空气薄凸透镜，将其浸入水中，设玻璃片厚度可以略去，水和空气的折射率分别为 4/3 和 1，求此透镜的焦距。并判断此透镜是会聚的还是发散的？

2.18 如图 2.70 所示，薄透镜放在空气中，已知光线 ABC 的路径，作图求任一光线 DE 的传播路径。

2.19 求如图 2.71 所示中光线 $F'A$ 共轭光线的方向，图中 F' 为凹透镜像方焦点。

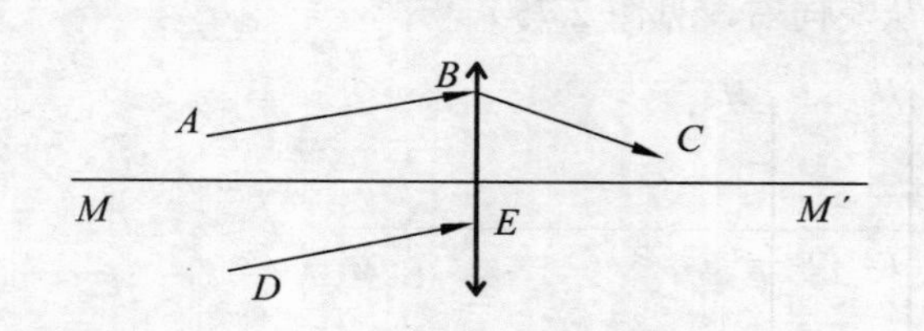

图 2.70　薄透镜光学元件

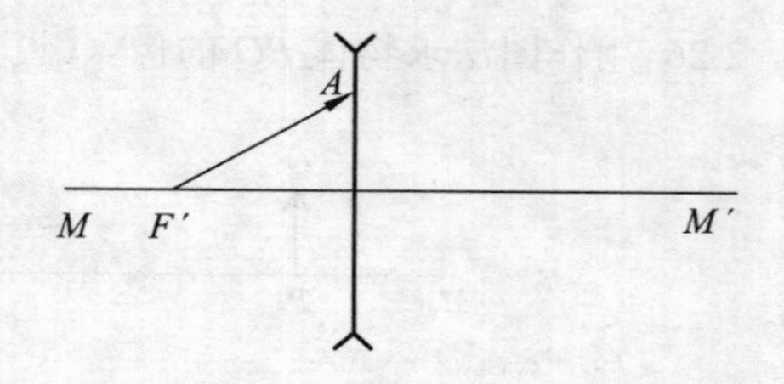

图 2.71　凹透镜光学元件

2.20 求如图 2.72（a）、（b）所示像点对应的物点 Q。（设入射光线从左到右）

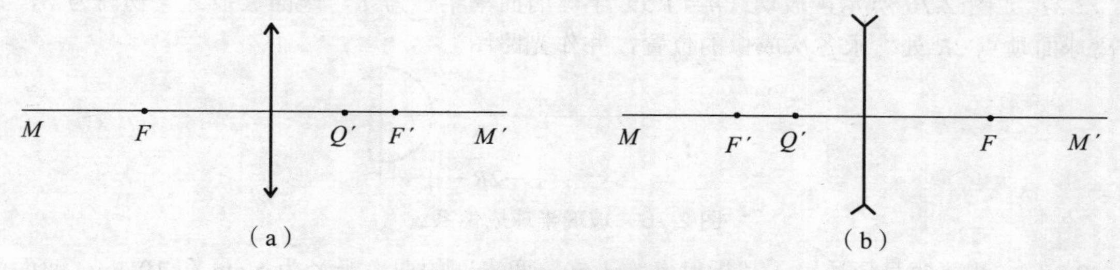

图 2.72　光学成像系统光路图

2.21 一光学系统由两个薄凸透镜组成，它们的焦距分别为 10 cm 和 20 cm，两透镜相距 30 cm，一物体位于第一个透镜左侧 40 cm 处，用逐次成像法求最后所成像的位置和横向放大率，画出光路图。

2.22 一物体置于焦距为 10 cm 的会聚透镜前 10 cm 处。在会聚透镜后 5 cm 处放置一焦距为-15 cm 的发散透镜，试求最终像的位置、大小、虚实与倒正，并作图。

2.23 一个会聚薄透镜与一个发散薄透镜互相接触而成一个复合光学系统，当物距为-80 cm 时，其实像距为+60 cm；若会聚透镜焦距为 10 cm，求发散透镜焦距。

2.24 如图 2.73 所示，MM' 为一光学系统的主轴，H、H' 为主平面，P_1' 是物点 P_1 经光学系统所成的像。用作图法求另一物点 P_2 经光学系统所成的像。（设光学系统前、后方均为空气，入射光线从左到右）

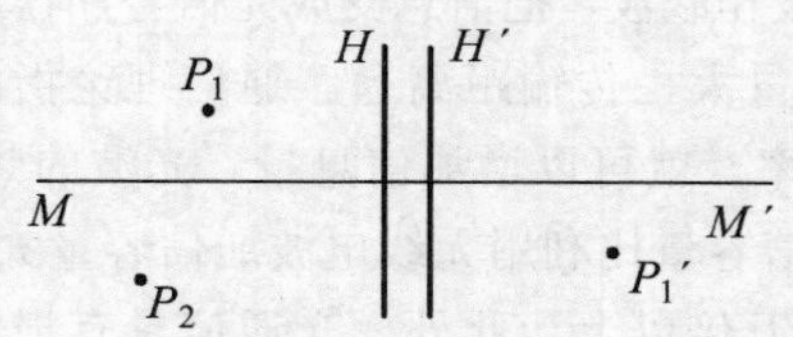

图 2.73　光学成像系统光路图

2.25 用作图法求物点 P 的像。（设入射线从左到右，见图 2.74）

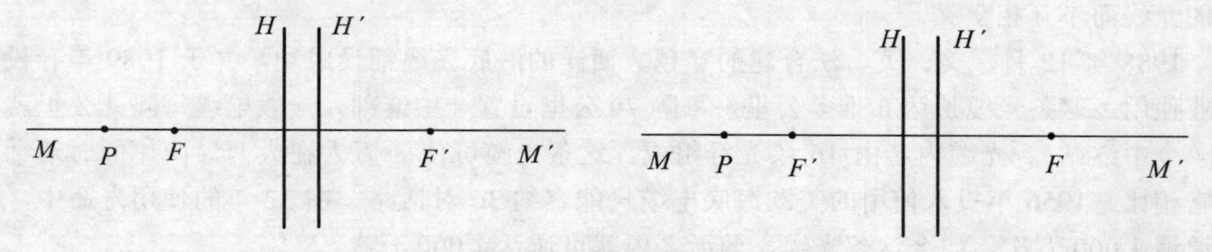

图 2.74　光学成像系统光路图

2.26 用作图法求物体 PQ 的像。(设光线从左向右，见图 2.75)

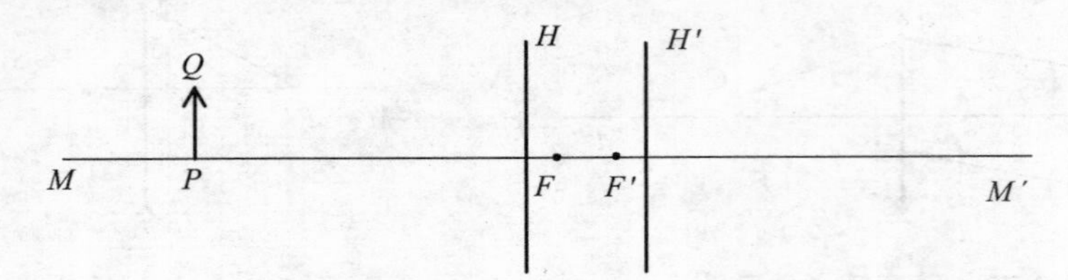

图 2.75 光学成像系统光路图

2.27 如图 2.76 所示，玻璃（$n = 1.5$）半球的曲率半径为 R，平面镀银。一物高为 h，置于离球面顶点 $2R$ 处。求各次成像的位置，并作光路图。

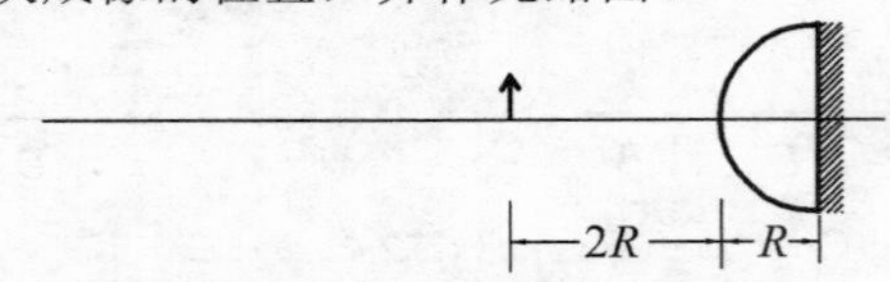

图 2.76 玻璃半球成像系统

2.28 一凸薄弯月形透镜，其折射率为 1.50，两表面的曲率半径为 5 cm 和 10 cm，凹面朝上放置并盛满水，求水与透镜构成的复合系统的焦距。

2.29 一束平行光垂直射到薄的平凸透镜上，会聚于透镜后 48 cm 处，透镜的折射率为 1.5。若将此透镜的凸面镀银，物置于平面前 12 cm。求最后成像位置。

【阅读材料】

光纤通信

光纤的一种重要应用是用于通信技术。过去普遍运用的电通信技术是用无线电波作载波，把信息变成电讯号加在载波上，使之沿导线、导管（或在大气中）传播。近几十年来迅速推广的光纤通信技术，则是用光波作载波，把信息变成光信号加在载波光线上，使之沿光纤传播。

光纤通信的主要优点是容量大，传输距离远。通信理论指出，传输的信息量与载波的频率有直接关系。增加载波的频率，就可以增加信息量。光波的频率很高（10^{14} Hz），比微波频率高几个数量级。因此光纤通信容量比利用无线电波通信容量大得多，无论是电话或电视，光纤通信容量都是电通信容量的万倍以上。此外，光通信具有损耗低，抗电磁干扰强，保密性好，抗腐蚀性、抗辐射能力强，能节约有色金属，重量轻，铺设容易，节约建设费用等特点。

实用上，常把十根或成百根光纤并在一起做成光缆。在光缆中，各条光纤只传送进入自己的光线而不互相交叉。

1988 年 12 月，美、英、法合建的穿越大西洋的海底光缆铺设成功，并于 1989 年春投入商业使用。这条光缆长达 6 千多公里，每隔 70 公里设置一中继部（一般电缆每隔几公里就需要一个中继站）。光缆内芯由 16 条光纤组成。这条光缆可使 8 万人在大西洋两岸同时通话，和它相比，1956 年投入使用的美欧海底电缆只能容纳 36 对话路。在 32 年的使用寿命中，总共通话 1 000 万次。如今这条光缆，两天之内就可通话 1 000 万次。

1972 年前后，我国开始进行光纤通信研究，现在已能制出低损耗的光纤，且光纤通信网已遍布全国各地。

非球面反射镜

除球面镜外，还有许多种非球面反射镜，其中应用较广泛的有抛物面镜，如图 2.77 所示。抛物面镜的抛物面是由光轴绕 AF 旋转 180°而成的，其中 F 为抛物面的焦点。设 SB 为平行于光轴的任一光线，它与抛物面相交于 B 点。根据抛物线的性质，过抛物线上任一点 B 的法线，平分 SB 与 BF 所成的角，即有

$$i=-i'$$

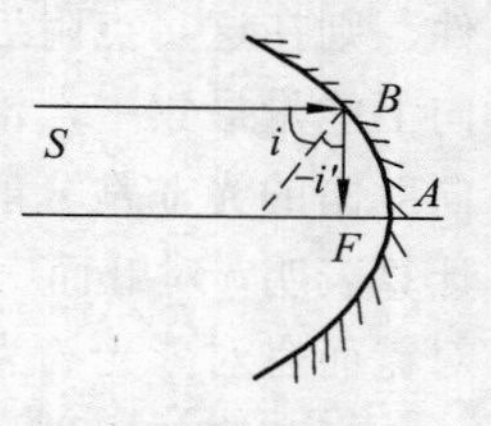

图 2.77

BF 就是遵守反射定律的光线。由这一性质，所有平行光轴的光线，经抛物面反射后，都会聚于焦点 F，在这里并没有“傍轴”要求。根据光路的可逆性，从 F 点发出的所有光线，经反射成为平行于光轴的光线射出。

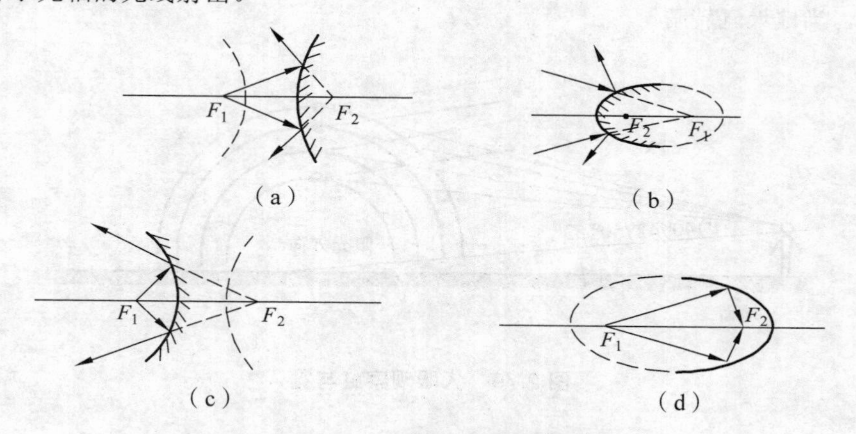

图 2.78　几种非球面反射镜

抛物面反射镜有广泛的应用，如闪光灯和汽车前灯就应用抛物面反射镜，将置于焦点处的光源所发出的光，反射后定向投向远处。射电望远镜应用一巨大的抛物面作接收天线，将遥远的宇宙空间射来的无线电波，反射后集中到位于抛物面焦点处的小天线上。从而使与它相连接的仪器能有效测定射电波的强度。

还有一些非球面镜也有一定意义。例如，椭球面镜和双曲面镜，如图 2.78 所示。凸双曲面镜和凸椭球面镜可用作反射天文望远镜的物镜，凹双曲面镜可用作照相闪光灯的反光罩，凹椭球面镜可用作固体激光器的聚光镜。

虹和霓

夏季雨过天晴时，与太阳相对的天空常常会出现一条圆弧形的美丽彩带，若观察者背着太阳在适当的条件下还可以看到两条彩色圆弧。如图 2.79 所示，内圆弧内紫外红，色彩鲜明，叫作虹；外圆弧内红外紫，色彩较淡，叫作霓。下面分别讨论它们的成因。

雨后的天空悬浮着大量的小水滴，当阳光照射到达些小水滴上时，就像图 2.80 与图 2.81 那样发生折射与全反射，由于水滴对阳光有色散作用，不同颜色的光将沿不同方向射出，使观察者看到彩色光带。如图 2.80 所示阳光经水滴发生两次折射和一次全反射，形成的彩带内

紫外红，这就是虹。如图 2.81 所示阳光经水滴发生两次折射和两次全反射，则形成外紫内红的彩带，这便是霓。由于形成霓的光能量在水滴内被吸收的较多，所以亮度较低并且比较模糊。

理论和实践都表明，入射在水滴上某一点的任何一种单色光，如果满足最小偏向角的条件，则在这一点附近入射的同种色光射出水滴后，它们的方向几乎是平行的，在这个出射方向上能量最集中，沿此方向看去，水滴最明亮，故此方向又称为水滴的闪耀方向。沿其他方向射出的光非常分散，因而观察不到水滴。可见闪耀方向就是我们实际观察虹、霓的方向。计算表明，对虹而言，水滴闪耀方向和入射方向之间的夹角对紫光约为 40°，对红光约为 42°；对霓而言对紫光约为 53°，对红光约为 50°，这就是图 2.79 中观察到的虹、霓的角度。

虹和霓的出现．与天气变化密切相关。我国早就流传“东虹日头西虹雨”的谚语，这也是因为我国大部分地区处于西风带，降雨云系多由西向东发展。如果早上西方有虹，表明西方存在大片雨区，而东方放晴。随着西风雨东移，当地天气即将变坏，因此西虹往往是出现降雨天气的预兆。相反，如果晚上东方有虹，表明东方有雨，西方放晴，随着时间推移，雨区继续东移，当地天气转晴。

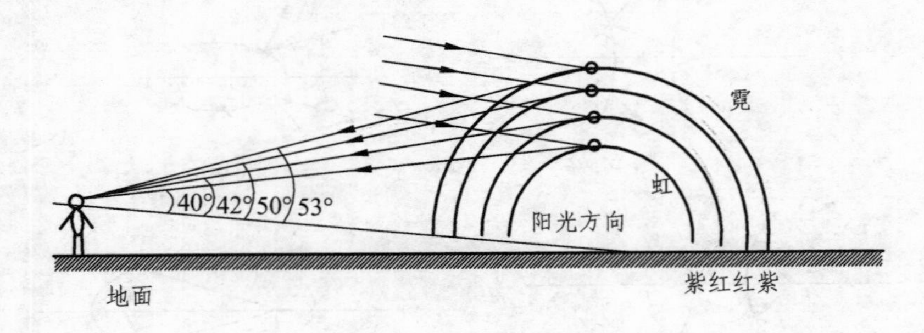

图 2.79　人眼观察虹与霓

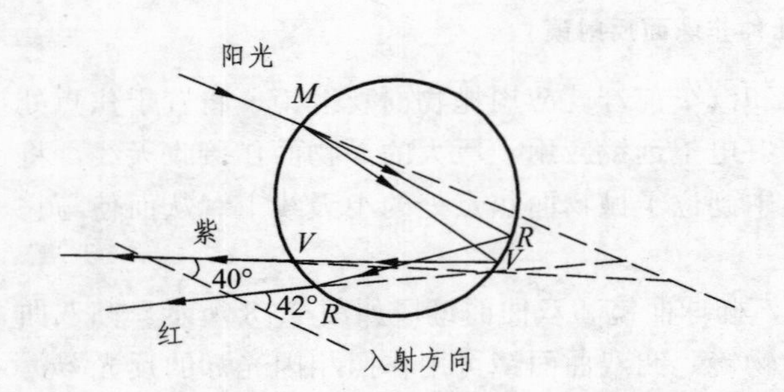

图 2.80　人眼观察到虹的角度

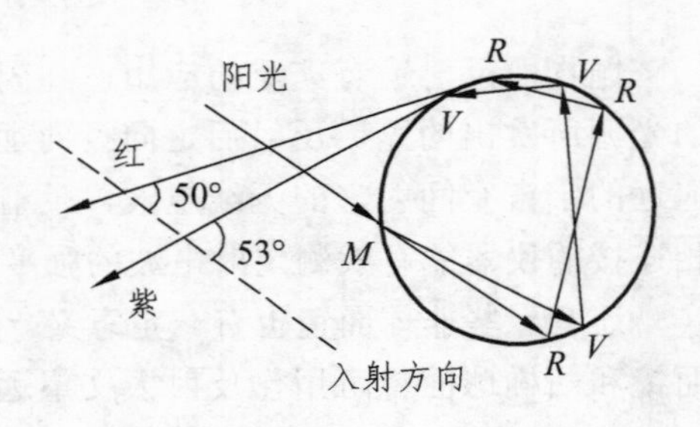

图 2.81　人眼观察到霓的角度

3 光学仪器的基本原理

【教学要求】

（1）了解人眼的结构，理解非正常眼的形成原因及其矫正措施。

（2）了解视角的物理意义。

（3）理解助视仪器放大本领的概念，区别角度放大率与放大本领。

（4）理解放大镜、目镜、显微镜和望远镜等助视仪器的结构、原理、成像光路和放大本领的计算。

（5）了解光阑在光学仪器的作用，了解有效光阑、入射光瞳和出射光瞳的概念。

（6）了解球差和色差的形成和矫正。

3.1 眼睛与眼镜

人的眼睛是一个非常精巧并且相当复杂的天然光学仪器。对于后面要讲的目视光学仪器，眼睛则是整个光学系统的最后一个组成部分。所有目视仪器的设计，都要考虑眼睛的特点。眼睛在光学中占有重要地位，本节将对人眼的构造、功能及非正常眼的矫正作一简要介绍。

3.1.1 人眼的结构与功能

人眼呈球状，其内部结构如图 3.1 所示。

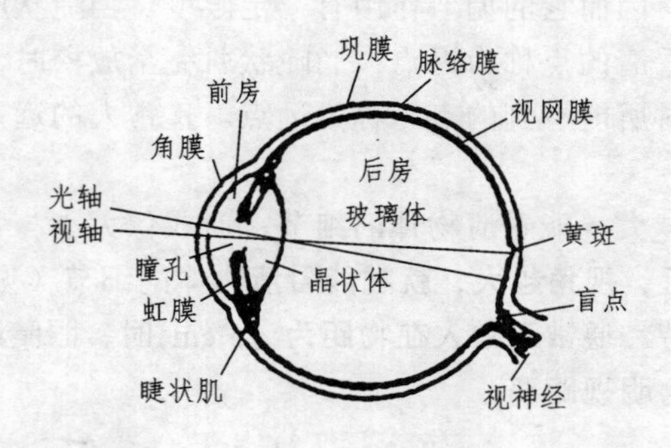

图 3.1 人眼的构造

角膜和巩膜。包在眼球外面的坚韧的膜，最前面透明的部分称为角膜，其余部分白色不透明，称为巩膜。

前房。在角膜后的一部分空间，其中充满透明水状液，其折射率为 1.337。

虹膜。在水晶体前面的一层带颜色的不透明膜，其颜色因人种而异，我国人的虹膜呈棕色。其中央是一个圆孔，以限制进入眼睛的光束口径，称为瞳孔。

晶状体。它的外形如双凸透镜，具有类似葱头的层状薄膜结构，大约有 2 万 2 千余层，其中折射率的分布极其复杂。它的四周与睫状肌相连，可调节晶状体的形状，使眼球成为一个“变焦系统”。肌肉放松时晶状体曲率半径变大，眼睛的像方焦距变大，睫状肌绷紧时晶状体曲率半径变小，眼睛的像方焦距变小，从而使远近不同的物体都能在视网膜上成清晰的像。

后房。晶状体与视网膜之间的空腔，内中充满了玻璃状液，其折射率为 1.336。

脉络膜。在巩膜的内表面上附着的一层黑色膜，它可以吸收眼内的杂散光，使后房成为一个暗室。

视网膜。后房的内壁为一层由视神经细胞和神经纤维构成的膜，它是眼睛的感光部分。

黄斑。视网膜上视觉最灵敏的区域，这区域呈黄色，称为黄斑。黄斑中央有一下凹区域，称为中央凹。人眼观察景物时，眼球本能地转动，使像落后在中央凹上，因而看得最清楚。虽然人眼只能在视轴附近 6°～8°内能清晰地识别物体，但由于眼球能灵活地转动，对景物进行自动“扫描”，因而可以看清大范围内的景物。

盲点。在神经纤维的出口处，由于没有感光细胞，所以不产生视觉。用下述方法容易证实盲点的存在。图 3.2 中画了一个圆斑与一个十字，两者相距为 7 cm，闭上左眼，用右眼注视十字，这时的视场边缘可以看到模糊的圆斑，改变眼与纸面的距离，在相距约 20 cm 时，圆斑消失，这是由于圆斑正好成像于盲点上的缘故。

图 3.2 盲点验证

从几何光学的观点来看，人眼是一个由多层折射率不同的介质组成的复杂共轴光学系统，精确计算眼睛的焦距是十分复杂的。通常都将人眼用一个简化的模型来代替，称为**简化眼**。**将人眼简化为空气中的单球面折射系统**折射率 $n'=4/3$，曲率半径 $R=5.7\text{ mm}$，物方焦距 $f=-17.1\text{ mm}$，像方焦距 $f'=22.8\text{ mm}$。（是一个会聚系统）

眼睛是一个复杂而灵敏的自动变焦系统，它的自动调焦的功能是由睫状肌使晶状体位置和形状发生变化来实现的，因而它的调节作用有一定限度。当睫状肌最紧张时，晶状体最凸出，焦距最小，此时所能看清的点称为近点；当睫状肌完全放松时，晶状体处于最扁平的状态，焦距达到最大值，此时所能看到的点，称为远点。正常人的远点在无穷远处，近点在眼前 10～15 cm 处。

物体在视网膜上成像越大，能看清物体的细节，而成像大小与物体对眼睛的张角有关，这个角称为**视角**。**物体越近，视角越大，就越能看清物体的细节**（见图 3.3）。但如物体太近，眼球紧张过度，又容易疲劳。通常**正常人在物距为 25 cm 时，眼睛既不会疲劳又能把物体看清楚，我们将这个距离称为明视距离**。

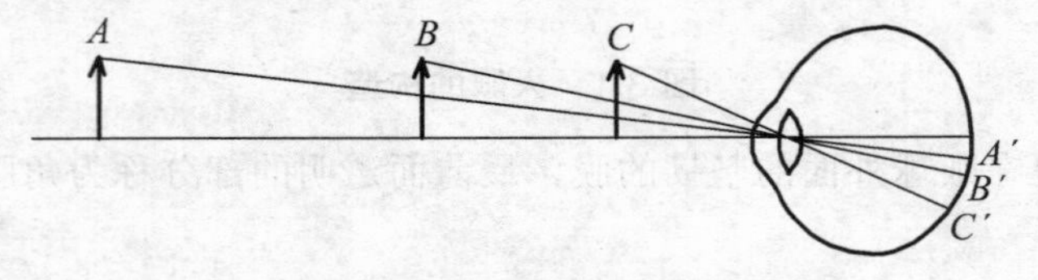

图 3.3 视角

3.1.2 非正常眼的矫正

远点在无穷远、近点在明视距离的眼睛称为正常眼。

近视眼看不清较远处的物体，远点不在无穷远处。当肌肉放松，晶状体最扁平时，正常眼可使无穷远处物点在视网膜上成像，如图 3.4（a）所示；近视眼只能将平行光会聚于视网膜之前。这表明**近视眼的缺陷在于远点过近**，如图 3.4（b）所示。

近视眼由于先天的眼球过长或后天的晶状体过凸所引起的。为矫正近视眼，必须用凹透镜先将光束发散一下，使无穷远处的物经凹透镜以后在其远点处成一虚像，这个虚像经近视眼后能在视网膜上成一清晰的像［见图 3.4（c)]。这样，近视眼配戴合适的凹透镜后，便可将远点矫正到无穷远处。

远视眼（老花眼）只能看清远处的物体而看不清近处的物体，其近点在明视距离以外。在放松状态下，晶状体过于扁平，只能将平行光会聚于视网膜之后［见图 3.5（a)]，即使当肌肉完全紧缩时，放置在明视距离处的物只会成像于视网膜之后，其近点大于明视距离。这表明**远视眼的缺陷在于近点过远**。

远视眼成因在于先天的眼球过短或后天的晶状体过于扁平。老年人常因调节功能衰退患远视眼。矫正远视眼，要用凸透镜，将光束会聚一下，使放置在明视距离上的物经凸透镜以后，成像于远视眼的近点上，远视眼便能看清明视距离处之物［见图 3.5（b)]。

散光眼是由于角膜曲面或晶状体曲面不对称，各部分曲率半径不同而引起的视力缺陷。点物对患者会成线状像，因而在视网膜上不能成清晰的像。矫正散光眼要用椭球面的透镜，它的作用相当于一个球面透镜加一个柱面透镜。

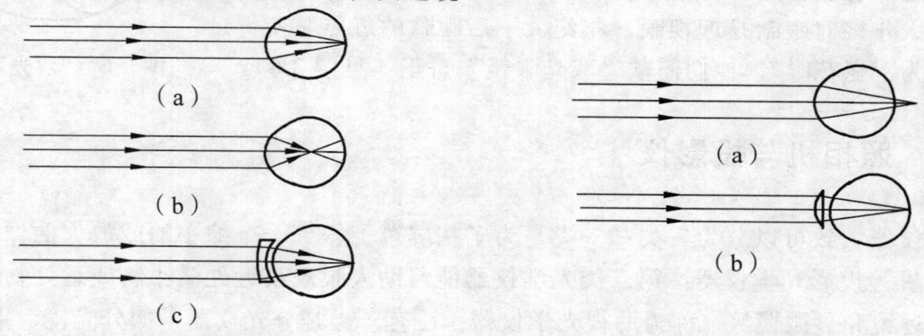

图 3.4　近视眼的成像　　**图 3.5　远视眼的成像**

例 3-1　甲看不清 2 m 以外的物体，乙看不清 2 m 以内的物体。(1) 甲应戴什么眼镜，镜片为多少度才能看清无限远处的物体？(2) 乙应戴什么眼镜，镜片为多少度才能看清 0.2 m 处的物体？(3) 戴镜后，甲、乙二人的视力调节范围有什么变化？

解：(1) 甲的远点过近，应戴凹透镜矫正。下面求甲应戴眼镜的度数。若所配用镜片能将无穷远处的物成像于甲的原远点处，甲就可以看清无穷远处之物，这样就可使甲戴镜后远点移到无穷远处。

设所用镜片的像方焦距为 f'，应用薄透镜的成像公式

$$\frac{1}{s'}-\frac{1}{s}=\frac{1}{f'}=\Phi$$

将 $s=-\infty$，$s'=-2\ \text{m}$ 代入即可求得

$$f'=-2\ \text{m},\quad \Phi=\frac{1}{f'}=-0.5\ \text{D}\ (\text{光焦度})=-50\text{度}$$

即甲应戴 50 度的近视眼镜。

（2）乙的近点过远，为远视眼，应戴凸透镜矫正。乙应戴眼镜度数的计算如下：

设乙所配用镜片的焦距为 f'，若所配用镜片能将置于 0.2 m 处的物成像于乙的近点处，乙便能看清此物。应用薄透镜成像公式

$$\frac{1}{s'}-\frac{1}{s}=\frac{1}{f'}=\Phi$$

将 $s=-0.2\ \text{m}$，$s'=-2\ \text{m}$ 代入上式，便可求得

$$f'=\frac{ss'}{s-s'}=\frac{2}{9}\ (\text{m}),\quad \Phi=\frac{1}{f'}=4.5\ \text{D}=450\ （度）$$

即乙应戴 450 度的老花镜。

（3）从前面的计算可以看出，甲戴上近视眼镜后，远点从原来的 2 m 处移到了无穷远处，即远点移远了。下面分析戴镜后甲的近点变化。设甲戴镜后的近点为新近点，未戴镜时的近点为原近点，镜片能将置于新近点处的物成像于原近点处，由于 $f'<0$，s'、s 均为负，由物像公式可判断 $|s'|<|s|$，这表明物点（即新近点）比像点（即原物点）离眼球更远，即**戴上眼镜后，甲的近点也移远了**。由此看来，**甲戴镜后，整个调节范围都移远了**。

同理，乙戴上老花镜后，近点被移近了。同样可分析得出，乙**戴镜后，远点也被移近了，所以整个调节范围都移近了**。

有的人年轻时眼睛是近视眼，年纪大了后眼睛的近点又变得过远了，成为“老花眼”，他们需戴“双光眼镜”矫正（见图 3.6）。

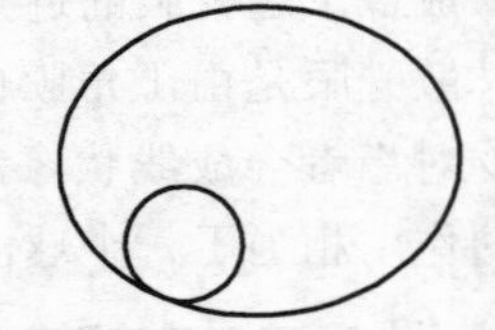

图 3.6 “双光”眼镜

3.2 照相机与投影仪

光学仪器大致可以分为三类：一类是为了在屏幕上得到一个缩小的或放大的像，如照相机和幻灯机等投影光学仪器；第二类光学仪器能帮助人眼观察近处微小物或远处物体，如放大镜、望远镜和显微镜等，称为助视光学仪器；还有一类是分光仪器，如分光镜、摄谱仪等。我们将根据几何光学基本原理，讨论前两类仪器的基本原理和性能。下面先认识照相机和投影仪。

照相机的光学原理与人眼相似，它将物体成一缩小倒立的实像于感光胶片上。拍摄对象的距离一般比焦距大很多，因此像平面（感光底片）总在像方焦面附近，如图 3.7 所示。

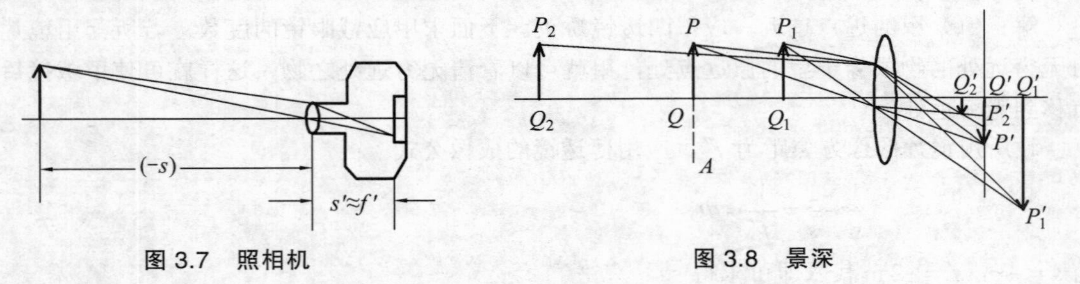

图 3.7 照相机　　图 3.8 景深

照相机的主要部件有：照相物镜、光圈、快门与暗箱。照相物镜俗称镜头，是一个会聚光学系统。由于照相机要拍摄的物面大，不满足近轴条件，成像时会产生像差。为了校正像差，镜头大多做得比较复杂，由经过精密设计的多个透镜组合而成。快门是控制曝光长短的

机构。光圈的大小可以改变，它的作用有二：一是影响像面（底片）上的照度，从而影响曝光时间的选择；二是影响景深。如图 3.8 所示，照相机能使某一个平面 A 上的物 PQ 清楚成像在底片上，在此平面前后的点成像于底片前后，来自它们的光束在底片上的截面是一圆斑，圆斑即是它倒在底片上的像。当这个小圆光斑的线度不超过某种限度时，底片上的像就可以认为是清晰的，否则像就模糊不清。可见只有平面 A 前后某一距离内的物体才能在底片上得到有一定清晰度的像，这个纵深距离称为景深。当**光圈缩小时，光束变细**，距离 A 平面较远的物点在底片上仍能得到较小的圆斑，因此**景深加大**。故光圈越小景深越大，景深大小还与其他因素有关，在焦距一定时，物距越大，景深也越大，因此在拍摄近物时，稍远的背景可能模糊，而在拍摄远物时，较远的背景仍很清晰。此外，镜头的焦距越长景深越小。

幻灯机（见图 3.9）、投影仪（见图 3.10）、印相放大机和电影机等统称为投影仪器。它的主要部分是一个会聚的投影镜头，将画片成放大的实像于屏幕上。由于画片本身不发光，所以必须用强光照亮图片，因此投影仪器中需要附有聚光系统。聚光系统的安排应尽量有利于幕上得到尽可能强的均匀照明。

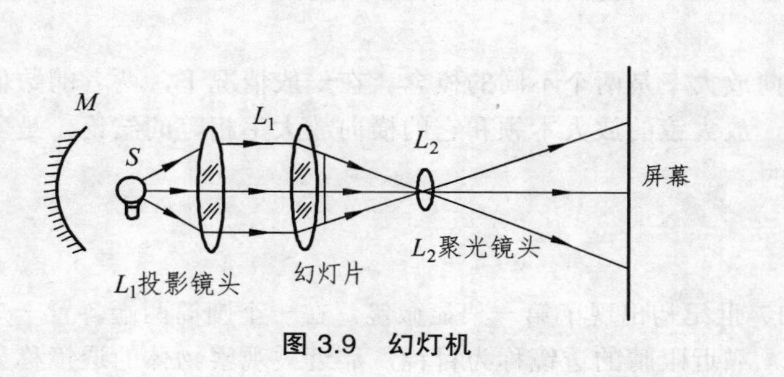

图 3.9　幻灯机

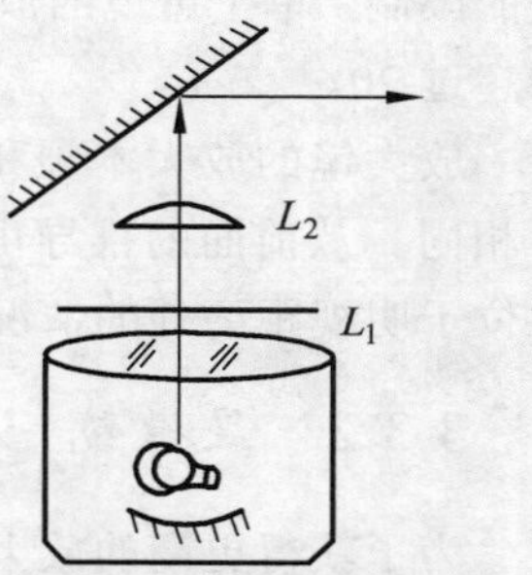

图 3.10　投影仪

3.3　放大镜　显微镜

前面讲过，物体对人眼的视角越大，人们就越能看清楚小的物体或远距离的物体。助视仪器的功用就是来放大物体的视角。为了描述助视仪器的放大能力，我们引入视角放大率这个物理量，它被定义为：**物体在助视仪器中所成像的视角 u' 与物体在通常距离上的视角 u 之比**。

$$M = \frac{u'}{u} \tag{3.1}$$

M 也称为放大本领。

3.3.1　放大镜

一个短焦距的会聚透镜就是一个简单放大镜。物体放在像方焦距以内，经透镜后成一放大虚像，再用眼观察这个虚像。现计算放大镜的视角放大率。

用眼睛直接观察物体时，物体放于明视距离上，故视角为［见图 3.11（a）］

$$u \approx \tan u = \frac{y}{-s_0}$$

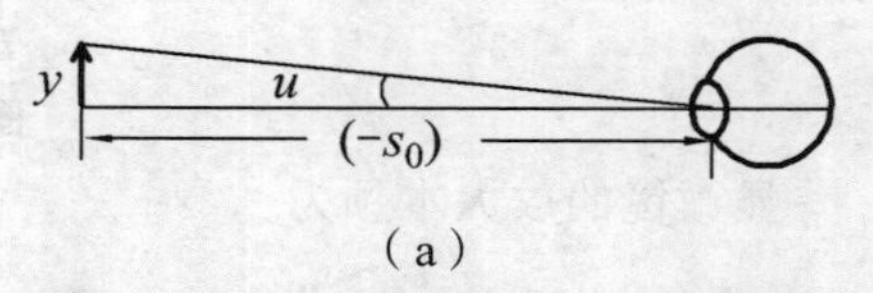

图 3.11　简单的放大镜系统成像

其中，y 为物高；s_0 为明视距离。用放大镜观察物体

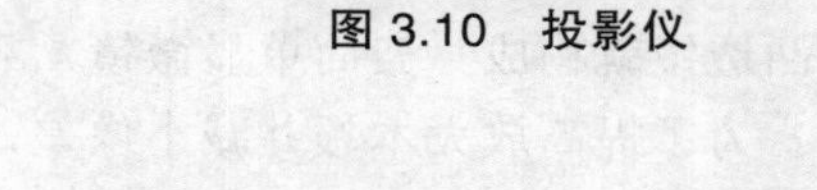

时，物距 $s\approx f$，眼睛在紧靠放大镜处观察，这时虚像对眼的视角 u' 近似地等于像对放大镜中心所张的角 α' [见图 3.11（b）]，即

$$u'\approx\alpha'\approx\tan\alpha'=\frac{y'}{-s'}=\frac{y}{-s}$$

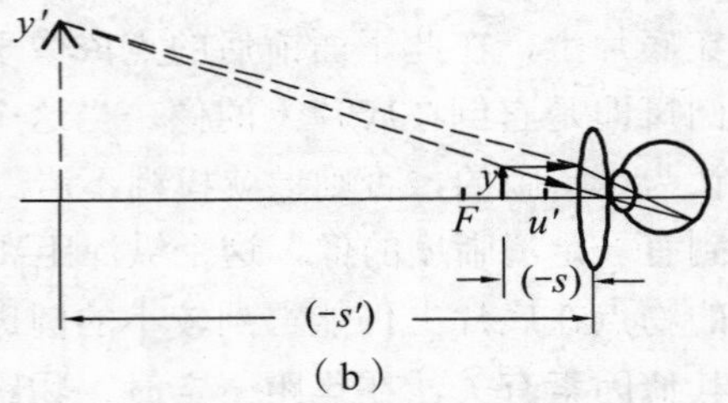

图 3.11　简单的放大镜系统成像

因物点置于焦点附近，$-s\approx -f$，故 $u'\approx -\dfrac{y}{f}$，因此放大镜的视角放大率为

$$M=\frac{u'}{u}\approx\frac{y}{-f}\bigg/\frac{y}{-s_0}=\frac{-s_0}{f'}=\frac{25}{f'}$$

即

$$M=\frac{25}{f'}\tag{3.2}$$

式中，f' 应以厘米为单位。由（3.2）式可见，透镜的焦距越小，视角放大率越大，但由于像差的限制，单个透镜的放大率 M 都不大，一般应为 2～3。若放大镜由组合透镜组成，则 M 可以超过 20。

放大镜的放大本领和它的横向放大率是两个不同的概念。在一般情况下，两者的数值并不相同。从前面的推导可以看出，放大镜的放大本领和它的横向放大率相等的结论，是当虚像位于明视距离处的情况下得到的。

3.3.2　显微镜

为了获得更高的放大本领，17 世纪初出现了第一架显微镜，在一个圆筒两端各置一短焦距凸透镜就构成一架简单显微镜，靠近眼睛的透镜称为目镜，靠近被观察物体的透镜称为物镜。为了提高放大本领并减小像差，现代显微镜的物镜和目镜都是采用两片以上的复合透镜系统。在讨论显微镜的放大本领时，为简单起见，物镜和目镜各用一个凸透镜来表示。

显微镜的光路如图 3.12 所示。l 表示两个透镜之间的距离，即镜筒长，L_1 的后焦点 F_1' 和 L_2 的前焦点 F_2 之间的距离为 Δ，Δ 称为光学间隔，被观察物 PQ 置于物镜 L_1 前焦面外侧，经 L_1 所成的实像 $P'Q'$ 位于目镜 L_2 前焦面内侧，再由 L_2 成一虚像于明视距离以外，当 $P'Q'$ 落在目镜的前焦面上时，最后的像成于无穷远处。

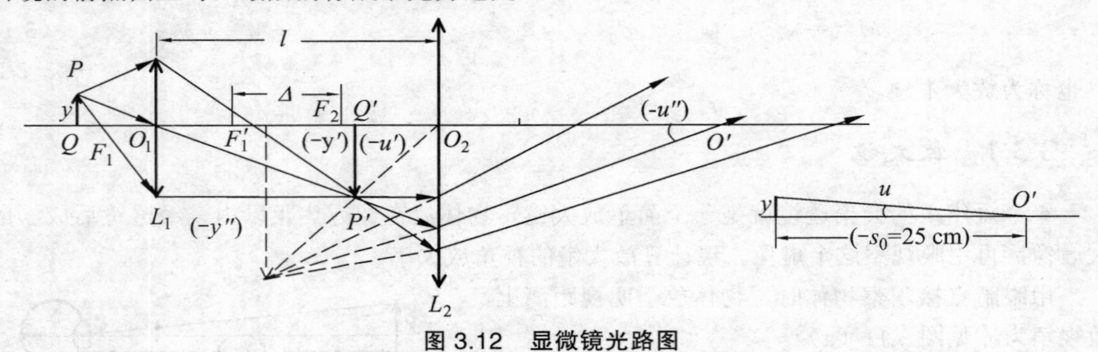

图 3.12　显微镜光路图

显微镜的放大本领为

$$M=\frac{u''}{u}$$

其中，u'' 是显微镜中最后所成的虚像 y'' 对眼睛的视角，u 是物 y 放在明视距离处对眼的视角

$$u=\frac{y}{-s_0}$$

因为眼睛靠近目镜观察，因此，虚像对眼睛的视角近似地等于虚像对目镜中心所张的角 u'，又因为 $P'Q'$ 离 F_2 很近，故

$$-u''\approx -u'\approx\frac{-y'}{-s_2}\approx\frac{-y'}{-f_2}=\frac{-y'}{f_2'}$$

$$M=\frac{y'}{f_2'}\Big/\frac{y}{(-s_0)}=\frac{y'25}{yf_2'}=\beta_{物}\cdot M_{目}$$

即

$$M=\beta_{物}\cdot M_{目} \tag{3.3}$$

考虑到物镜的横向放大率为

$$\beta_{物}=\frac{y'}{y}=\frac{s'}{s}\approx-\frac{\Delta}{f_1'}$$

其中，$s'=O_1Q'\approx F_1'F_2\approx\Delta$，因此

$$M=-\frac{25\Delta}{f_1'f_2'} \tag{3.4}$$

上式中的量要以厘米为单位，因 f_1'、f_2' 比镜筒长 l 小得多，故计算时可取 $\Delta\approx l$，式中的**负号表示像是倒的**。

在显微镜的物镜和目镜上分别有“5×”和“10×”等字样，用来表示物镜的横向放大率 $\beta_{物}$ 和目镜的视角放大率 $M_{目}$，两者之积就是该显微镜的放大本领（或放大倍数）。

一般显微镜的放大本领为 1 600，使用油浸物镜可达 3 200。

例 3-2 一架显微镜，物镜的焦距为 4 mm，中间像成在物镜像方焦点后面 160 mm 处，如果目镜是“20×”的，试问显微镜的放大本领是多少？

解：根据横向放大率公式，可知

$$\beta_{物}=\frac{y'}{y}=-\frac{x_1'}{f_1'}=-\frac{160}{4}=-40$$

显微镜的放大本领为

$$M=\beta_{物}\cdot M_{目}=-40\times 20=-800$$

故显微镜的放大本领为 800，其中负号表示最后的像是倒的。

例 3-3 一架显微镜的物镜和目镜相距 20 cm，物镜的焦距为 7 mm，目镜的焦距为 5 mm。把物镜和目镜都看成薄透镜，试求：

（1）被观察物到物镜的距离；

（2）物镜的横向放大率；

（3）显微镜的放大本领。

解：（1）由于经显微镜物镜成像的中间像位于目镜前焦点附近，故

$$s_1' = 200 - 5 = 195\ (\text{mm})$$

因而

$$s_1' = \frac{f's'}{f' - s'} = \frac{7 \times 195}{7 - 195} = -7.3\ (\text{mm})$$

（2）物镜的横向放大率为

$$\beta_{物} = \frac{s_1'}{s_1} = \frac{195}{-7.3} \approx -26.7$$

（3）放大本领为

$$M = \beta M_2$$

由于

$$M_2 = \frac{25}{f_2'} = \frac{25}{0.5} = 50$$

则

$$M = \beta M_2 = (-26.7) \times 50 = -1\,335$$

3.4 望远镜　目镜

当我们观察远处的物体或遥远的天体时，无法将它们移到近处，以致视角极小而看不清楚。人们发明了望远镜，以放大远处物体的视角。

望远镜的结构和光路与显微镜类似，也是由**物镜和目镜**组成，先由物镜生成中间像，再由目镜生成最终像。与显微镜不同的是，望远镜所要观察的物体在很远的地方（可以看作无穷远），因此中间像成在物镜的像方焦平面上。

3.4.1　开普勒望远镜

物镜和目镜均为凸透镜，且物镜的像方焦点和目镜的物方焦点重合。

如图 3.13 所示，远物 PQ 经物镜 L_1 成像于其像方焦平面上，也即目镜的物方焦平面上，再经目镜 L_2 在无穷远处成倒立虚像 $P''Q''$。

望远镜的视角放大率

$$M = \frac{u'}{u}$$

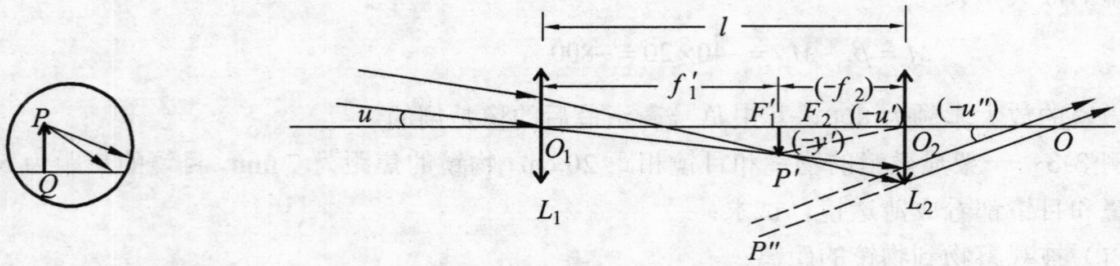

图 3.13　开普勒望远镜光路图

其中，u' 是最终像 $P''Q''$ 对眼睛的视角，由图 3.13 可知，由于远物与望远镜的距离远远大于望远镜镜筒长度。它对眼睛 O 或目镜 O_2 所张视角也等于它对物镜 O_1 所张视角，即

$$\left.\begin{aligned} u &= \frac{-y'}{f_1'} \\ -u' &= \frac{-y'}{-f_2} \end{aligned}\right\} M = \frac{u'}{u} = \frac{f_1'}{f_2} \tag{3.5}$$

因望远镜筒内亦为空气，则 $-f_2 = f_2'$，（3.5）式为

$$M = -\frac{f_1'}{f_2'} \tag{3.6}$$

由式（3.6）可知，望远镜的视角放大率等于物镜焦距与目镜焦距之比。为了提高放大率，就要采用长焦距的物镜。因 $f_1' > 0$，$f_2' > 0$，故 $M < 0$，则最后的像是倒立的。

3.4.2 伽利略望远镜

物镜为凸透镜，目镜为凹透镜，物镜的像方焦点仍和目镜的物方焦点相重合。如图 3.14 所示，远物 PQ 经物镜 L_1 成中间像 $P'Q'$ 于目镜 L_2 的物方焦面上，再经 L_2 成正立虚像于无穷远处。

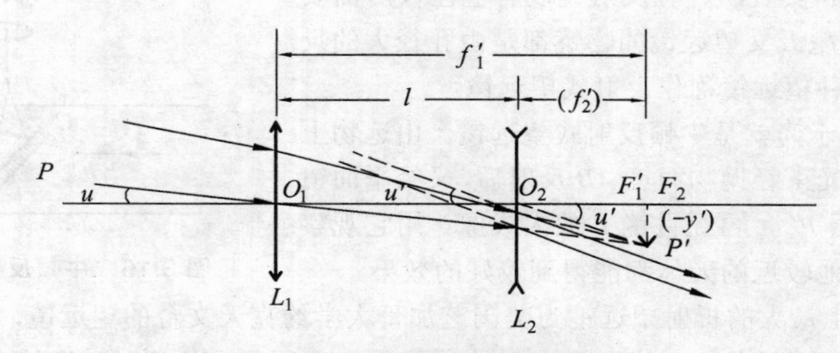

图 3.14 伽利略望远镜光路图

同理，直接观看远物，视角为

$$u = \frac{-y'}{f_1'}$$

最后像对人眼的张角

$$u' = \frac{-y'}{f_2}$$

可得放大本领为

$$M = \frac{u'}{u} = \frac{f_1'}{f_2} = -\frac{f_1'}{f_2'} \tag{3.7}$$

伽利略望远镜的放大本领公式（3.7）与开普勒望远镜的**放大本领公式**（3.6）**完全相同**，只是对伽利略望远镜，$f_1' > 0$，$f_2' < 0$，故 M 为正，这表明像的倒正与**开普勒望远镜恰恰相反**，为正立像。

两种望远镜的共同特点是，**物镜的像方焦点和目镜的物方焦点重合**，当入射光束为平行光束时，出射光束必为平行光束，具有这种特性的系统称为**望远系统或无焦系统**。这种系统还可作为激光扩束器用，如图 3.15 所示，一束较细的平行光束经反向放置的望远镜后，便扩展为较粗的平行光束。

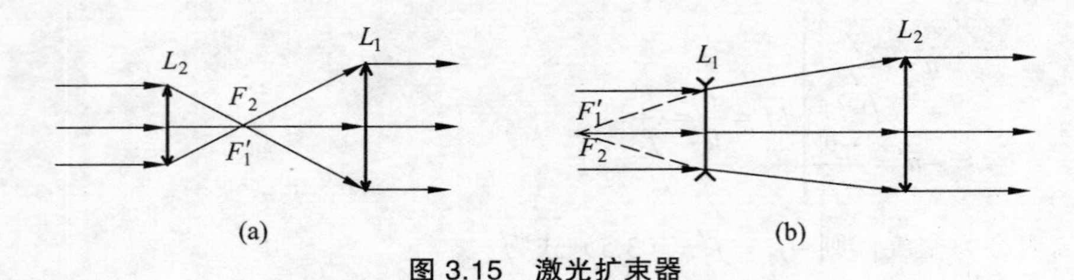

图 3.15 激光扩束器

由于伽利略望远镜的目镜为发散透镜，故视场较小，开普勒望远镜的视场较大。伽利略望远镜镜筒长度为 l（即物镜到目镜之间的距离）等于物镜和目镜焦距绝对值之差，故镜筒较短；开普勒望远镜的镜筒长度则等于两个焦距绝对值之和，因而镜筒较长。

不论哪一种望远镜，物镜的横向放大率都小于1。可见放大本领与横向放大率是有区别的。

3.4.3 反射式望远镜

望远镜物镜的直径越大，进入望远镜的光能越多，能够观察的物体也就越远。此外，为了提高望远镜的分辨本领（详见 5.6），也要加大物镜的孔径。由于大孔径的反射镜比大孔径的透镜容易制造和安装，并且反射镜没有色差（后面要讲），所以现代大型天文望远镜的物镜都是由孔径大的反射镜制成的。这种望远镜称作反射式望远镜。

如图 3.16 所示为就是牛顿反射式望远镜。由远物上一点射来的平行光束经抛物面镜 AB 反射后，又经平面镜 CD 反射而会聚于 F''，再经目镜 L 放大成像。用它观察月球、慧星及其他较近的天体都能得到较好的效果。

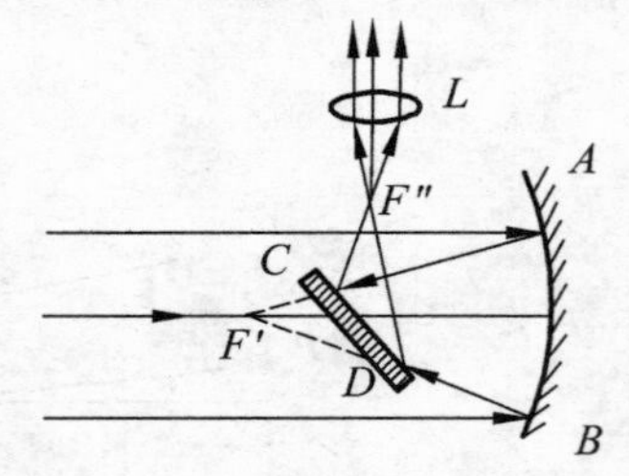

图 3.16 牛顿反射式望远镜

目前，世界上最大的折射望远镜为美国芝加哥大学约克天文台的望远镜，其物镜直径为 1 米。最大的反射望远镜为克里米亚天文台的 6 米镜。我国最大的反射望远镜为 2 米多，云南天文台的反射式望远镜为 1 米。

例 3-4 一伽利略望远镜，物镜与目镜相距 12 cm，若视角放大率为 4，问物镜与目镜的焦距各为多少？

解：对题中所给的伽利略望远镜，$M=4$，$l=12$ cm，故有

$$f_1'+f_2'=12$$

$$-\frac{f_1'}{f_2'}=4$$

可求出 $f_2'=-4$ cm，$f_1'=16$ cm。

3.4.4 目 镜

为了矫正各种像差，光学仪器的物镜和目镜并不是单一的透镜，而是由多个透镜组成的复物镜和复目镜。下面介绍两种常用的复目镜。

目镜的功能是放大物镜所成的像。用单个透镜作目镜用，不仅像差严重，且视场较窄。因此，通常使用的目镜多是由两个透镜组成。

冉斯登目镜［见图 3.17（a）］，由两同种玻璃的平凸薄透镜组成，凸面相对，平面向外，焦距相等，两者间距离为 $d=\frac{2}{3}f_1'$。用冉斯登目镜观察时，物镜形成的实像 AQ 经透镜 L_1 在

L_2的物方焦平面上成虚像 $A'Q'$，再经 L_2 在无限远处成正立虚像，$O_1A=\frac{1}{4}f_1'$。

惠更斯目镜由两个平凸薄透镜组成［见图 3.17（b）］，两个凸面都朝着物镜，L_1 焦距 f_1' 为 L_2 焦距 f_2' 的 3 倍，两块透镜相距为 $d=2f_2'$。物镜所成的像 AQ 是 L_1 的虚物，经 L_1 后形成实像 $A'Q'$，此像恰在 L_2 的物方焦平面上，经 L_2 后在无限远处成一正立虚像，$O_1A'=A'O_2=f_2'$，$AO_2=0.5f_2'$。惠更斯目镜的视场相当宽广，常用作显微镜的目镜。

由于用冉斯登目镜观察的对象位于目镜之外，既可放大物镜所成的实像，又可作为放大镜直接放大实物，而且还可在 AQ 所在平面安装分划板或叉丝，为数据测量提供方便。

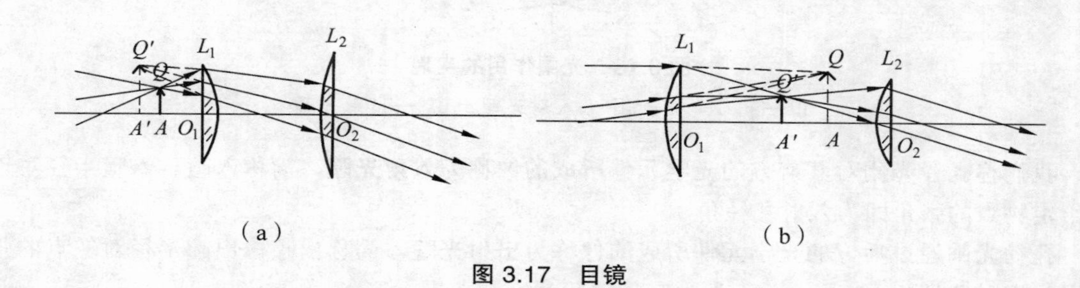

图 3.17 目镜

3.5 光阑 像差简介

3.5.1 光 阑

在使用光学元件成像时，物体所发出的光束或所反射的光束中只有部分光束被成像元件所利用，这主要是由于成像元件的边框限制了进入元件光通量的缘故。**在光学系统中，能限制光束的孔径边框都叫光阑**，它们直接影响成像的照度和亮度，无论什么样的成像光学仪器都必定有光阑存在。如图 3.18 所示的简单照相机中，两透镜的边框Ⅰ、Ⅱ，光圈Ⅲ以及底片框Ⅳ都是光阑。此外，为了改善像的质量，光学仪器中常有特制的附加光阑，在不透光的屏上，开有一定形状的孔（通常多为圆孔），就是一个光阑。

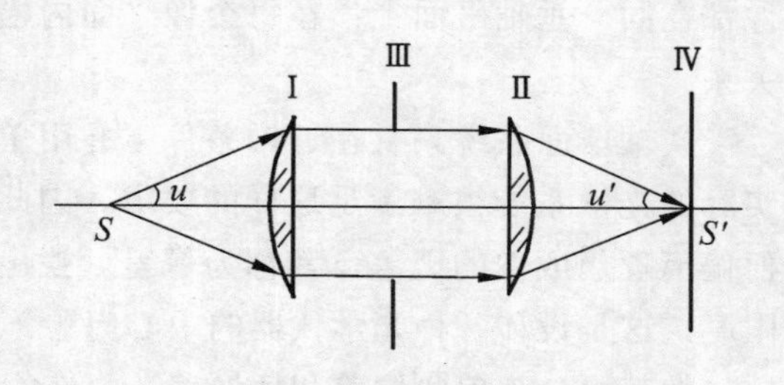

图 3.18 简单照相机光路图

在各种光阑中，**对成像光束的立体角（或截面积）起决定作用的光阑称为孔径光阑（亦称有效光阑）**。可以看出在图 3.18 中，光圈Ⅲ为孔径光阑。

一个光学系统只能对物空间一定范围内的景物成像，我们称此范围为系统的视场。决定视场大小的光阑，称为视场光阑。图 3.18 中的底片Ⅳ即为视场光阑。

孔径光阑的作用是限制成像光束的宽度。这种宽度可用入射孔径角和出射孔径角来表示，图 3.18 中是用 u 和 u' 表示的，u 是成像的入射光束中边缘光线与光轴的夹角，**称为入射孔径角**，u' 是成像的出射光束中边缘光线与主轴的夹角，**称为出射孔径角**。从图 3.18 中可以看出，孔径光阑Ⅲ对成像光束的限制，不是直接的，而是分别通过透镜Ⅰ和Ⅱ的折射间接实现的。下面我们将找出这一间接关系。

图 3.19 中，Ⅲ为孔径光阑，为便于看出它对孔径角 u 和 u' 的限制作用，可将孔径光阑Ⅲ分别通过透镜Ⅰ和Ⅱ成像于Ⅲ′和Ⅲ″。这样，入射孔径角 u 就是像Ⅲ′的半径对给定物点 s 的张角，出射孔径角 u' 就是像Ⅲ″的半径对像点 s' 的张角。借助像Ⅲ′和Ⅲ″就可判断孔径光阑Ⅲ对成像光束的限制程度。

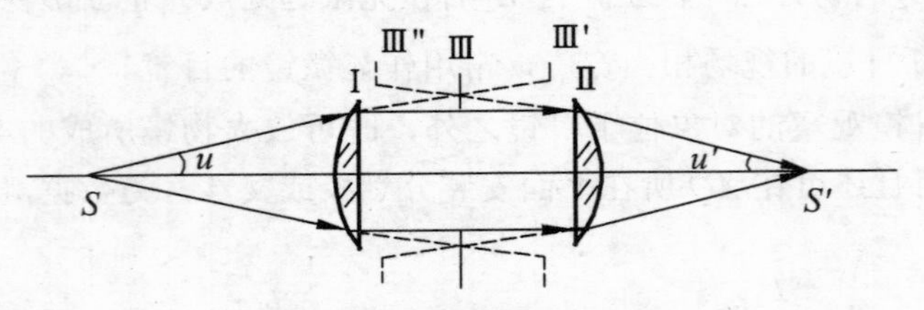

图 3.19　光阑作用的实现

Ⅲ—孔径光阑；Ⅲ′—入射光瞳；Ⅲ″—出射光瞳

我们称孔径光阑对其前方的光学元件所成的像称为**入射光瞳**，简称入瞳。入瞳半径对轴上给定物点的张角即为入射孔径角。

孔径光阑通过后方的光学元件所成的像称为**出射光瞳**，简称出瞳，出瞳半径对像点的张角即为出射孔径角。

只有一个薄透镜的光学系统，透镜边框即是孔径光阑，同时入瞳也是出瞳。

光阑具有多方面的作用，它能决定像的明亮程度，成像景物的范围，还可校正像差。

3.5.2　像差简介

我们希望所使用的光学仪器，能得到一个与原物在几何上相似而且在色彩上相同的清晰像，即希望光学仪器能成理想像。它有如下特点：点物的像必为点像；垂轴物平面上各点的像都在同一垂轴平面上；在每个像平面内横向放大率是常数，从而保持物像之间的良好相似关系。

共轴球面系统只有在近轴条件下并用单色光成像时才能近似地看成理想光学系统，然而实际的光学系统很难满足这样的要求。因此，实际光学系统所成的像与理想像必有偏差，任何偏离理想成像的现象，都称为像差。找出产生各种像差的原因，并设法把它们减小到最低限度，这是设计各种光学仪器的中心问题。

像差可分为**单色像差**和**色像差**（简称色差）。由单色光非近轴成像时产生的像差，称为单色像差。单色像差分为五种：球面像差、彗形像差、像散、像场弯曲和畸变。

应当指出，即使把上述各种像差（简称几何像差）都消除，由于存在着衍射效应，点物仍不能成点像。这时像的质量就要靠其他理论来分析和评价了。关于这一点，以后还将要给大家介绍。

1. 球面像差

如图 3.20 所示，轴上物点 P 以宽光束入射，经透镜折射后不相交于一点，而是形成一弥漫的圆斑，这种现象称为球面像差，简称**球差**。

这是由于通过透镜上不同环带的光线，折射后与主轴的交点不相重合所引起的。理论计算表明，**凸透镜和凹透镜球差性质相反**，把它们组合起来，能够得到球差很小的透镜组。如果需要完全消除球差，可以采用非球面透镜，但非球面透镜加工较困难。

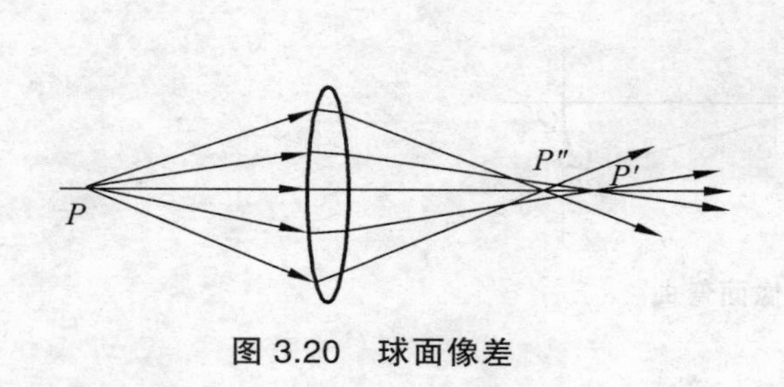

图 3.20　球面像差

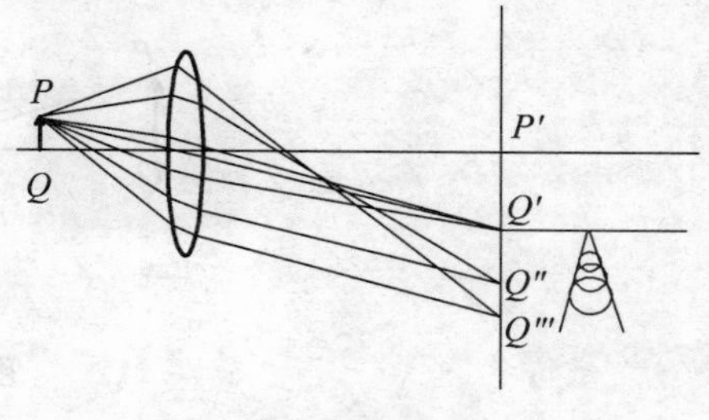

图 3.21　彗形像差

2．彗形像差

近轴物点发出的宽光束，经球差为零的光学系统后在像面上仍不能成一点像，而是形成一个彗星状的像，这种像差称为彗形像差，简称**彗差**，如图 3.21 所示。

可将透镜分成很多环带，轴外物点因对透镜上的每个环带都形成一个彗星圆，且半径越大的环带所形成彗星圆的半径也越大，因而呈现出如图 3.21 所示形状。

把两个透镜适当组合起来，或在光路中放置一个圆孔光阑（开有圆孔的屏，起到拦光作用），可以减小彗差。

在显微镜中，物体离物镜很近，入射光束必为宽光束，因此消除球差与彗差就特别重要。可以证明[2]，为了消除彗差，显微镜的物镜必须满足阿贝正弦条件

$$ny\sin u = n'y'\sin u' \tag{3.8}$$

其中，n、n' 分别为物方、像方折射率；y、y' 分别为物高、像高；u、u' 为主轴上的物点与像点对物镜所张角度（孔径角）。

3．像　散

前面所述的球差和彗差是由轴上物点或近轴物点用宽光束成像引起的像差，下面要讲的三种像差（像散、像面弯曲和畸变），则是由远轴物以细光束成像引起的像差。

当物点离主光轴太远时，入射光线倾角较大，即使以细光束成像，仍会产生像差，称为**像散**。物点离轴越远，像散越显著，如图 3.22 所示，物点 P 发出的球面波经过透镜折射后，不再是球面波，出射光束的截面一般为椭圆，但在两处退化为直线，称为散焦线，两散焦线互相垂直，分别称为子午焦线和孤矢焦线。在两散焦线之间某个地方光束的截面呈圆形，称为明晰圆，这里就是聚焦最清晰的地方，是物点 P 成像的最佳位置。

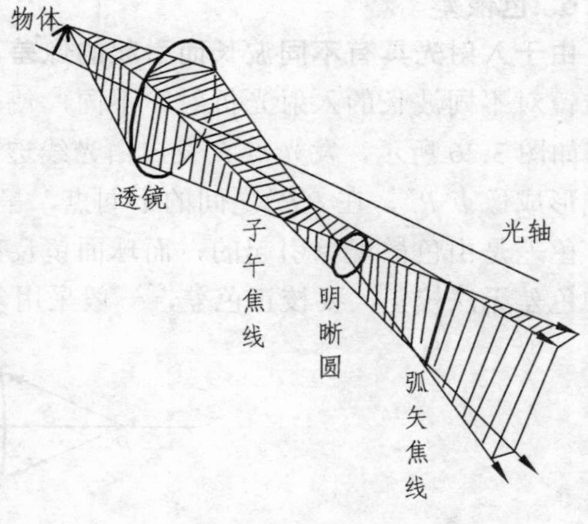

图 3.22　像散

4．像场弯曲

对已消除像散的光学系统，一个垂直于主光轴的大面积的平面物，它的像面并不是一个平面，而是一个曲面，这种像差称为**像场弯曲**，如图 3.23 所示。像散和像场弯曲往往同时存

在，将几个折射率与曲率半径不同的透镜互相配合，并安排适当的光阑，可减少这两种像差。

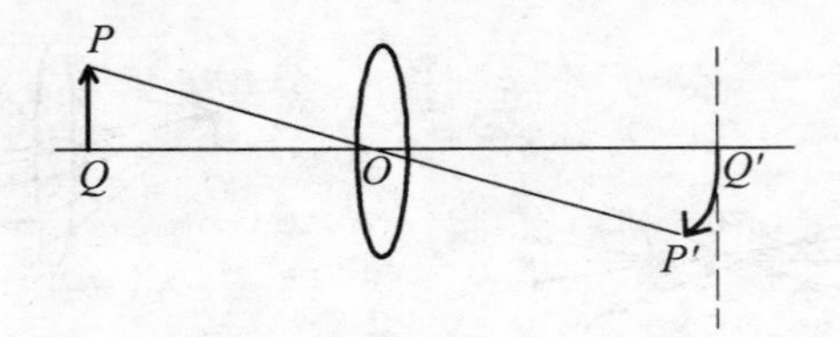

图 3.23　像面弯曲

5. 畸　变

透镜对较大物体成像时，若物点离轴远近不同，横向放大率不同，就可造成另一种像差，称为畸变。畸变并不影响像的清晰度，只影响物像之间的相似性。畸变有两种，一种是横向放大率随与主光轴距离的增加而变大的情况，这种畸变称为枕形畸变；另一种是横向放大率随与主光轴的距离的增加而减小的情况，这种畸变称为桶形畸变，如图 3.24 所示。

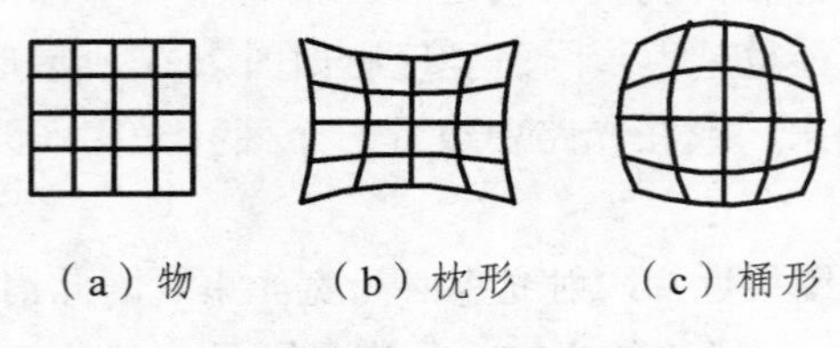

（a）物　（b）枕形　（c）桶形

图 3.24　畸变

在两个相同的透镜之间放置一光阑，能显著地减小畸变，如图 3.25 所示。

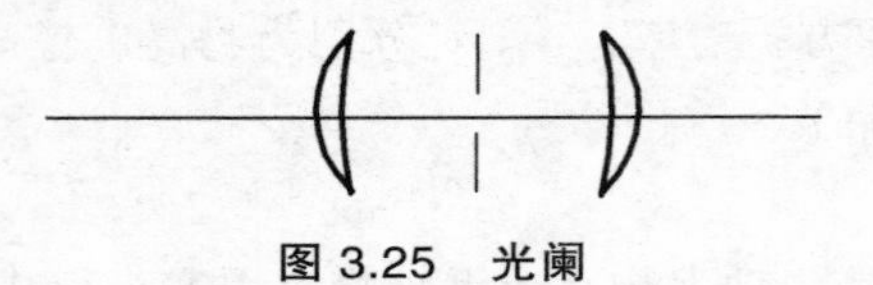

图 3.25　光阑

6. 色像差

由于入射光具有不同波长而引起的像差，称为色像差，简称色差。产生色差的原因是同一透镜对不同波长的入射光折射率不同，使得从同一物点发出的不同颜色的光成像于不同位置。如图 3.26 所示，发光点 P 发出白光线透镜后，波长较短的蓝光形成像点 P'，波长较长的红光形成像点 P''，在 $P'P''$ 之间的不同点，呈现不同的颜色，不再出现单独的白光像点。

色差是由色散现象引起的，而球面镜反射时不会产生色散现象，故不产生色差。单个透镜的色差无法校正，要校正色差，一般采用复合透镜组。惠更斯目镜就是消色差目镜。

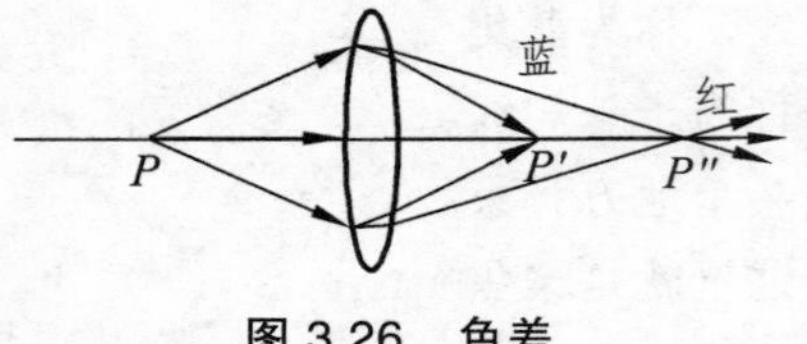

图 3.26　色差

完全消除所有的像差是不可能的，也没有必要。由于各种光学仪器都有特定的用途，只需着重消除某几种像差。例如，显微镜只对小物成像，重点消除球差和彗差；照相机视场较大，应着重消除像场弯曲和畸变。

【小　结】

表 3-1　主要光学仪器比较

	结　构	光路图	放大本领
人眼	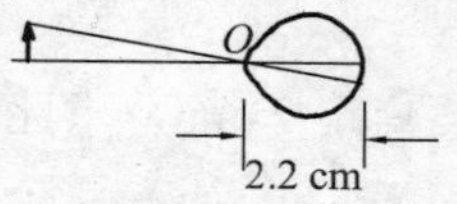 O　2.2 cm　$r = 5.7$ mm　$f = -1.6$ cm　$f' = 2.22$ cm	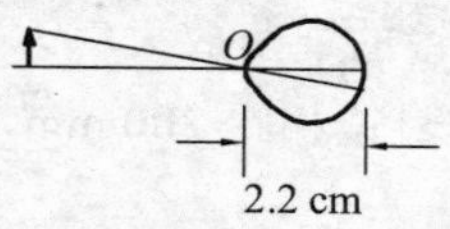 O　2.2 cm	
放大镜	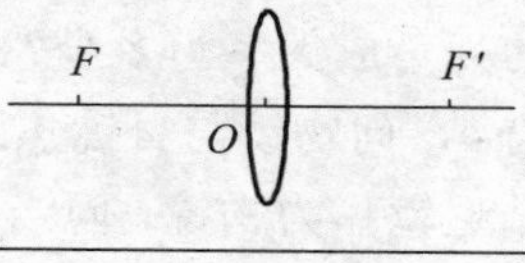 F　F'　O	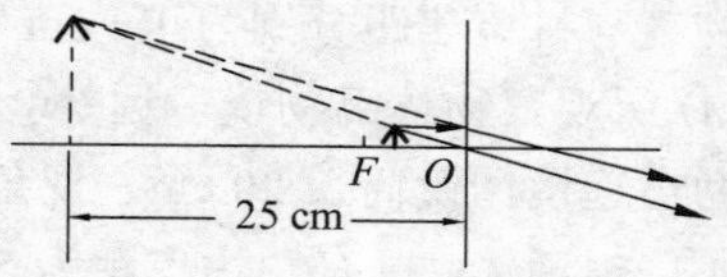 F　O　25 cm	$M = \frac{25}{f'}$
显微镜	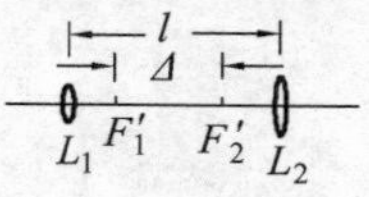 l　Δ　L_1　F_1'　F_2'　L_2	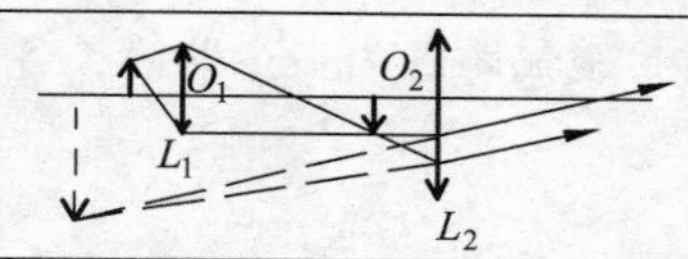 O_1　O_2　L_1　L_2	$M = \frac{-25l}{f_1' f_2'} = \frac{-25\Delta}{f_1' f_2'} = \beta_1 M_2$
望远镜	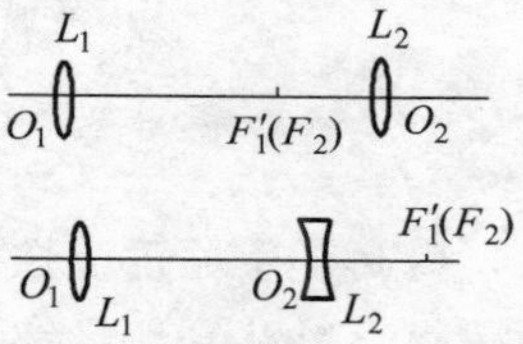 L_1　L_2　O_1　$F_1'(F_2)$　O_2；O_1　L_1　O_2　L_2　$F_1'(F_2)$	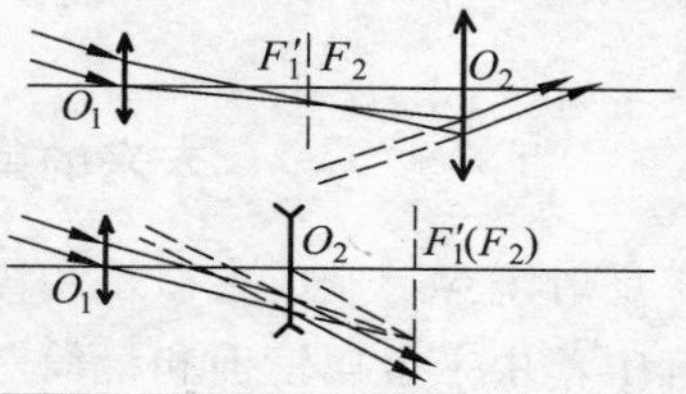 F_1'　F_2　O_1　O_2；O_1　O_2　$F_1'(F_2)$	$M = -\frac{f_1'}{f_2'}$

【思考题】

3.1 正常眼能否看清对人眼系统的虚物，为什么？

3.2 利用小孔成像原理可以制成一种针孔照相机，用它照相时的景深有什么特点？

3.3 能否说近视眼或远视眼配上合适的眼镜就成为正常眼，为什么？

3.4 为什么助视仪器的放大本领要用视角放大率 $M = \frac{u'}{u}$，而不用横向放大率 $\beta = \frac{y'}{y}$？

3.5 如果倒转望远镜去观察远处物体，将会有怎样的现象？

3.6 A、B、C 三人的眼睛分别是近视眼、正常眼和远视眼，他们使用同一架显微镜，并使眼睛在目镜后的同一位置观察。为获得满意的观察效果，三人应将物体置于镜前的不同距离处，这三个物距的大小关系如何？

【习　题】

3.1 某人的远点为 1 m，问戴上什么样的眼镜才能看清楚无穷远处之物。当他戴上这副眼镜时近点是 25 cm，求他不戴眼镜时的近点。

3.2 某人戴 200 度的眼镜时恰好合适（近点为 25 cm），求他不戴眼镜时的近点。某人戴 −50 度的眼镜恰好合适（远点为无穷远），求他不戴眼镜时的远点。

3.3 在焦距为 5 cm 的薄凸透镜前 15 cm 处放置一个物体，试求其成像的横向放大率。当把它作为放大镜使用时，其视角放大率为多少？

3.4 一架显微镜，物镜焦距为 4 mm，中间像成在物镜像方焦点后 160 mm 处。如果目镜是“20×”的，求此显微镜的视角放大率。

3.5 显微镜的物镜与目镜相距 200 mm，物镜焦距 5 mm，目镜焦距 7 mm，求此显微镜的放大本领。

3.6 显微镜的物镜与目镜焦距分别为 1.6 cm 和 2.5 cm，两镜相距 22.1 cm，目镜所成的像在无穷远处。求：① 所观察物体离物镜多远？② 显微镜的视角放大率为多少？

3.7 一架开普勒望远镜，镜筒长 20 cm，视角放大率为 4，问物镜与目镜焦距各为多少？

3.8 设计一架 4 倍望远镜。已有一块焦距为 50 cm 的凸透镜作为物镜，问当制成开普勒型与伽利略型望远镜时目镜焦距各为多少？筒长各为多少？

【阅读材料】

未来的望远镜

前面已经讲过，反射镜容易制成大口径和需要的形状，提高了望远镜的性能。然而在反射式物镜的制作过程中，由于金属镜面和镜筒对热效应的敏感，以及制造足够稳定的底座所遇到的困难，又成为近代研制巨型反射式望远镜所面临的棘手问题，这在苏联 6 m 镜的制造和使用中已深有所感。发展“单眼”望远镜已感到前途渺茫。

人们在这种严酷的挑战面前，又有了新的设想。其中一个方案是，以多个六角形“小镜面”拼成等效口径很大的多镜面望远镜（见图 3.27），如美国与前苏联分别研制的 10 m（36 块、对角线长 2 m 的六角形）和 25 m（400 余块、1～1.2 m 的六角形）的这种超大型多镜面望远镜。另一个方案是，多个大型望远镜组合成超大型望远镜。如用 4 个 7.5 m 组成一个 15 m 的超大型望远镜。两个方案中最关键最复杂的工作——保证每个“小镜片”的精确运行和其间的高度精密协调——是借助电子计算机来完成的。空间技术的发展使人们想到将望远镜搬向茫茫太空，成为空间望远镜，它运行在地球大气层外，已不存在大气的吸收，观测效果远大于设置在地面的望远镜。

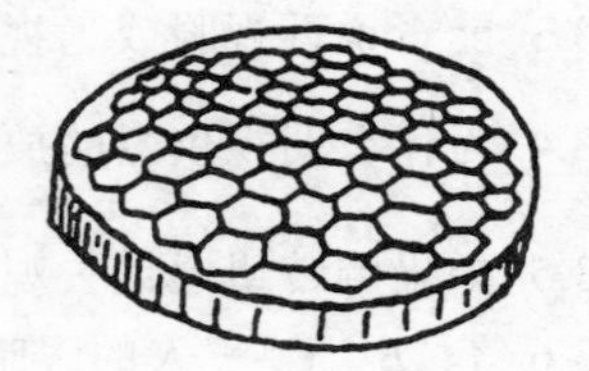

图 3.27 多镜面望远镜

彩色和视觉

彩色是光的一种属性，没有光就没有彩色。在光的照射下，人们能通过眼睛看到自然界万紫千红、五彩缤纷的景色。这些彩色是人眼的视觉特性和物体客观特性的综合效果。了解彩色和视觉的有关知识是很有必要的。

1. 光和彩色

光是一种以电磁波形式存在的物质。可见光是电磁波中能引起视觉的部分，其波长范围为 390～760 nm。不同波长的光在人眼中引起的颜色感觉不一样，随着波长由长到短变化，可见光的颜色感觉依次为：红、橙、黄、绿、青、蓝、紫，它们的波长范围划分见表 3-2。

表 3-2　不同颜色光的波长

颜色	波长	颜色	波长
红	760 ~ 622 nm	橙	622 ~ 597 nm
黄	597 ~ 577 nm	绿	577 ~ 492 nm
青	492 ~ 470 nm	蓝	470 ~ 455 nm
紫	455 ~ 390 nm		

物体的颜色。人们看到的彩色有两种不同的来源，一种是发光体所呈现的颜色，例如各种彩灯和霓虹灯等发出的彩色光。另一种是物体反射或透射的彩色光。那些本身不发光的物体，在外界光线的照射下，能有选择地吸收一些波长的光，而反射或透射另一些波长的光，使物体呈现一定的颜色。例如，在白光照射下，绿色的树叶只反射绿色附近一个波长范围的光，而吸收其他波长的光，因而呈绿色；天上的白云反射全部太阳光，因而呈白色；黑色的煤炭能吸收全部照射的光，无反射光，因而呈黑色。当用红光照射红色的物体时，看到仍是红色，而当用蓝光照射时，由于蓝光被吸收，看到的是黑色或深紫色。

2. 人眼的视觉和彩色的三要素

物体有选择地吸收、反射或透射不同波长的光是物体固有的物理特性，它决定了该物体的颜色。而人们所感觉到的光的颜色却是由人眼的生理结构特点造成的。人的视觉主要是由于光射到眼睛的视网膜上而引起的。

从生理解剖学知道，人眼能看见物体和分辨颜色，是由于人眼视网膜上有大量的光敏细胞，它可将人眼接收到的光刺激通过视神经传到大脑，产生视觉。光敏细胞分两种，一种是圆锥细胞，另一种是圆柱细胞，它们的感光性能不同。圆柱细胞分辨力低，但对弱光非常敏感，它只能分辨明暗而不能辨别颜色，在昏暗中看东西时，圆柱细胞起主要作用。圆锥细胞具有很高的分辨力与辨别颜色的能力，且能感受强光，白天的视觉是由圆锥细胞完成的。只有在足够明亮的条件下，人眼才能感觉到各种颜色，所以彩色是人眼的明视觉。

圆锥细胞有三种，它们分别对红、绿、蓝三种光最敏感，称为红敏细胞、绿敏细胞和蓝敏细胞。当某种光入射人眼时，三种锥状细胞会发生不同的反应，综合起来使人有一定的彩色感觉。如果色光入射后，三类圆锥细胞中只有一种引起反应，则单独产生红、蓝、绿等感觉；如果有两种或三种圆锥细胞引起反应，则产生黄、紫、橙等其他混合颜色的感觉；三种圆锥细胞同时受到适当比例的刺激则产生白色感觉。如果在光敏细胞中缺乏红敏细胞，则成为红色色盲。

对于彩色光可用亮度、色调和色饱和度三个物理量来描述，这三个量称为彩色的三要素。

亮度是指彩色作用于人眼所引起的明亮程度和感觉。

色调表示颜色的类别。通常所说的红色、绿色、蓝色、紫色等都是表示不同的色调。

饱和度是指颜色的深浅程度，即颜色的浓度。对于同一色调的彩色光，其饱和度越高，它的颜色越深，饱和度越低，它的颜色越浅。饱和度的高低与彩色光中白光成分的多少有关。

完全不含白光的彩色光其饱和度为 100%，称之为饱和色光，饱和度低于 100%的彩色光称为非饱和光。日常生活中见到的颜色基本上是非饱和色，饱和度较高的颜色不多见。

色调和饱和度又合称为色度，它既表明了彩色的颜色种类，又表明颜色的深浅程度。在彩色电视机中，所谓传输彩色图像，实际上是传输图像像素的亮度和色度。

3．三基色原理

人们在实践中发现，自然界中的各种颜色几乎都可以用三种不同颜色的单色光按不同比例混合出来。具有这种特性的三种单色光叫作基色光，这三种颜色叫三基色。

根据前人的实验研究，可得出如下的三基色原理：

（1）自然界中的大多数彩色，都可以用三基色按一定比例混合得到；反之，自然界中的彩色都可以分解为三基色。

（2）三基色必须是相互独立的彩色，即其中任意一种基色都不能由其他两种基色混合产生。

（3）三基色之间的混合比例，决定了混合色的色调和饱和度。

（4）混合色的亮度决定于三基色亮度之和。

利用三基色按不同比例混合来获得彩色的方法叫混色法。混色法有相减混色法和相加混色法，彩色绘画、彩色印刷和彩色胶片中采用的是相减混色法，彩色电视机中采用相加混色法。如图 3.28 所示为用等量的红、绿、蓝三基色进行相加的混色图，由图中可以看出，红、绿、蓝三基色相加混合效果如下：

红色+绿色=黄色；

绿色+蓝色=青色；

蓝色+红色=紫色（品色）；

红色+绿色+蓝色=白色。

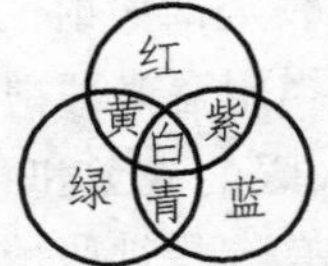

图 3.28　红、绿、蓝混色图

红与青、绿与紫、蓝与黄互为补色。所谓补色，就是按一定比例相加后能得到白色的两种彩色，即：

红色+青色=白色；

绿色+紫色=白色；

蓝色+黄色=白色。

至于相减混色，是利用颜料、染料等的吸色性质来实现混色的。例如，黄色颜料能吸收蓝色光（黄色的补色），在白光照射下它吸收蓝光，反射红光和绿光，因而呈现黄色；青色颜料能吸收红光，反射蓝光和绿光，因而呈现青色。将黄、青两种颜料相混时，在白光照射下，蓝光和红光均被吸收，但绿光被反射，因而混合颜色呈绿色。在减色法中，通常选用黄、紫（品红）、青为三基色，它们分别吸收各自的补色即蓝、绿、红光。在绘画时，将三基色颜料相混合，在白光照射下，蓝、绿、红光将按一定的比例被吸收，从而可配出各种不同的彩色，如图 3.29 所示中给出相减混色的效果。

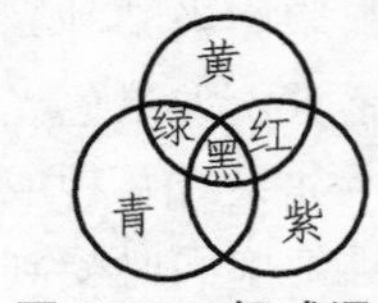

图 3.29　相减混色

4．彩色电视和彩照的彩色

彩色电视的摄像与显像两个过程，都是用三基色原理来完成的。既然红、绿、蓝三种基色可以合成彩色，那么一幅彩色图像也可以分解成红、绿、蓝三个基色图像。在摄像时，用分光系统把彩图像分解为三种基色像，分别投射到三支电视摄像机上，让它们分别转换成三个基色信号。这三个基色电信号经过所谓“编码”合成一个全彩色电视信号由发射塔发射出去，接收机接收到这个信号以后，经过“解码”重新分解成三个基色信号输入彩色显像管，彩色显像管（如荫罩式彩色显像管）内装三支保持确定关系的电子枪，分别按三个基色信号的大小发出强度不同的电子束。荧光屏上存在 120 万个红、绿、蓝三种颜色荧光粉点，它们三个一组按品字形排列，每一组构成一像素点，如图 3.30 所示。其中，R、G、B 分别代表红、绿、蓝三种颜色，三个电子束经一定装置正好打在相应的荧光粉点上，由于每一像素点的三种荧光粉点相距很近，坐在荧光屏远处的观众分辨不出三个组成部分，而产生三基色混合的彩色效应。这样，在摄像时分解的三种基色像又重新组合而成为彩色图像。为了正确地恢复原来的景像，三个电子束的扫描必须严格同步。

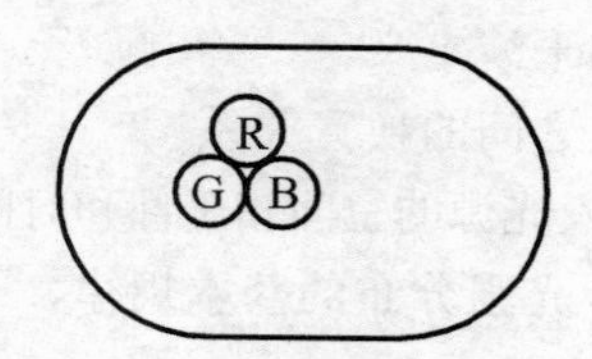

图 3.30　像素点的构成

彩色照相是黑白照相原理和染料生成原理的结合应用。

彩色感光片上有三层不同的感光层，如图 3.31 所示。彩色胶片的三个感光层都含有和黑白胶片中一样的卤化银晶体，此外，还含有成色剂，成色剂和卤化银混合在一起。胶片感光时，彩色像中的蓝光为感蓝层所吸收，绿光为感绿层所吸收，红光为感红层所吸收。

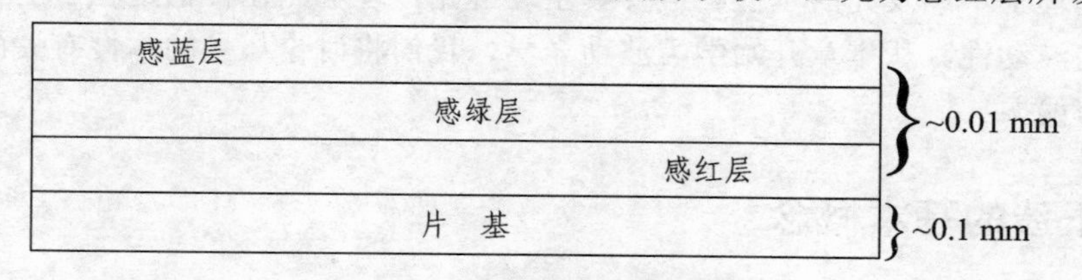

图 3.31　三层不同的感光层

当把已曝光的胶片放在彩色显影液中时，发生两种过程。第一，每层中的卤化银晶体都转变为黑色金属银，与黑白显影液的情况相同。第二，每层中的成色剂形成一种彩色染料并与该层金属银的量成正比。染料是与金属银相伴产生的，它们的颜色正好是蓝、绿、红三色的补色，在感蓝层中产生黄色，在感绿层中产生品红色，在感红层中产生青色。色的深度与银粒的密度成正比，即与摄影时各基色光的强度成正比。

定影过程是将未感光的银盐溶去，再用漂白粉将显影生成的银粒氧化成 AgX，并在第二次定影中洗掉。成色剂是否被溶去无关紧要，因为它们本身无色。这样就得到彩色负片，在白光照射时，它显现出明暗与景物相反，颜色与景物互补的彩色影像。

利用彩负片将彩色相纸感光、显影、定影，即得到彩色正片，也就是通常的彩色相片，负片（即底片）上的补色还原为与景物相同的色彩。

4 光的干涉

【教学要求】

（1）理解相干叠加和非相干叠加的区别和联系。

（2）理解光的相干条件和光的干涉定义。

（3）熟练掌握光程差和相位差之间的换算关系。

（4）了解干涉条纹的可见度以及光源的空间相干性和时间相干性对干涉条纹可见度的影响。

（5）掌握分波面干涉装置干涉光强分布的基本规律、干涉条纹的间距和条纹的形状变化情况。

（6）掌握分振幅等倾干涉的条纹特征、光强分布及其应用。

（7）掌握分振幅等厚干涉的条纹特征、光强分布及其应用。

（8）掌握迈克耳孙干涉仪。理解多光束干涉的原理及其光强分布的特点。

前两章讨论以光的直线传播为基础，略去了光的波动性对成像问题的影响，在方法上是几何的，在物理上不涉及光的本性。但要真正理解光，理解光在传播过程中所特有的现象，必须研究光的波动性。从本章开始学习波动光学，我们将讨论与光的本性有关的现象：光的干涉、衍射与偏振。

4.1 干涉的基本概念

我们在力学中已经学习过波的叠加原理和波的干涉，下面先复习一下有关内容。

4.1.1 波的叠加原理 相干叠加

当几列波在空间相遇后，每列波都会保持自己的特性（频率、振幅和振动方向），按照原来的方向继续传播，互不影响。这就是波的独立传播原理。

在相遇区域内，空间各点的振动等于各列波单独传播时，在该点引起的振动之和，这就是波的叠加原理。

波的独立传播原理与叠加原理的适用条件是，波在其中传播的介质必须是线性介质，亦即介质的光学特性与波的振动大小无关，这就要求波的振动不能太强。

如果两列波频率相同、振动方向相同、相位差恒定，它们相遇叠加后产生的合振动在某些地方加强，在某些地方减弱，强度的空间分布呈周期性变化的现象，称为波的干涉。这种强度非均匀分布的稳定图样，称为干涉花样。我们将能够产生干涉现象的叠加称为**相干叠加**；反之，称为**非相干叠加**。

4.1.2 光的干涉

光是电磁波，因此光也能产生干涉现象。

现在来讨论两列光波的叠加问题。如图 4.1 所示，两个点光 S_1、S_2 相距很近，在两点源所发出光波的叠加区域内有一观察点 P 与两光源相距足够远，可以认为两点源发射的光波在 P 点可视为平面波。两列波在 P 点引起的分振动沿同一直线、频率相同，但相位不同，如下式所示

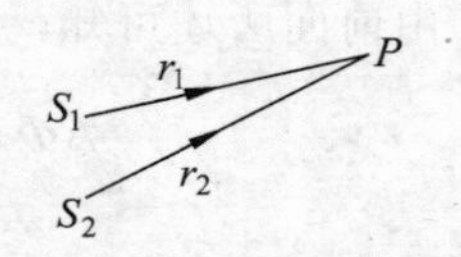

图 4.1　两列光波的叠加

$$E_1 = E_{01}\cos\omega\left(t-\frac{r_1}{\upsilon_1}\right) = E_{01}\cos(\omega t+\alpha_1)\,,\quad \alpha_1 = -\frac{\omega r_1}{\upsilon_1}$$

$$E_2 = E_{02}\cos\omega\left(t-\frac{r_2}{\upsilon_2}\right) = E_{02}\cos(\omega t+\alpha_2)\,,\quad \alpha_2 = -\frac{\omega r_2}{\upsilon_2}$$

在 P 点的合振动应为

$$E = E_1 + E_2 = E_0\cos(\omega t+\psi)$$

我们在力学中已经讨论过，合振动的振幅和相位满足

$$E_0^2 = E_{01}^2 + E_{02}^2 + 2E_{01}E_{02}\cos(\alpha_1-\alpha_2) \tag{4.1}$$

$$\tan\psi = \frac{E_{01}\sin\alpha_1 + E_{02}\sin\alpha_2}{E_{01}\cos\alpha_1 + E_{02}\cos\alpha_2} \tag{4.2}$$

则在 P 点的光强为

$$I = E_0^2$$

而实际观察到的是光的平均强度。在观测时间 τ 内（其值远大于光振动的周期），平均光强可表示为

$$\begin{aligned}\overline{I} = \overline{E_0^2} &= \frac{1}{\tau}\int_0^\tau E_0^2\,\mathrm{d}t\\ &= \frac{1}{\tau}\int_0^\tau [E_{01}^2 + E_{02}^2 + 2E_{01}E_{02}\cos(\alpha_1-\alpha_2)]\mathrm{d}t\\ &= E_{01}^2 + E_{02}^2 + \frac{1}{\tau}\int_0^\tau 2E_{01}E_{02}\cos(\alpha_1-\alpha_2)\mathrm{d}t\end{aligned}$$

若令 $I_1 = E_{01}^2$，$I_2 = E_{02}^2$，$I_{12} = 2E_{01}E_{02}\cos(\alpha_1-\alpha_2)$，并略去平均符号“-”，则有

$$I = I_1 + I_2 + \frac{1}{\tau}\int_0^\tau I_{12}\,\mathrm{d}t \tag{4.3}$$

我们称（4.3）式中的 I_{12} 为干涉项。

在（4.3）式中：

（1）当 $\alpha_1-\alpha_2 =$ 常数时，有

$$I = I_1 + I_2 + 2\sqrt{I_1 I_2}\cos(\alpha_1-\alpha_2) \tag{4.4}$$

此时干涉项的积分不为零，在两波交叠区域内，**光强不再均匀分布**，产生相干叠加。这种因光波的叠加引起光强的重新分布，叫作光的干涉。

（2）当 $\alpha_1-\alpha_2 = f(t)$ 时，且在观测时间内干涉项的积分为零时，有

$$I = I_1 + I_2$$

表示在相遇区域内，**合光强为均匀分布**，无干涉现象产生，为非相干叠加。

下面讨论两列同频率、同振动方向的光波，在相遇点 P 处产生干涉的具体条件。

由前面所述可知，两波在 P 点相遇后，在任何时刻的相位差为

$$\Delta\Phi = \alpha_1 - \alpha_2 = \omega(\frac{r_2}{\upsilon_2} - \frac{r_1}{\upsilon_1})$$

因

$$\omega = 2\pi\nu, \quad \upsilon_2 = \frac{c}{n_2}, \quad \upsilon_1 = \frac{c}{n_1}, \quad \lambda = \frac{c}{\nu}$$

设 n_1、n_2 为两波沿 r_1、r_2 方向传播时，所经路程上介质的折射率，则

$$\Delta\Phi = \frac{2\pi}{\lambda}(n_2 r_2 - n_1 r_1) \tag{4.5}$$

式（4.5）中，$n_2 r_2$ 和 $n_1 r_1$ 分别为两列波相遇前的光程。所以 $\delta = n_2 r_2 - n_1 r_1$ 就是光程差。（4.5）式可简化为

$$\Delta\Phi = \frac{2\pi}{\lambda}\delta \tag{4.6}$$

由（4.4）式知：

当 $\Delta\Phi = \alpha_1 - \alpha_2 = 2K\pi$，即

$$\delta = K\lambda \quad (K=0, \pm1, \pm2\cdots) \tag{4.7}$$

时合光强最大，P 点为干涉极大，或称干涉相长。

当 $\Delta\Phi = (2K+1)\pi$，即

$$\delta = (2K+1)\frac{\lambda}{2} \quad (K=0, \pm1, \pm2\cdots) \tag{4.8}$$

时合光强最小，P 点为干涉极小，或称干涉相消。

如果两分振动的振幅相等，即 $E_{01} = E_{02}$，$I_1 = I_2$，出现干涉极大时应有

$$E_{\max} = 2E_{01}, \; I_{\max} = 4I_1$$

这时，合振幅为分振幅的 2 倍，合光强为分光强的 4 倍，出现干涉极小时应有

$$E_{\min} = 0, \; I_{\min} = 0$$

合振幅与合光强均为零，对相位差 $\Delta\Phi$ 取任意值的一般情况，由（4.4）式有

$$I = 2I_1(1+\cos\Delta\Phi) = 4I_1\cos^2\frac{\Delta\Phi}{2} = 4I_1\cos^2\frac{\pi}{\lambda}\delta \tag{4.9}$$

上式即为振幅相等的两光振动产生相干叠加的合光强公式。

4.1.3 可见度

为了描写干涉条纹的清晰度，我们引入可见度（也叫对比度或反衬度）V 这个物理量，将它定义为

$$V = \frac{I_M - I_m}{I_M + I_m} \tag{4.10}$$

式（4.10）中的 I_M、I_m 分别表示干涉条纹中的最大光强和最小光强。V 的取值范围为 $0 \leqslant V \leqslant 1$，对于振幅相等两束光的干涉，可见度 $V=1$；而对于振幅相差十分悬殊的两束光干涉，例如 $A_1 > A_2$，则 $I_{\max} = (A_1 + A_2)^2 \approx A_1^2$，$I_{\min} = (A_1 - A_2)^2 \approx A_1^2$，$I_M$ 与 I_m 相差不大，可见度 $V \approx 0$，条纹就模糊。为了取得明显的干涉条纹，人们总是努力使参与叠加的两光波光强尽可能接近。

4.1.4 获得相干光的方法

光是由光源中的原子发射的。普通光源（即非激光光源）中包含有大量的发光原子，当原子由高能态自发地跃迁到低能态时，其多余能量以光的形式向外辐射，这个过程一般持续时间约为 10^{-9}～10^{-10} s，因此，原子每次发出的波列的持续时间 τ_0 也约为 10^{-9}～10^{-10} s，相应的长度为厘米、毫米的量级。每个原子各次发射的波列，以及同一时刻不同原子发射的各个波列，彼此之间在振动方向上和相位上没有什么联系，是相互独立的。因此，两个独立的普通光源，甚至同一光源不同部分发出的光均不满足相干条件，不能产生干涉。

在上面我们已经讨论过两列光波的叠加，叠加后的光强为

$$I = I_1 + I_2 + \frac{1}{\tau}\int_0^{\tau} 2E_{01}E_{02}\cos(\alpha_1 - \alpha_2)\mathrm{d}t$$

对于任意两个普通光源发出的光波，由于相位差 $\Delta\Phi = \alpha_1 - \alpha_2$ 随时间作迅速变化，在现测时间 τ 内，$\Delta\Phi$ 可取 0～2π 的任何值，而且取各种值的几率相等，因此

$$\frac{1}{\tau}\int_0^{\tau}\cos\Delta\Phi\mathrm{d}t = 0$$

从而

$$I = I_1 + I_2$$

这时可以说，这两个光源是非相干的，它们产生的光为非相干光。

理想的点光源可视为单个原子的发光体。同一个原子发射的不同波列的初始相位，振动方向是无规的，即不同波列之间也不相干，但由同一波列分成的两束光却是相干的。因此点光源可认为是相干光源。通常实验上所说的点光源并不是理想的单原子光源，而是尺度较小的光源，其光源尺寸的影响可以忽略。

这样，由普通光源获得相干光的方法是，**把从点光源发出的光分成两束，然后使它们经过不同路径再相遇，从而产生干涉花样**。这种方法可分成两大类，一是**分波前法**，即用某种方法将点光源的波前分割为两部分，然后使之叠加；二是**分振幅法**，即利用透明薄膜的上、下两表面对入射光依次反射，将入射光的振幅分成若干部分，由这些部分叠加产生干涉。

4.1.5 半波损失（或称半波突变）

讨论干涉问题的关键在于计算光程差。当一束光在界面上反射时，在一定条件下，其相位会发生 π 的突变，由此引起光程发生 $\pm\frac{\lambda}{2}$ 的变化，这种现象称为**半波损失**。由光的电磁理论证明：当光从光疏介质射向光密介质反射时，在斜入射和正入射的情况下，反射光有半波损失；从光密介质到光疏介质时反射光无半波损失。在任何情况下，透射光都没有半波损失。

讨论用分振幅法产生光的干涉时，必须计算从薄膜上、下两个界面反射的两束光的光程差。由于两束反射光都可能产生半波损失，我们就应该计算由于半波损失所引起的附加光程差。如图 4.2 所示，设折射率为 n_2 的透明介质层放在折射率分别为 n_1、n_3 的两种介质之间，光束 1、2 为分别在两个界面上的反射光。在讨论薄膜干涉时，光大都以较小角入射。理论证明，如果两个界面性质都是光线从光疏射向光密而反射（即 $n_1<n_2<n_3$），或都是光线从光密到光疏而反射（即 $n_1>n_2>n_3$），则 1、2 两反射光之间没有因反射引起的附加光程差 $\frac{\lambda}{2}$。

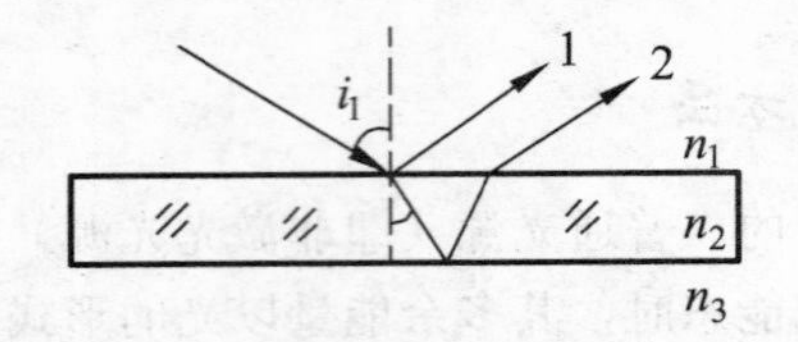

图 4.2 半波损失引起的附加光程差

应注意，有无附加光程差，只影响干涉条纹的亮暗变化，并不影响条纹的其他特征。

4.1.6 干涉条纹定域

先介绍扩展光源。扩展光源又称面光源，它有一定的大小，可看作是由许多非相干点光源组成的集合。

如果两束相干光在整个交叠空间都能产生清晰的干涉花样，那么我们就称这种干涉为**非定域干涉**，如点光源产生的干涉都是非定域的。相反地，若只能在某些区域才能观察到的清晰的干涉花样，这些区域称为干涉条纹的定域区，而这种干涉称为**定域干涉**，**采用扩展光源的干涉都是定域干涉**。这是由于扩展光源上的每一个点光源都在空间形成各自的非定域的干涉条纹，整个扩展光源所产生的效果是这许多列干涉条纹的非相干叠加，这时已不可能在空间任何位置都出现干涉条纹，只可能在某些特定区域才出现清晰的干涉条纹。

4.2 分波前法干涉

4.2.1 杨氏双缝干涉

这是最典型的分波前法产生的干涉场，如图 4.3 所示，d 为两缝间隙，D 为缝屏间隙 $d \ll D, \rho \ll D$（ρ 为屏上横向观察范围），S 为狭缝光源，设在双缝 S_1 和 S_2 处的光强为 I_0，S_1、S_2 连线的中垂线和屏幕的交点为 O，P 点的坐标为（x，y）。

由对称性可知，垂直于缝的任一截面上情况相同，因此只需讨论一个截面的情况即可。如图 4.3 所示，由于缝光源 S 处于 S_1S_2 连线的中垂线上，所以 R_1=R_2。

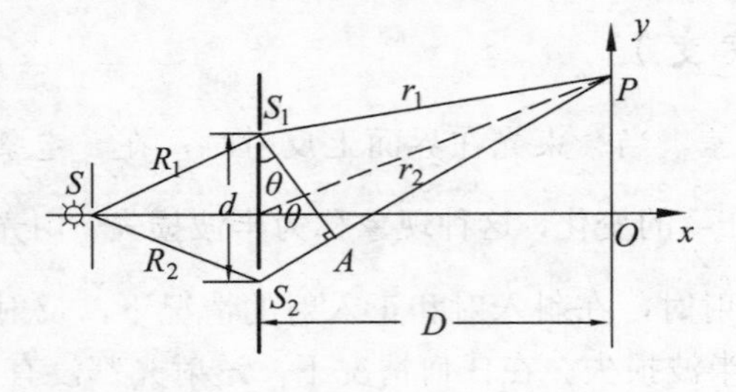

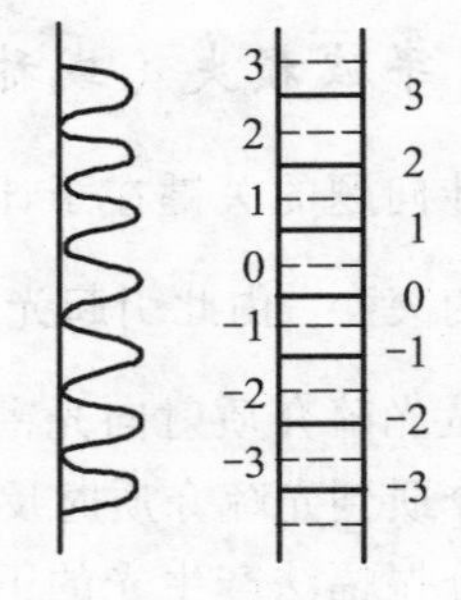

图 4.3 杨氏双缝干涉

从 S_1、S_2 发出的两束相干光到 P 点的光程差为

$$\delta = n_2 r_2 - n_1 r_1 \tag{4.11}$$

若两束光均在空气中传播，则 $n_1 = n_2 = 1$，$\delta = r_2 - r_1$，因为

$$r_2 - r_1 = d\sin\theta \approx d\tan\theta$$

$$\tan\theta = \frac{y}{D}$$

所以

$$\delta = r_2 - r_1 = \frac{d}{D}y \tag{4.12}$$

并且由（4.9）式知，P 点的光强为

$$I(P) = 4I_1\cos^2\frac{\pi}{\lambda}\delta = 4I_1\cos^2\left(\frac{\pi d}{\lambda D}\right)y \tag{4.13}$$

由干涉相长的条件 $\delta = K\lambda$，（K=0，±1，±2…）有

$$y = \frac{D}{d}K\lambda \quad (K=0,\ \pm1,\ \pm2\cdots) \tag{4.14}$$

此时 P 为第 K 级明条纹中心，**零级明纹又称作中央明纹**。

由干涉相消的条件

$$\delta = (2K+1)\frac{\lambda}{2} \quad (K=0,\ \pm1,\ \pm2\cdots)$$

有

$$y = \frac{D}{d}(2K+1)\frac{\lambda}{2} \quad (K=0,\ \pm1,\ \pm2\cdots) \tag{4.15}$$

此时 P 为第 K 级暗纹中心，在如图 4.3 所示的右侧分别用实线和虚线表示各级明纹和暗纹。两相邻明纹（或两相邻暗纹）的间距

$$\Delta y = y_{k+1} - y_k = \frac{D}{d}\lambda \tag{4.16}$$

双缝干涉条纹有如下特点：

（1）Δy 与条纹级次 K 无关，表明**干涉条纹是等距的直条纹**，**与 Z 轴平行**。

（2）$\Delta y \propto \frac{1}{d}$，表明**双缝间隔越小，条纹间距越大**。

（3）$\Delta y \propto \lambda$，表明**不同颜色的单色光产生的条纹间隔不同**，红光条纹较稀，紫光较密。如果用白光作光源，所得的干涉条纹将是各单色光条纹的非相干叠加，除各单色光的零级明纹重叠外，其余各级的明纹将逐渐错开，于是除中央明纹的中心为白色，边缘为彩色外，其余各级明纹都为内紫外红的彩色条纹。当级次较高时，由于发生级间重叠而使干涉条纹消失，因而只能观察到为数不多的几级彩色条纹。

（4）从（4.13）式可看出，干涉条纹的强度分布中除了含有相干光的强度信息外，还包含有参与相干叠加的光波间的相位差信息。

当年托马斯·杨是用日光照明小孔 S 做此实验的，后来为了使条纹更明亮，更便于观测，人们将 S、S_1 和 S_2 三个孔改为三条互相平行的狭缝，并称为“杨氏双缝实验”，“杨氏双缝实验”所得条纹的分布规律与“双孔实验”相同。

例 4-1 在杨氏实验中，若缝的间距为 0.2 mm，光屏距缝 20 cm，第十级亮纹 P 距中央亮纹的距离 y=0.6 cm。求：

（1）双缝发出的光波射到 P 处的路程差；

（2）入射光的波长；

（3）相邻干涉条纹的间距。

解：（1）由图 4.3 有路程差

$$\Delta l = r_2 - r_1 \approx d\tan\theta = d\frac{y}{D} = \frac{0.02\times0.6}{20} = 0.6\times10^{-3}\ (\text{cm})$$

（2）由 $\delta = r_2 - r_1 = K\lambda$ 知

$$\lambda = \frac{r_2 - r_1}{K} = \frac{\Delta l}{K} = \frac{0.6\times10^{-3}}{10} = 0.6\times10^{-5}\ (\text{cm}) = 600\ (\text{nm})$$

（3）$\Delta y = \dfrac{D}{d}\lambda = \dfrac{200}{0.2}\times0.6\times10^{-3} = 0.6\ (\text{mm})$

例 4-2　如图 4.4 所示。在杨氏实验装置中插入厚度 h=0.005 mm 折射率为 1.5 的玻璃片，用波长为 500 nm 的单色光照明，屏上的干涉条纹将怎样变化？

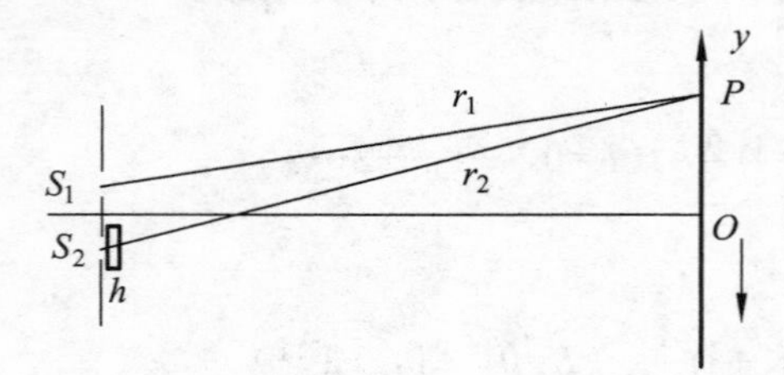

图 4.4　双缝干涉实验

解：插入玻璃片将使 S_2 到观察屏上各点的光程增大，因而改变了两光到屏上各点的光程差，因此应求出插入玻璃片前后的光程差变化。考虑屏上任一点 P，因为

$$\delta_{原} = (r_2 - r_1)$$

$$\delta_{后} = (r_2 + nh - h) - r_1$$

$$= (n-1)h + \delta_{原}$$

所以插入玻璃片后屏上 P 点光程差的变化

$$\Delta\delta = \delta_{后} - \delta_{原} = (n-1)h = (1.5-1)\times0.005\times10^6 = 2.5\times10^3\ (\text{nm}) = 5\times500\ (\text{nm})$$

由于屏上各点的光程差都增加了 5 个波长，原来的 K 级将变为（K+5）级明纹。例如，原来 O 点的零级明纹变为+5 级明纹。原来的−5 级明纹变为零级明纹，整个干涉条纹向下平移了 5 级而形状与间隔都不发生变化。

例 4-3　试讨论杨氏实验中，下述情况下条纹的变化情况，参见图 4.3 所示。

（1）将光源 S 向上移动；

（2）缝光源 S 靠近双缝；

（3）观察屏远离双缝。

解：（1）当光源 S 向上移动时，$R_1<R_2$，跟踪零级明纹，由 $\delta = 0$，有 $R_1 + r_1 = R_2 + r_2$，故此时零级明纹应位于 $r_1>r_2$ 的位置，即干涉条纹向下移动。

（2）缝光源 S 移近双缝，条纹不动。

（3）观察屏远离双缝，由（4.16）式知，条纹间距 Δy 变大，即条纹向两边扩散，但中央明纹不动。

4.2.2 菲涅耳双面镜和双棱镜干涉

菲涅耳在杨氏实验的基础上，用双面镜的反射和双棱镜的折射将 S 发出的波面分成两个传播方向不同的波面，它们好像是从虚光源 S_1 和 S_2 发出的一样，显然它们满足相干条件，在相交区域内发生干涉，**干涉规律与杨氏双缝类似**。只要计算出两虚光源 S_1、S_2 之间的距离 d 和虚光源到屏幕的距离 D，代入有关公式即可。

菲涅耳双面镜如图 4.5 所示是由两个面镜以很小的夹角 θ 所构成，双面镜交线为 A，与杨氏双缝实验比较很容易看出

$$d \approx 2\theta l, \quad D \approx l + L$$

于是两相邻条纹间距按（4.16）式可写为

$$\Delta y = \frac{(l+L)}{2\theta l}\lambda$$

菲涅耳双棱镜（见图 4.6）是由两个顶角 A 很小的棱镜结合而成的一个整体。两虚光源的距离 $d \approx 2(n-1)aA$，$D = a + b$。

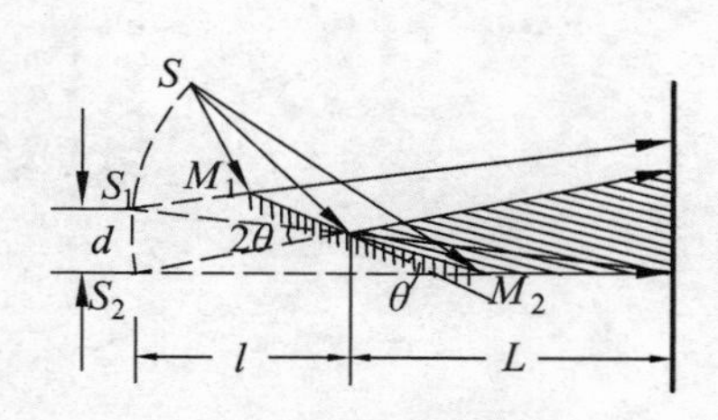

图 4.5 菲涅耳双面镜干涉

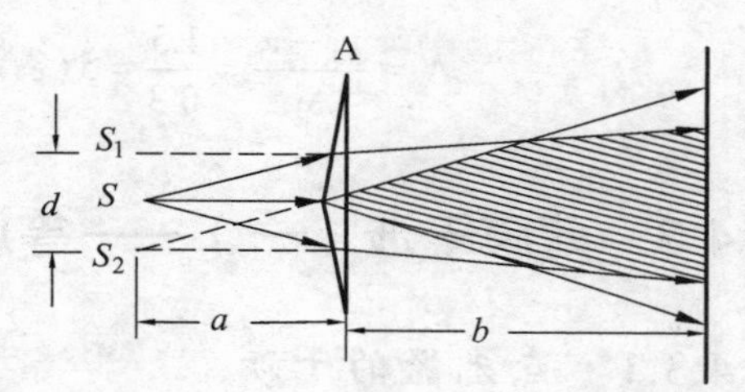

图 4.6 菲涅耳双棱镜干涉

4.2.3 洛埃镜干涉

如图 4.7 所示洛埃将狭缝光源 S 置于镜面的一侧，从 S 直接发出的光与由镜面反射的光相遇后产生干涉。在这里光源 S 与其虚像 S' 为一对相干光源。

洛埃镜实验揭示了半波损失的重要事实。将观察屏移到 E'，使之与镜面接触，这时 P' 处不是亮纹，而是暗纹，这表示在洛埃镜实验中，路程相同的两光波之间有光程差 $\delta = \dfrac{\lambda}{2}$，意味着入射光在该点反射时，发生了半波损失，或者说相位产生了 π 的突变。

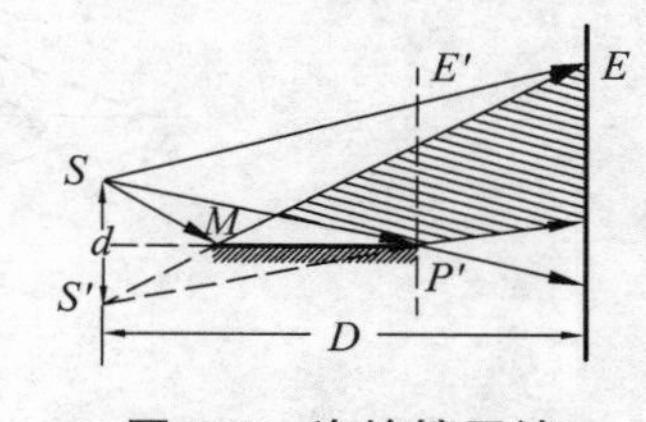

图 4.7 洛埃镜干涉

例 4-4 在洛埃镜实验中，λ=500 nm 的缝光源 S 在反射镜左方 40 cm 处与镜面的垂直距离为 1 mm，镜长 40 cm，在镜右方 40 cm 处垂直放置观察屏。

（1）求干涉条纹的间距。

（2）总共能观察到多少条明纹？

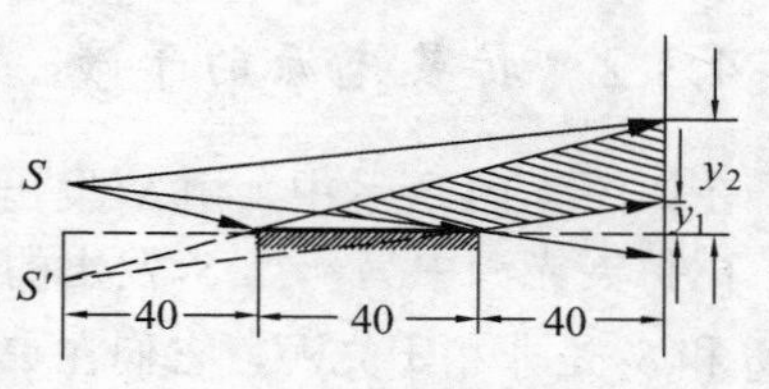

图 4.8 洛埃镜实验

解：（1）此实验可以视 S 及其虚像 S' 为两相干光源。由图 4.8 所示可知

$$d = 2\times1 = 2\ \text{nm}，D = 120\ \text{cm} = 1\,200\ \text{mm}$$

由干涉条纹间距公式

$$\Delta y = \frac{D}{d}\lambda$$

及 $\lambda = 500$ nm 有

$$\Delta y = \frac{1\,200}{2} \times 500 = 3 \times 10^5\ (\text{nm}) = 0.3\ \text{mm}$$

（2）如图 4.8 所示，由反射定律和三角形相似的性质可得

$$\left.\begin{aligned} \frac{y_2}{80} = \frac{0.1}{40} \\ \frac{y_1}{40} = \frac{0.1}{80} \end{aligned}\right\} \rightarrow \begin{aligned} y_2 = 0.2\ (\text{cm}) \\ y_1 = 0.05\ (\text{cm}) \end{aligned}$$

屏上产生干涉条纹区域的纵向长度为

$$y_2 - y_1 = 1.5\ (\text{mm})$$

故能观察到的明条纹数目为

$$N = \frac{y_2 - y_1}{\Delta y} = \frac{1.5}{0.3} = 5\ (\text{条})$$

4.3 薄膜干涉（一）——等厚条纹

4.3.1 点光源的干涉

如图 4.9 所示，点光源 S 发出的光经薄膜前后两表面反射而成为两束反射光，在薄膜的右侧空间产生干涉。干涉现象可等效为由两个相干点光源 S_1 和 S_2 所产生，S_1 和 S_2 分别为 S 在薄膜两个表面上反射所成的虚像。

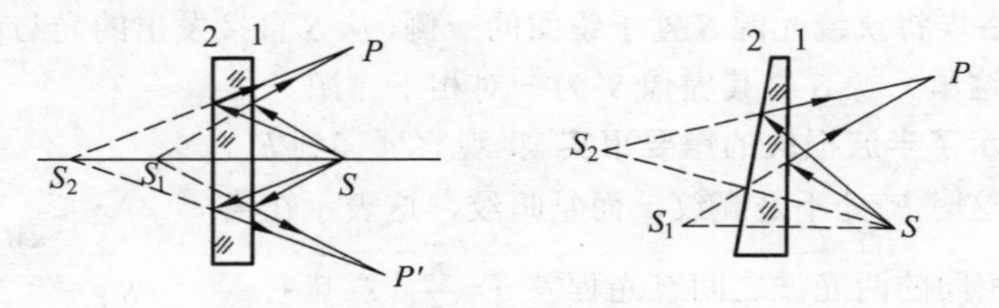

图 4.9 点光源的干涉

不论是厚度均匀的平行薄膜，还是厚度不均匀的非平行薄膜，干涉都能发生，且**干涉条纹存在于整个空间，属非定域干涉**。

4.3.2 扩展光源的干涉

在如图 4.10 所示中，由 S_1 发出的两束相干光经反射后交于 P，它们在 P 点的光程差设为 δ_1；由扩展光源中另一点 S_2 发出的另外两束相干光，以光程差 δ_2 相交于 P，通常 $\delta_1 \neq \delta_2$。由于 S_1 和 S_2 是非相干光源，它们在 P 点发生的条纹将错开一定距离，使可见度下降，故扩展光源中所有点在 P 点产生的总强度，其干涉效应为零。在叠加区域内，一般来说光强趋于均匀分布，观察不到干涉现象。但我们总可以找到某个平面，强度相加的结果仍能得到清晰的干

涉条纹，这个平面称为定域面。对于平行薄膜，其定域面在无穷远处（见图 4.11），因此，通常用透镜聚焦，在焦平面上可以观察到干涉条纹，称为等倾干涉；对于有一小楔角的非平行薄膜，定域面在薄膜表面附近，称为等厚干涉。

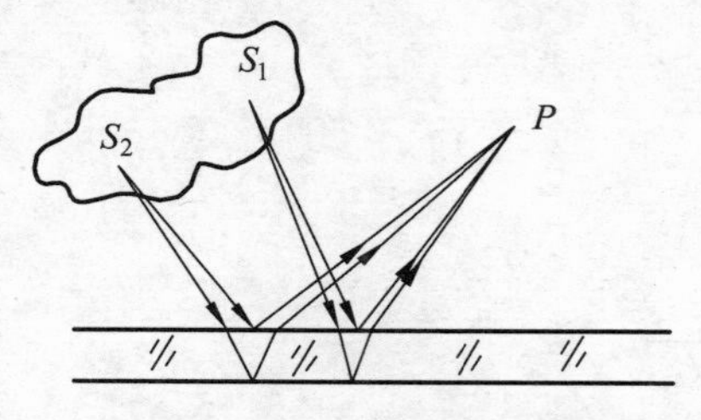

图 4.10　扩展光源的干涉

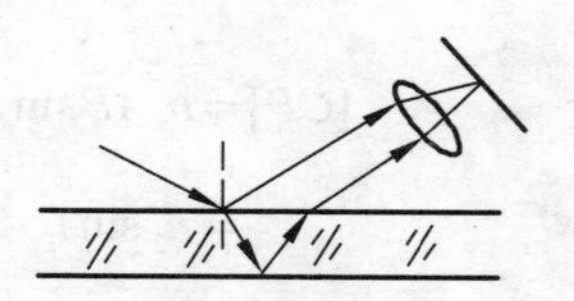

图 4.11　等倾干涉

最后需要说明两个问题。一个是当光投射到薄膜表面上时，将受到多次反射与折射，如图 4.12 所示，在上部空间将出现多个反射光，在下部空间出现多个透射光。但对于一般非镀膜的界面，反射光的强度为入射光强度的 4%左右，图中数字代表各光强度占入射光强度的百分数。由该图所标出的值可知，a_3、a_4 强度很弱，它们对光波叠加影响很小，可以不予考虑，而 a_1、a_2 强度接近。所以我们把反射的薄膜干涉当成是等振幅的双光干涉。

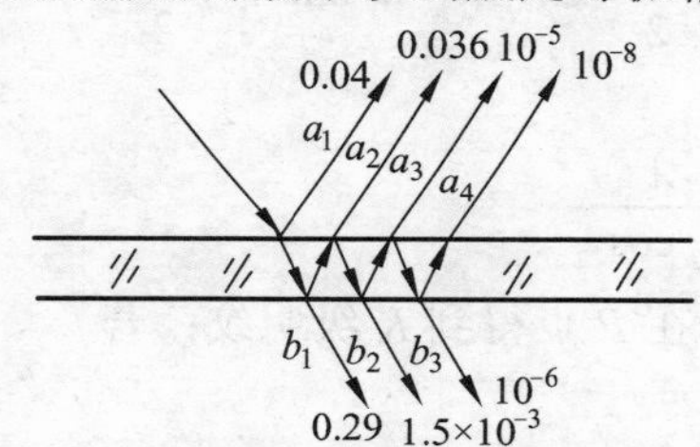

图 4.12　光在薄膜上的多次反射与折射

另一个问题是，透射光也会发生干涉。但在这些光中，b_3、b_4 强度很小，可以不计。b_2 的强度也比 b_1 小得多，b_1 与 b_2 之间产生的干涉条纹的可见度很小，所以一般不讨论透射光的干涉。

下面我们考虑扩展光源在非平行薄膜上产生的等厚干涉，先讨论尖劈，后讨论牛顿环。

4.3.3　尖　劈

如图 4.13 所示，一楔形介质薄膜，折射率为 n_2，两侧的折射率为 n_1、n_3，考虑从光源上一点 S 发出的光线分为两束，一束在上表面 P 点反射，另一束经下表面反射，又在 P 点折射，P 点的干涉情况取决于这两束光在 P 点相遇时的光程差 δ。

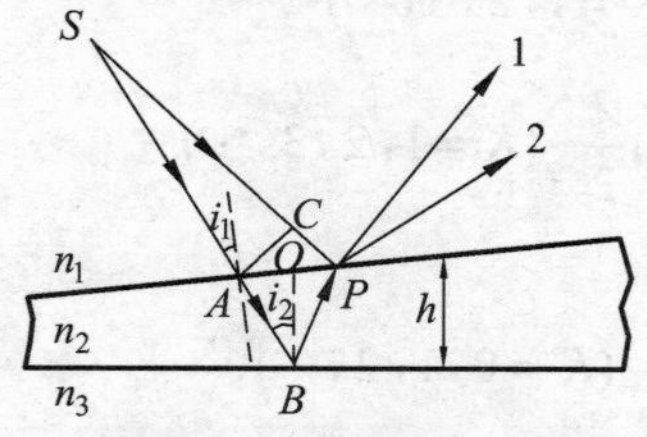

图 4.13　尖劈的干涉

光程差应包含两部分，一部分由于两束光所经介质和几何路程不同而引起的光程差 δ_1，另一部分是由于光在上、下两表面反射时的附加光程差 δ_2，即

$$\delta = \delta_1 + \delta_2$$

先计算 δ_1。因薄膜很薄，A、P 两点十分靠近，作垂线 AC 后可认为 SA≈SC，则光程差

$$\delta_1 = [ABP] - [CP]$$

式中，“[　]”代表光程。因薄膜两表面间的夹角 θ 很小，在十分靠近 AP 两点间的薄膜可以视为平行薄膜，于是

$$[ABP] = 2n_2 \overline{AB} = 2n_2 \frac{h}{\cos i_2}$$

$$[CP] = n_1 \overline{AP} \sin i_1 = n_1 \sin i_1 2h \tan i_2$$

$$= n_2 \sin i_2 \cdot 2h \frac{\sin i_2}{\cos i_2} = 2n_2 h \frac{\sin^2 i_2}{\cos i_2}$$

则

$$\delta_1 = 2n_2 h \cos i_2 = 2h\sqrt{n_2^2 - n_2^2 \sin^2 i_2} = 2h\sqrt{n_2^2 - n_1^2 \sin^2 i_1}$$

对于处于同一种介质中的薄膜，$n_1 = n_3$，$n_2 > n_3$，或 $n_2 < n_3$，附加光程差为 $\delta_1 = \frac{\lambda}{2}$，因而光程差为

$$\delta = 2n_2 h \cos i_2 + \frac{\lambda}{2} = 2h\sqrt{n_2^2 - n_1^2 \sin^2 i_1} + \frac{\lambda}{2} \tag{4.17}$$

若 $\delta = K\lambda$，则

$$h = \left(K - \frac{1}{2}\right)\frac{\lambda}{2n_2 \cos i_2} \tag{4.18}$$

P 点出现干涉相长，光强极大，在 P 点得到 K 级明纹；若

$$\delta = (2K+1)\frac{\lambda}{2}$$

则

$$h = K\frac{\lambda}{2n_2 \cos i_2} \tag{4.19}$$

P 点出现干涉相消，光强极小，在 P 点得到 K 级暗纹。

在实际应用中多采用光线垂直入射的方式，即 $i_1 = i_2 = 0$（见图 4.14），此时光程差为

$$\delta = 2n_2 h + \frac{\lambda}{2}$$

干涉条件为

干涉相长　$2n_2 h + \frac{\lambda}{2} = K\lambda \quad (K = 1, 2, 3, \cdots)$

干涉相消　$2n_2 h + \frac{\lambda}{2} = (2K+1)\frac{\lambda}{2} \quad (K = 1, 2, 3, \cdots)$

故明纹处的薄膜厚度为

$$h = \left(K - \frac{1}{2}\right)\frac{\lambda}{2n_2} \quad (K = 0, 1, 2, \cdots) \tag{4.20}$$

暗纹处的薄膜厚度为

$$h = K\frac{\lambda}{2n_2} \quad (K = 0, 1, 2, \cdots) \tag{4.21}$$

应当指出，在（4.21）式中，K=0 时，h=0，对应着劈棱处的暗纹（第一条暗纹）。

相邻明纹（或暗纹）处的膜厚差为

$$\Delta h = h_{K+1} - h_K = \frac{\lambda}{2n_2} \tag{4.22}$$

劈尖形薄膜等厚干涉条纹如图 4.15 所示，**为平行于劈棱的明暗间的等距直条纹**，在劈棱处为暗条纹。

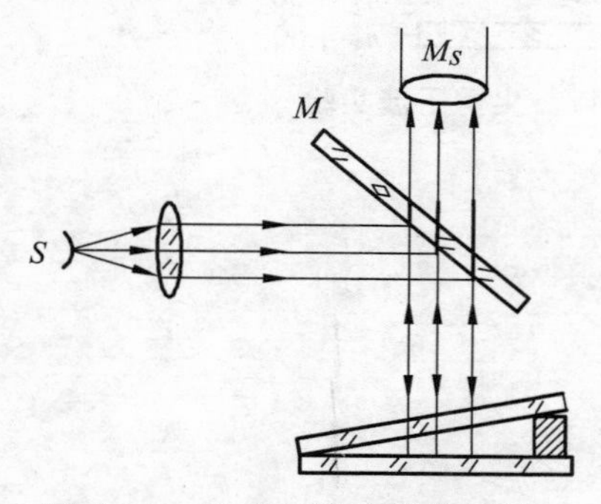

图 4.14　垂直入射尖劈的干涉

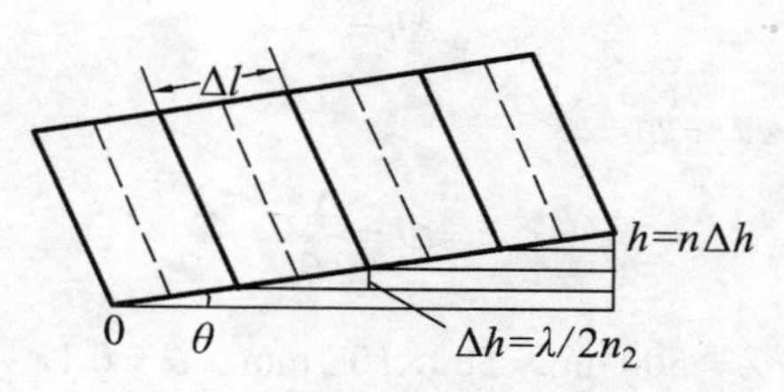

图 4.15　尖劈干涉条纹

明纹（或暗纹）间距 Δl 与劈尖角 θ 之间的关系为

$$\Delta l \approx \frac{\Delta h}{\theta} = \frac{\lambda}{2n_2\theta} \tag{4.23}$$

由（4.23）式可以看出：

（1）对于一定波长的入射光，条纹间距 Δl 与 θ 成反比，与 n_2 成反比。

（2）当复色光入射时，对于给定的劈尖，条纹间距 Δl 与 λ 成正比，所以对于很薄的尖劈，将呈现彩色干涉条纹。若劈尖较厚，光程差较大时，将看不到干涉条纹。

（3）若已知波长 λ，并测得 Δl，便可求出 θ 角大小。

（4）利用条纹移动的规律来进行某种测量。如图 4.16 所示的空气劈尖，当**上玻璃片向上平移时**，因各点的空气膜厚 h 增加，**条纹移向劈尖棱线**，h 每增加了 Δh，条纹移过一条。若从某固定点 P 处移过 N 条明纹，则膜厚的变化为

$$\Delta H = N\Delta h = N\frac{\lambda}{2n_2} \tag{4.24}$$

当空气膜厚 h 减少时，条纹则背离棱线移动，如图 4.16 所示。

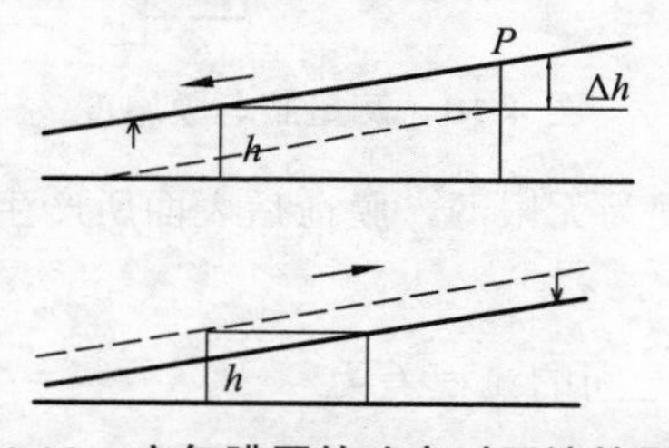

图 4.16　空气膜厚的改变对干涉的影响

例题 4-5　折射率分别为 1.45 和 1.60 的两块玻璃板，使其沿一边相接触，形成一个顶角为 0.1° 的尖劈，使波长为 500 nm 的光垂直入射于劈，并在上方观察尖劈的干涉条纹（见图 4.17），试求（1）条纹间距。（2）若将整个尖劈浸在折射率为 1.50 的油中，则条纹间距又为多少？（3）定性说明浸入油中后，干涉条纹将怎样变化？

解：（1）对于此空气劈尖，当光线垂直照射时，光程差公式为

$$\delta = 2h + \frac{\lambda}{2}$$

由明纹条件

$$2h + \frac{\lambda}{2} = K\lambda$$

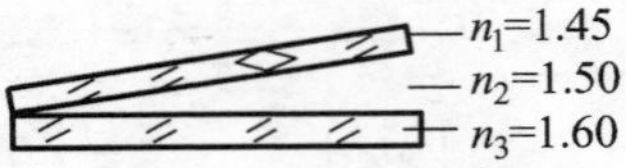

得相邻明纹处膜厚之差为

$$\Delta h = \frac{\lambda}{2}$$

$n_1=1.45$
$n_2=1.50$
$n_3=1.60$

图 4.17　尖劈干涉实验

明纹间距

$$\Delta l = \frac{\Delta h}{\theta} = \frac{\lambda}{2\theta}$$

将 $\lambda = 500\ \text{nm} = 500 \times 10^{-6}\ \text{mm}$，$\theta = 0.1 \times \frac{1}{57.3}\ \text{rad}$ 代入上式有

$$\Delta l = \frac{5 \times 10^{-4} \times 57.3}{2 \times 0.1} = 0.14\ (\text{mm})$$

（2）条纹间距

$$\Delta l' = \frac{\lambda}{2n_2\theta} = \frac{\Delta l}{n_2} = \frac{0.14}{1.50} = 0.09\ (\text{mm})$$

（3）浸入油中后，因薄膜折射率满足 $n_1 < n_2 < n_3$，所以两束反射光之间没有 $\frac{\lambda}{2}$ 的额外光程差，故在两玻璃片接触处，由暗纹变为明纹，明纹间距变小，观察者看到条纹向棱边移动。

例 4-6　借用钠黄光（$\lambda = 589\ \text{nm}$）的反射光，在水平方向观察一竖直的肥皂膜，膜的顶部非常薄，以至对任何颜色的光看起来都是黑的，此外，共有五条亮条纹，第五条亮纹中心位于膜的底部（见图 4.18），问肥皂膜底部的厚度为多少？（水的折射率为 1.33）

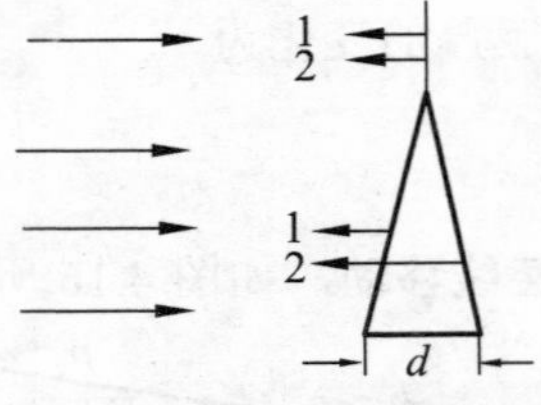

图 4.18　测量肥皂膜厚度

解：在膜的顶部，膜可以视为无限薄，膜前后表面所产生的反射光 1、2 光程差为 $\frac{\lambda}{2}$，故反射光干涉相消，呈黑色。

在膜的底部，反射光 1、2 之间的光程差为

$$\delta = 2n_2 d + \frac{\lambda}{2} = 5\lambda$$

故膜底部厚度为

$$d = \frac{\left(5 - \frac{1}{2}\right)\lambda}{2n_2}$$

将 $\lambda = 589\times10^{-9}$ m 及 $n_2 = 1.33$ 代入则可得到

$$d = 10^{-6}\ \text{m} = 1\ \mu\text{m}$$

4.3.4　牛顿环

如图 4.19（a）所示，在平面玻璃上放置一块平凸透镜，其间形成空气薄膜，膜的等厚线是以 O 为圆心的一组同心圆，其干涉图样如图 4.19（b）所示，由于这一现象是牛顿最早发现的，故将实验装置与干涉图样都称为牛顿环。

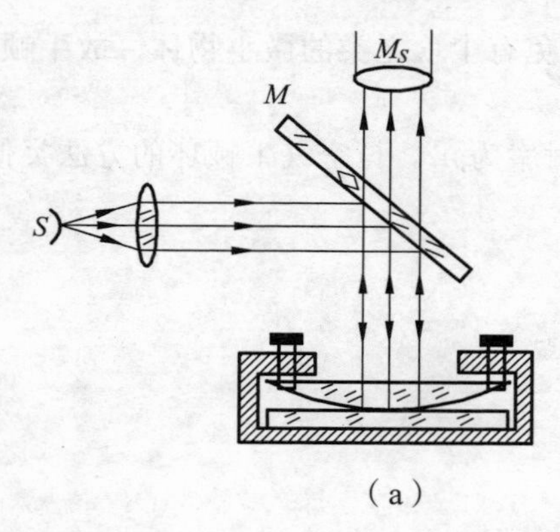

（a）

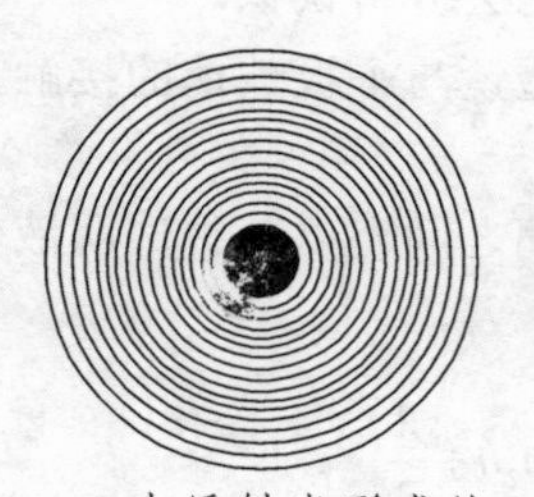

由反射光形成的圆环形干涉图样，在中心处 h=0，为一暗斑。

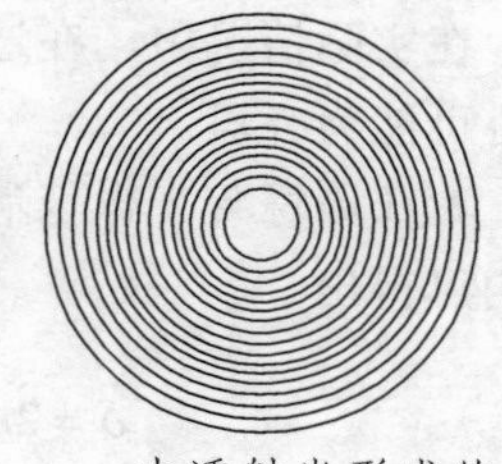

由透射光形成的圆环形干涉图样，在中心处 h=0，为一亮斑。

（b）

图 4.19　牛顿环实验

现在来研究干涉条纹的分布规律。由于透镜曲率半径很大，光线垂直入射，可近似认为 $i_1 \approx i_2 = 0$，设 P 处空气层厚度为 h，则光程差为

$$\delta = 2h + \frac{\lambda}{2}$$

干涉条件为

相长干涉　　$\delta = 2h + \dfrac{\lambda}{2} = K\lambda \quad (k = 1, 2, 3, \cdots)$

相消干涉　　$\delta = 2h + \dfrac{\lambda}{2} = (2K+1)\dfrac{\lambda}{2} \quad (k = 0, 1, 2, 3, \cdots)$

在中心点 O 处厚度为零，光程差 $\delta = \dfrac{\lambda}{2}$，故为暗斑，由圆心 O 向外，随着膜厚 h 增加，将在空气膜表面呈现明暗相间的、级次逐渐增大的同心干涉圆环。

$$\left.\begin{aligned} &\text{明环处空气厚度为 } h = \left(K - \frac{1}{2}\right)\frac{\lambda}{2} \quad (K = 1, 2, 3, \cdots) \\ &\text{暗环处空气厚度为 } h = K\frac{\lambda}{2} \quad (K = 0, 1, 2, \cdots) \end{aligned}\right\} \tag{4.25}$$

利用如图 4.20 所示的几何关系，R **为球面曲率半径，设** r **为某一圆环半径**，h 为该环所在处空气层厚度，则

$$R^2 = r^2 + (R-h)^2 = r^2 + R^2 - 2Rh + h^2$$

因 $R \gg h$，略去 h^2，则

$$h \approx \frac{r^2}{2R} \tag{4.26}$$

将（4.26）式代入（4.25）式得**明环和暗环的半径公式**

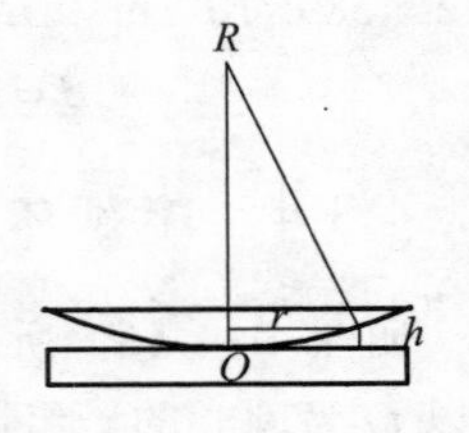

图 4.20　几何关系图

$$r_{明}=\sqrt{\left(K-\frac{1}{2}\right)R\lambda}\quad (K=1,2,3,\cdots)\qquad(4.27)$$

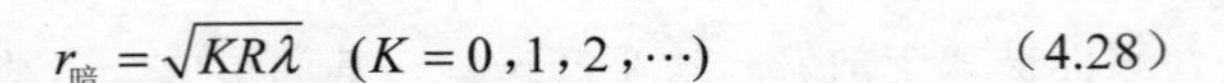

$$r_{暗}=\sqrt{KR\lambda}\quad (K=0,1,2,\cdots)\qquad(4.28)$$

对牛顿环干涉图样特点以及条纹移动规律的分析方法，与尖劈干涉的类似，希望读者自己去分析认识。

在实际情况中，在透镜与平板玻璃的接触点 O 处难免有尘埃之类的微小物体，故牛顿环中心可能为亮斑。

若在透镜与平板玻璃之间充以某种透明液体，其折射率为 n_2，与空气牛顿环的方法类似，我们可得出

$$\delta=2n_2h+\frac{\lambda}{2}$$

$$r_{明}=\sqrt{\left(K-\frac{1}{2}\right)R\frac{\lambda}{n_2}}\quad (K=1,2,3,\cdots)$$

$$r_{暗}=\sqrt{KR\frac{\lambda}{n_2}}\quad (K=0,1,2,\cdots)$$

例 4-7　用单色光观察牛顿环，测得某级暗环的直径为 3 mm，在它外面第六个暗环的直径为 5 mm，若组成牛顿环的平凸透镜的球面曲率半径为 1.13 m，求入射单色光的波长。

解：根据牛顿环暗环的半径公式有

$$r_K=\sqrt{KR\lambda}\qquad(1)$$

$$r_{K+m}=\sqrt{(K+m)R\lambda}\qquad(2)$$

式$(2)^2-$式$(1)^2$，得

$$r_{K+m}^2-r_K^2=mR\lambda$$

$$\lambda=\frac{r_{K+m}^2-r_K^2}{mR}\qquad(4.29)$$

将 $r_{K+m}=2.5\ \text{mm}$，$r_K=1.5\ \text{mm}$，$m=6$，$R=1.13\times10^3\ \text{mm}$ 代入上式，可得到

$$\lambda\approx5.9\times10^{-4}\ (\text{mm})=590\ (\text{nm})$$

本例中的（4.29）式可作为计算公式使用，它提供了一个测量球面曲率半径 R 或测量光波波长的一个比较精确的方法，此公式的优点在于式中不含 K。

例 4-8　为了检验加工中透镜的球面质量，将一标准球面——样规 B 放在待测工件 A 上［见图 4.21（a）］，看到反射光干涉图样［见图 4.21（b）］。试估计工作表面与样规表面的最大偏差为多少？

解：在两个透镜之间的空气层仍然可以形成牛顿环，从干涉图样可见，中心为暗点，外有两暗环。由于相邻两个暗环所对应的空气膜厚差为 $\frac{\lambda}{2}$，故最大偏差为 λ。

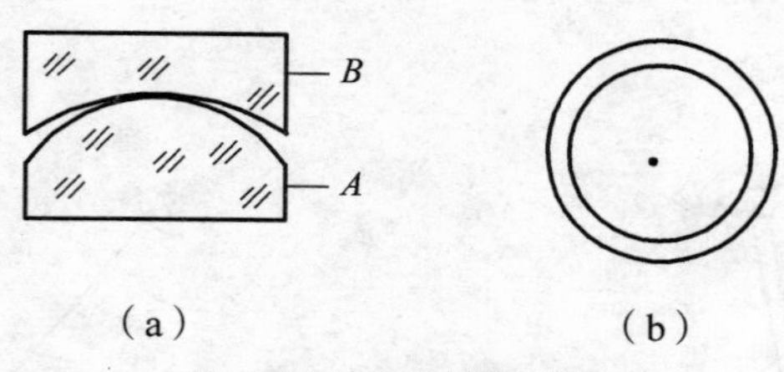

图 4.21 检验透镜质量

由此可知，对于垂直入射情况下的等厚条纹，相邻两个条纹处的膜厚差均为$\Delta h=\dfrac{\lambda}{2n_2}$，若为空气膜，$\Delta h=\dfrac{\lambda}{2}$，记住这一结论对解决劈尖、牛顿环问题很有用。

例 4-9 用$\lambda_1=600\text{ nm}$，$\lambda_2=450\text{ nm}$两种波长的光观察牛顿环，用λ_1时的第K级暗环与用λ_2时的第K+1级暗环重合，求用λ_1时第K个暗环的半径。（设透镜的曲率半径为 90 cm。）

解：由暗环半径公式$r=\sqrt{KR\lambda}$有

$$r^2=KR\lambda_1=(K+1)R\lambda_2$$

则

$$K=\frac{\lambda_2}{\lambda_1-\lambda_2}=\frac{450}{600-450}=3$$

故

$$r=\sqrt{KR\lambda_1}=\sqrt{3\times90\times600\times10^{-7}}=0.127\,(\text{cm})$$

4.4 薄膜干涉（二）——等倾条纹 迈克耳孙干涉仪

本节先研究平行薄膜形成的等倾条纹。

4.4.1 等倾干涉

对观察等倾干涉实验装置的说明。在图 4.22（a）中，C为薄云母片，M为与C成$45°$角放置的玻璃片，从扩展光源S发出的光经M反射后，投射到云母片C上，L为与C平行的凸透镜。从C上、下两表面反射后的平行光会聚于处于焦平面上的屏幕E上，在E上显示出一组以焦点O为中心的同心圆环状干涉图样。也可用眼睛观察，这时图中的L相当于眼球，E相当于视网膜。

光源上其他点S'所发出相同倾角的光线，也在焦平面上形成一组同心圆环状的干涉图样，而且与S形成的图样完全重合。因S、S'为非相干光源，故总强度为分强度的非相干叠加，使用扩展光源增加了干涉条纹的亮度。

如果L与C平面不平行，则形成椭圆状的干涉环。

如图 4.22（b）所示，入射到厚度为h的平行薄膜的单色光波，经上、下两表面反射后的两束光经透镜会聚于焦平面上一点P而产生干涉，而反射光在P点处的光程差为

$$\delta=\delta_1+\delta_2$$

$$\delta_1=[ABC]-[AD],\quad \delta_2=\frac{\lambda}{2}\ （设\ n_1=n_3）$$

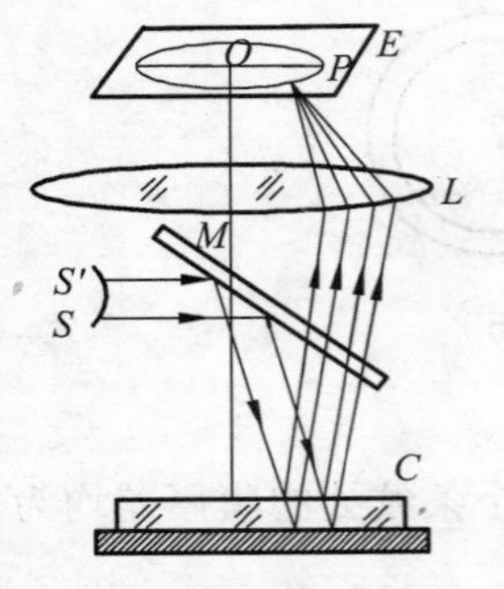

（a）观察等倾条纹的装置

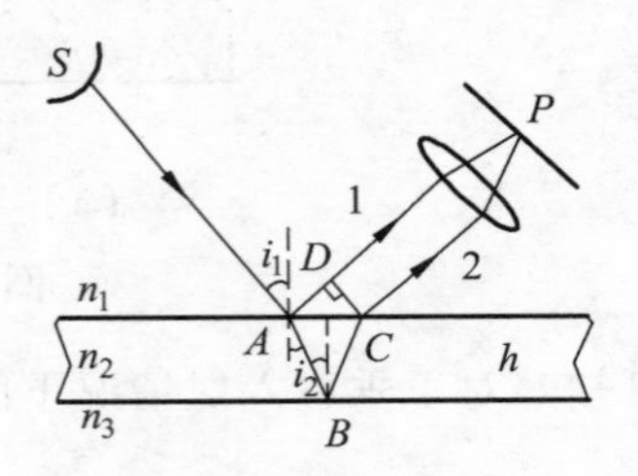

（b）光程差

图 4.22　等倾干涉实验

对 δ_1，经过计算得出与上节相同的结果（上节是近似计算得到的结果，此处则是准确的结果）

$$\delta_1 = 2n_2 h\cos i_2 = 2h\sqrt{n_2^2 - n_1^2 \sin^2 i_1}$$

故

$$\delta = 2n_2 h\cos i_2 + \frac{\lambda}{2} = 2h\sqrt{n_2^2 - n_1^2 \sin^2 i_1} + \frac{\lambda}{2}$$

相长干涉：　$2n_2 h\cos i_2 + \frac{\lambda}{2} = K\lambda \quad (K = 1, 2, 3, \cdots)$

相消干涉：　$2n_2 h\cos i_2 + \frac{\lambda}{2} = (2K+1)\frac{\lambda}{2} \quad (K = 0, 1, 2, \cdots)$

因平行薄膜厚度 h 为常数，故光程差只决定于倾角 i_1 或折射角 i_2，凡是倾角相同的光线都有相同的光程差，它们在透镜的焦平面上形成同一级干涉条纹［见图 4.22（b）］，故称为等倾干涉。等倾干涉条纹是一套明暗相间的同心圆环。

应该注意，产生等厚条纹的薄膜上各点的厚度并不相等，而产生等倾干涉条纹的薄膜上各点的厚度处处相等。同一级干涉条纹是由光程差相等的空间各点所形成的，故在薄膜的等厚线处形成等厚条纹，薄膜的等倾光线在透镜焦平面上的交点形成等倾条纹。

例 4-10　白光垂直入射到一块 n 为 1.5，厚度 h 为 500 nm 的薄膜上，问可见光谱中哪一个波长其反射强度最大？

解： 薄膜干涉相长公式为

$$2n_2 h + \frac{\lambda}{2} = K\lambda \quad (K = 1, 2, 3, \cdots)$$

满足此条件的波长，其反射强度最大，即

$$\lambda = \frac{2n_2 h}{K - \frac{1}{2}} = \frac{2\times1.5\times5\times10^2}{K - \frac{1}{2}} = \frac{1.5\times10^3}{K - \frac{1}{2}}\ (\text{nm})$$

当 K=1 时，$\lambda_1 = 3\,000\ \text{nm}$；

K=2 时，$\lambda_2 = 1\,000\ \text{nm}$；

K=3 时，$\lambda_3 = 6\,00\ \text{nm}$；

K=4 时，$\lambda_4 = 428.5\ \text{nm}$；

K=5 时，$\lambda_5 = 333.3\ \text{nm}$。

因此，在可见光范围内，满足上式的波长为 600 nm、428.5 nm。

4.4.2 迈克耳孙干涉仪

迈克耳孙干涉仪是用分振幅法实现干涉的仪器。利用干涉条纹的移动来测量与光程变化有关的量时，往往需要将两束相干光分离得远些，以便于在其中一条光路中插入待测物质，或在某一光路中附加必要的装置进行研究。迈克耳孙干涉仪的主要优点是它可将两束相干光完全分开。

迈克耳孙干涉仪的结构和光路如图 4.23 所示，M_1 和 M_2 是两块平面镜。

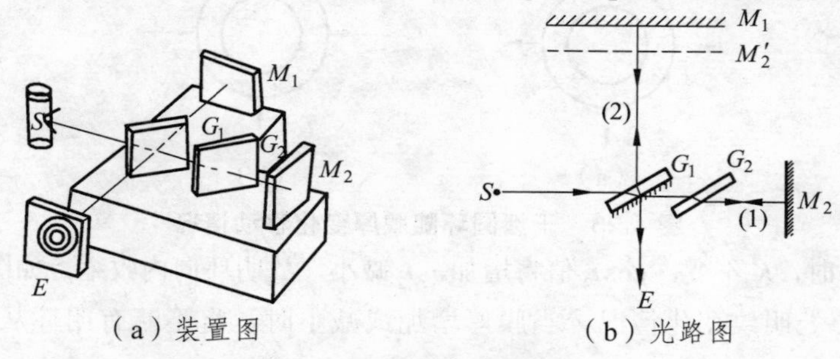

图 4.23 迈克耳孙干涉仪

从扩展光源 S 发出的光投射到玻璃片 G_1 后（G_1 称为分光板），在 G_1 的半镀银面上被分解为强度相等的两束：(1) 一束透过半镀银面，在平面镜 M_2 上反射后沿原路返回，然后在半镀银面上反射到 E（观察屏）；(2) 另一束从半镀银面上反射到平面镜 M_1 上，从 M_1 上反射回来后也到达 E。在 E 处也可以直接用眼观察干涉条纹，或经过透镜后，在屏上相干叠加，形成干涉条纹。由于光束（1）透过 G_1 玻璃片一次，而光束（2）透过 G_1 玻璃片三次，所以在（1）的光路中插入一块和 G_1 相同的玻璃片 G_2，这样（1）和（2）都经过玻璃片三次，因此 G_2 叫作**补偿板**。

图中 M_2' 是 M_2 在半镀银面上的像，半镀银面到 M_2 的距离和到 M_2' 的距离相等。光束（1）可以看作是从 M_2' 上反射出来的，在 E 处的干涉**实质上可以看成由 M_1 和 M_2' 两平面所构成的空气薄膜所产生的干涉**。当 M_2 与 M_1 正交时，则 M_1 和 M_2' 平行，就得到等倾干涉圆环；当 M_1 与 M_2 不垂直，M_1 与 M_2' 之间形成劈形空气膜，产生等厚干涉直条纹。

下面讨论等倾干涉圆环随膜厚变化移动的情况。如图 4.24 所示，$M_1 // M_2'$，设空气膜厚为 h，则在 M_1 和 M_2' 两表面上反射光的光程差为

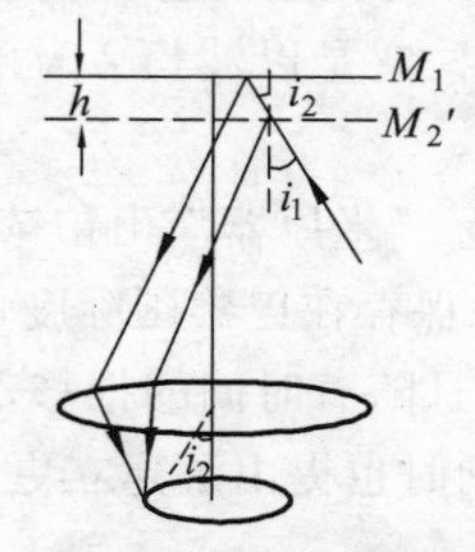

图 4.24 膜厚度变化实验

$$\delta = 2h\cos i_2 \quad (i_1 = i_2)$$

$$\left.\begin{aligned} &\textbf{干涉明环：}\quad 2h\cos i_2 = K\lambda \\ &\textbf{干涉暗环：}\quad 2h\cos i_2 = (2K+1)\frac{\lambda}{2} \end{aligned}\right\} \tag{4.30}$$

式中，i_2还表示干涉圆环半径对透镜光心 O 的张角，称i_2为圆环角半径。由（4.30）式可以看出，

（1）当膜厚 h 增加时，观察第 K 级明环，$\cos i_2$ 值将减小，i_2增大，即明环半径增大，明环向外扩展，如图 4.25（a）所示。

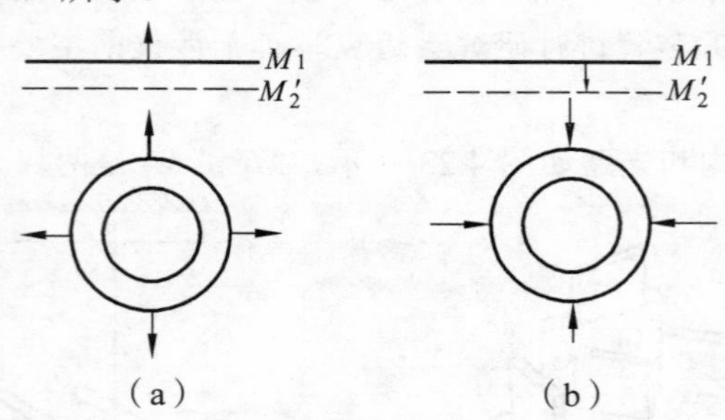

图 4.25　干涉圆环随膜厚变化移动情况

当膜厚 h 减小时，K 不变，$\cos i_2$ 值将增加，i_2 减小，故明环向内收缩，如图 4.25（b）所示。

（2）观察中心处明纹变化情况，当膜厚增加或减小时，将不断有明环从中心“冒出”或“陷入”。中心处每冒出（或陷入）一个圆环，**次级变化 1，则光程差变化一个 λ，膜厚变化 $\frac{\lambda}{2}$**。故当中心处冒出（或陷入）N 个明环时，膜厚增加（或减少）ΔH，则

$$\Delta H = N\frac{\lambda}{2} \tag{4.31}$$

而膜厚的变化量 ΔH 即为动镜 M_1 移动的距离。

当 M_1 和 M_2'之间有微小夹角时，薄膜表面将出现等厚条纹（见图 4.26）。相邻暗纹处空气膜厚

$$\Delta h = \frac{\lambda}{2} \tag{4.32}$$

明纹距离 l 与劈尖角 θ 将满足

$$l = \frac{\Delta h}{\theta} = \frac{\lambda}{2\theta}$$

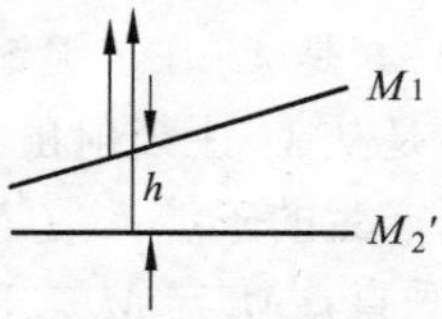

图 4.26　平面镜之间有微小夹角

利用迈克耳孙干涉仪可以作精密长度测量和建立长度自然标准。由（4.31）式可知，ΔH 是动镜平移的距离，也是待测的长度，它是以波长 λ 为单位进行度量的，其精度是任何机械测量无法比拟的。

世界最早的长度人工标准——国际“米原器”由铂铱合金（90%的铂，10%的铱）制成，是 1872 年由 30 个国家共同确定的，保存在巴黎国际度量衡局，作为世界公认的长度标准。后来发现这个长度标准不便于校准，且随着时间的推移，其长度会发生微小变化。这给长度的标准计量和精密测量带来了问题，同时也提出了建立更为理想的长度标准——长度自然标准的新问题。

1893 年，迈克耳孙首次应用以他的名字命名的干涉仪将镉红线波长 λ_{Cd} 和米原器进行比较，建立了以镉红线波长为基准的长度标准。经后人改进，国际上曾确认镉红线在标准状态空气中的波长和米原器的长度分别为

$$\lambda_{\mathrm{Cd}} = 643.846\,96\ \mathrm{nm}$$

$$1\text{米}=1\,553\,164.3\,\lambda_{\mathrm{Cd}}$$

为了使长度度量更精确，要求所选用光谱线的线宽尽量小，为此国际度量衡委员会于 1960 年 10 月决定选用原子量为 86 的氪同位素 $K^{86}r$ 发出的橙色光谱线在真空中的波长 λ_{Kr} 为长度的新标准，并规定

$$1\text{米}=1\,650\,763.73\,\lambda_{\mathrm{Kr}}$$

4.5 多光束干涉

前面只研究了两列相干光波的干涉现象，简称双光束干涉。当多列相干光波相遇叠加时，会出现更复杂的干涉现象，称为多光束干涉。本节将简述多光束干涉的原理及干涉花样的特点。

这里借助多缝装置来研究多光束干涉现象。图 4.27 中的屏 $\boldsymbol{\Sigma}_1$ 上开有 N 条互相平行、等距排列的窄缝，相邻两缝距离为 d，$\boldsymbol{\Sigma}_1$ 右方置一焦距为 f' 的会聚透镜 L，后焦面上置一接收屏 $\boldsymbol{\Sigma}_2$，用波长为 λ 的单色平行光垂直照射屏 $\boldsymbol{\Sigma}_1$，各缝均可视为相干光源，它们产生的光波相遇时将产生相干叠加，实现**多光束干涉**。

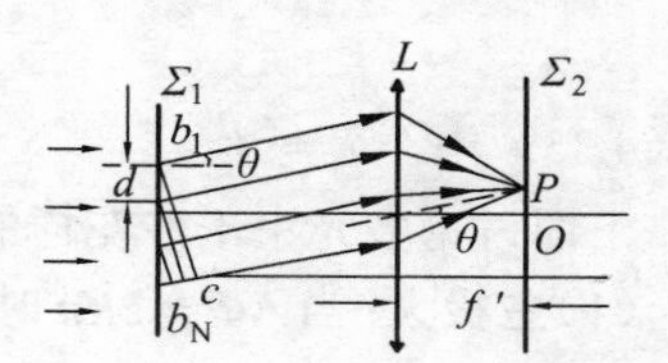

图 4.27　多光束干涉光路图

现在研究接收屏 $\boldsymbol{\Sigma}_2$ 上合成光强的分布规律。考虑 $\boldsymbol{\theta}$ 方向上的各缝光波，经过透镜 L，将在后焦面上 P 点相干叠加，其结果取决于 N 个分振动之和。每个缝光振动振幅相等，由于各缝均处在入射平面波的同一波面上，故各光振动初相位相同。为确定各分振动在 P 点的相位差，作 b_1c 垂直于从 b_N 发出光波的光路。由于透镜不会引起附加的光程差，故由 b_1c 上各点到 P 点的光程相等。因此，相邻两缝光振动到达 P 点的光程差为

$$\delta=d\sin\theta$$

相应的相位差为

$$\Delta\Phi=\frac{2\pi d\sin\theta}{\lambda}\tag{4.33}$$

故 N 束光在 P 点的合振动为 N 个振幅相等，相位差依次为 $\Delta\Phi$ 的分振动的合成。设每个缝在 P 点的光振动的振幅相等，用 A_1 表示。下面用矢量加法求 P 点的合振幅 A。

如图 4.28 所示，以 $\boldsymbol{A}_1$，$\boldsymbol{A}_2$，…代表各分矢量，相邻两分矢量间夹角均为 $\Delta\boldsymbol{\Phi}$，各分矢量首尾相接，第一矢量始端与最后一矢量末端相连的矢量 $\boldsymbol{A}$，就是合振动矢量，它的长度就是合振动的振幅。

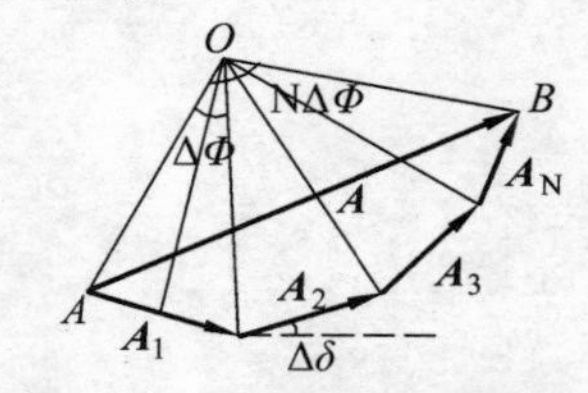

图 4.28　矢量法求合振幅

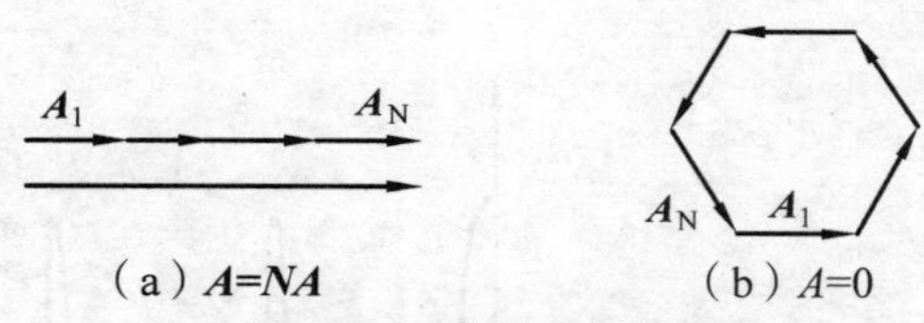

（a）$A=NA$　　（b）$A=0$

图 4.29　干涉花样特点

由几何学知识可知，

$$\frac{A}{2}=OA\cdot\sin\frac{N\Delta\Phi}{2}$$

$$\frac{A_1}{2} = OA \cdot \sin\frac{\Delta\Phi}{2}$$

则合振幅为

$$A = A_1 \frac{\sin\dfrac{N\Delta\Phi}{2}}{\sin\dfrac{\Delta\Phi}{2}} \tag{4.34}$$

P 点的合光强为

$$I = A^2 = I_1 \frac{\sin^2\dfrac{N\Delta\Phi}{2}}{\sin^2\dfrac{\Delta\Phi}{2}} \tag{4.35}$$

式（4.35）中，$I_1 = A_1^2$。

下面讨论多光束干涉花样的特点。

（1）**主极大**：当 $\Delta\Phi = 2K\pi$ 时，所有矢量都在同一直线上[见图 4.29（a）]，$A = NA_1$，$I = N^2 I_1$，光强最强，**为干涉相长**。此时

$$d\sin\theta = K\lambda \quad (K = 0, \pm1, \pm2, \cdots) \tag{4.36}$$

（2）**极小**：当 $N\Delta\Phi = 2K'\pi$ 时，N 个矢量组成一闭合多边形［见图 4.29（b）]，$A = 0$，$I = 0$，光强最弱，**为干涉相消**。此时

$$d\sin\theta = \frac{K'}{N}\lambda \quad [K = \pm1, \pm2, \cdots \pm(N-1), \pm(N+1), \cdots] \tag{4.37}$$

应注意，K' 不能等于 N 的整数倍，否则（4.37）式就变成（4.36）式了。因此**在两个主极大之间有 $(N-1)$ 个极小值**。

（3）**次极大**：在相邻两个极小之间必定有一个次极大，**因此在两个主极大之间有 $(N-2)$ 个次极大**。

综合以上讨论，我们可以作出多光束干涉的光强分布图（见图 4.30）。可以证明，当 N 很大时，最强的次极大光强不超过主极大的 $\frac{1}{23}$。由光强分布图不难看出，由于次极大的光强很小，主极大附近的亮区很窄，整个干涉花样有一组明亮而狭窄的亮条纹，相邻两亮条纹间有一较宽的暗区。缝数加多时，亮条纹更窄更亮，暗区更宽。若 N=2，将没有次极大，相邻两主极大之间只有一个极小，这时就成了双光束干涉花样。

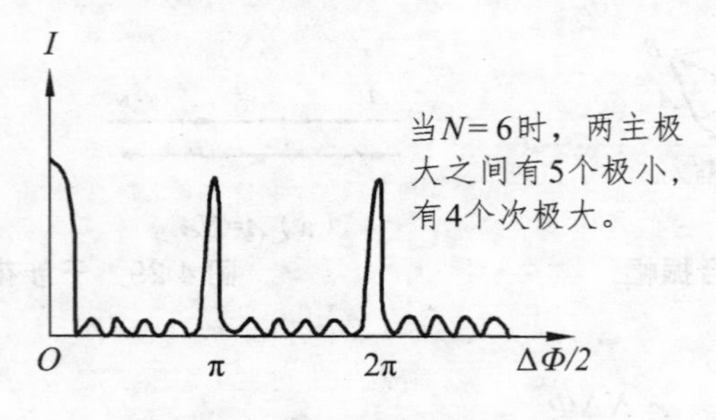

图 4.30　多光干涉光强分布图

4.6 干涉现象的应用

干涉的意义在于它能将不可直接探测的有关光波或其他方面的微小、迅变的信息（如波长、频率、相位差、长度、厚度、角度、介质等），用可以直接探测的、宏观的、稳定的现象（如干涉图样及变化）反映出来。关于干涉现象的许多应用，都是与此有关的。在本节中，我们将对干涉现象的应用作一小结。

4.6.1 测量微小的角度、长度及长度的微小改变

利用各种干涉装置，都可以测定入射光波的波长。

利用尖劈形薄膜，可以测量尖劈角 θ，测量细丝直径或薄纸的厚度。

利用双缝、劈尖、迈克耳孙等干涉装置中干涉条纹的变动，可以测量介质及长度、厚度的微小变化。

4.6.2 检查光学表面的质量

光学元件如平面镜、棱镜、透镜的表面，要求与几何平面、球面相差不超过光波长的几分之一，这种高精度检查，可以利用薄膜干涉来实现。

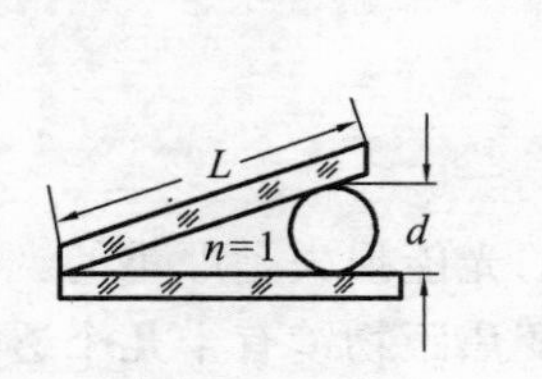

（a）细丝直径 $d=\frac{L\lambda}{2l}$

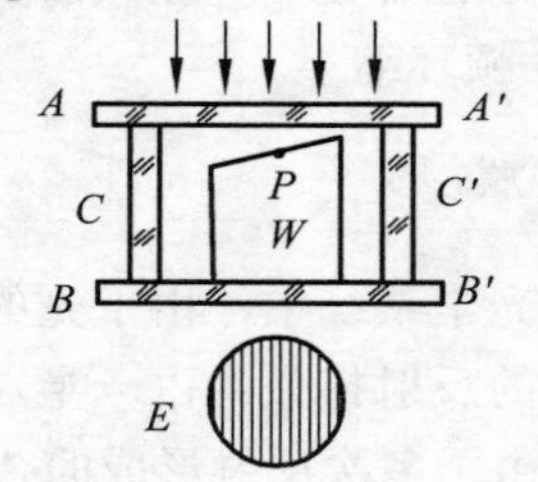

（b）干涉膨胀仪　空气厚度改变值 $\Delta H=N\cdot\frac{\lambda}{2}$

图 4.31　测量长度、厚度微小改变

利用劈尖干涉装置可检查平面表面。如图 4.32（a）所示，B 的上表面为待检表面，A 的下表面为标准平面。用单色光垂直照射，若待检平面也是理想平面，则干涉条纹是一组平行直条纹，如果待检平面有凹凸部分，则干涉条纹将发生弯曲，根据弯曲的方向与程度可以判断待检平面的凹凸的情况与程度。如图 4.32（b）所示的干涉条纹表示待检平面 P 点有一凹区，其深度

$$\Delta h'=\frac{\Delta h}{l}l'$$

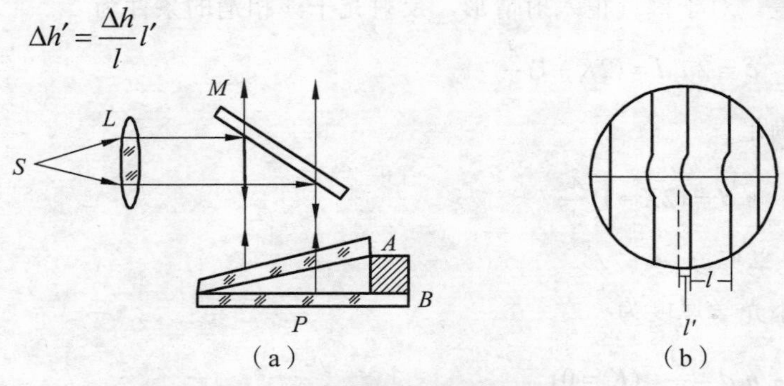

（a）　　（b）

图 4.32　测量待检平面凹凸情况

利用牛顿环装置可快速地检验透镜曲面是否合格，这在光仪厂中是很有用的。如图 4.33 所示，L 为正在加工的镜片，将标准件（玻璃验规）G 盖在 L 上面，两者之间形成一空气膜，可以观察到牛顿环。环数越多，说明加工的球面与标准面相差越大。为了进一步判断待检球面曲率半径是过大还是过小，则可以在验规上轻轻加压。这对于曲率半径过小情况［见图 4.33（a）］，牛顿环将扩大；而对于曲率半径较大的情况［见图 4.33（b）］，牛顿环将缩小。（试着解释其原因）

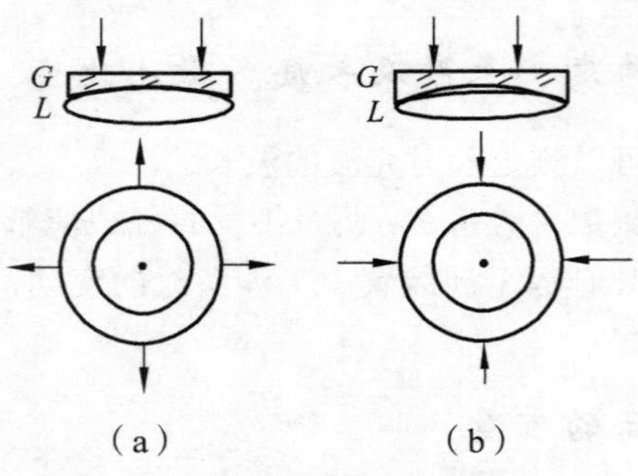

图 4.33　检验透镜曲面

图 4.33 检验球表面加压时，空气膜变薄，条纹往空气膜变厚的方向移动，故图（a）牛顿环扩大，图（b）牛顿环缩小。

4.6.3　增透膜

在比较复杂的光学系统中，由于光的反射引起的光能损失是严重的。由六个透镜组成的照相机镜头，光能的反射损失约占一半左右，一个变焦距物镜有十几个透镜，光能的损失就更为严重。此外，由于多次反射形成的杂散光，也会严重影响光学系统的成像质量。

在光学仪器中，为了减少反射损失，常在光学表面（如透镜、棱镜表面）镀制一层极薄的透明薄膜，利用光的干涉原理使反射光干涉相消来减少反射，从而增加透射光的能量。这层透明薄膜称为增透膜。常用的增透膜材料为氟化镁（MgF_2），它的折射率为 n=1.38，介于空气和玻璃（n≈1.5）之间，如图 4.34 所示。

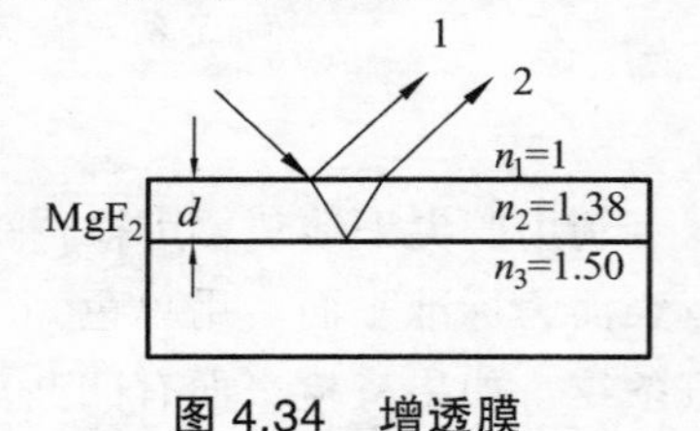

图 4.34　增透膜

下面来计算对波长为 λ 的入射光，MgF_2 作为增透膜的最小厚度。因为 $n_1 < n_2 < n_3$，两反射光无附加光程差。对于接近正入射情形，反射光干涉相消的条件为

$$\delta = 2n_2 d = (2K+1)\frac{\lambda}{2}$$

即薄膜厚度必须满足

$$n_2 d = (2K+1)\frac{\lambda}{4}$$

$n_2 d$ 称为薄膜的光学厚度。

增透膜的最小光学厚度为

$$n_2 d = \frac{\lambda}{4} \quad (K=0)$$

增透膜的最小厚度为

$$d_{\min}=\frac{\lambda}{4n_2}\quad (K=0) \tag{4.38}$$

由于增透膜与入射光波波长有关，所以对于不同波长的单色光，增透膜的厚度是不同的。为了增强透射光的光能，还常采用镀多层介质膜的办法。

同理，利用反射光的干涉相长可制成增反膜。与增透膜作用相反，一些光学元件要求有良好的反射效果，同样可在元件表面镀上一层介质薄膜，利用反射光干涉相长的原理，增强对某一光谱区域的光反射能力，这种膜叫增反膜，它用在反射镜上，常为多层膜。例如，氦氖激光器光学谐振腔两端的反射镜，就是镀了十多层的反射膜，它能使波长 632.8 nm 的光反射率高达 99.9%。

此外，还有分光膜、冷光膜、干涉滤色片等，也是利用光的干涉原理创成，干涉的作用使光能重新分布。

4.7 光源的相干性

光源的相干性是一个很重要的问题。所谓相干性，也就是指空间任意两点的光振动之间相互关联的程度。

光源的相干性可分为**时间相干性和空间相干性两类**。

在薄膜干涉中（见图 4.35），入射波列在上表面分成两个分波列，反射的分波列 a_1 先进入原介质，另一分波列 a_2 经下表面反射再经上表面折射而进入原介质时，a_1 已走在 a_2 的前面。如果这两个分波列能够有一部分重叠，则它们之间就能够产生干涉，相应的两个光振动是互相关联的。如果光程差太大，以致当 a_2 进入原介质时，a_1 已经通过，而与 a_2 相遇的是另一个反射分波列 b_1，则它们之间就无法产生干涉，相应的两个光振动是完全没有关联的，也就是完全非相干光。

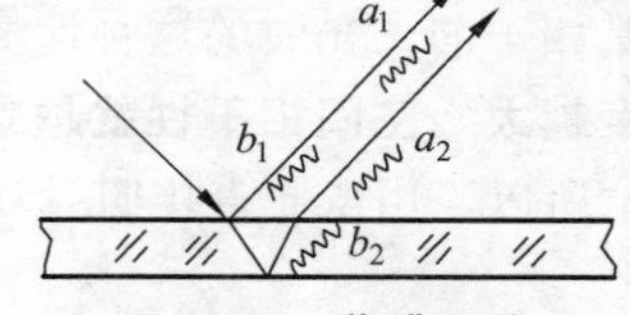

图 4.35 薄膜干涉

可见，要保证两束光为相干光，归根到底是应使同一个原子光波列分为两个部分，而且使它们经不同光程后再会合。这样的两束光初相位相同，其相位差又仅由光路决定，从而能保持恒定，也就能够发生干涉。

显然，要使被分开的同一原子光波列的两部分重新会合，两束光的光程差就不能超过原子光波列本身的空间长度。若设波列长度为 l_0，而光程差为 δ，则只有当 $l_0>\delta$ 时才能产生干涉现象。故**原子光波列的长度 l_0 又称为相干长度**。

相干长度与光源中原子的发光持续时间有关。实际上，相干长度就是在光源原子持续发光时间内，光在真空中所走过的路程，即

$$l_0=C\Delta t$$

Δt 称为相干时间。**光源的相干长度越长，也就是光源原子持续发光时间越长，其相干性就越好**。光源的这种相干性称为**时间相干性**，相干时间与相干长度是光源时间相干性的量度。普通光源的相干长度很小，只有毫米、厘米的数量级，白光的相干长度只有微米的数量级，而激光的相干长度可达数十米甚至数百千米。因此激光器是时间相干性很好的光源。

通常光源都有一定的尺度，对于这种有一定尺度的扩展光源而言，还有空间相干性问题。

以杨氏双缝为例，如果将缝 S 加宽，干涉条纹的清晰度就会下降，甚至干涉消失。特别是移除开有狭缝 S 的屏，直接用普通光源照射双缝，此时完全看不见干涉条纹，这说明光源的尺度对干涉有重要影响。下面作具体解释。

设如图 4.36 所示，用宽度为 b 的面光源直接照射双缝 S_1 和 S_2。为便于分析，可将面光源看作是垂直于纸面的线光源排列组成，这些线光源的光彼此是非相干光，在通过双缝后都各自产生一套干涉条纹，各套干涉条纹间距相同，而又彼此错开。如果上边缘处的线光源 A 所产生的干涉条纹正好与下边缘 B 处所产生的干涉条纹正好错开半个条纹，如图中右边曲线所示，则屏幕上强度到处相同，可见度降为零。可见，当双缝间距固定以后，要想看到干涉条纹，光源的宽度就要有一定的限制。可以证明，a、b、d 三者必须满足

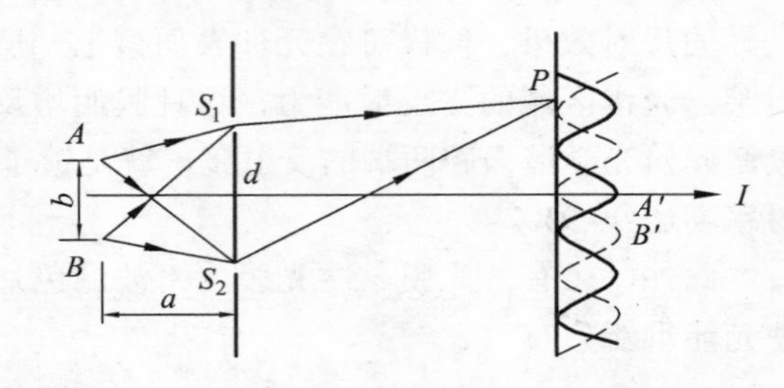

图 4.36　杨氏双缝干涉

$$b=\frac{a}{d}\lambda,\ d=\frac{a}{b}\lambda$$

上两式表明，在 a 一定的条件下，光源 S 越宽要求 S_1 和 S_2 两缝越靠近才能观察到干涉现象。这就是杨氏双缝实验中为什么也要求 S 为狭缝的原因。

从更普通的角度来理解上述事实，即对于具有一定尺度的光源来说，它所发出的光波波阵面上，沿垂直于波线方向不是任意两处的光都能产生干涉，只有来自两点距离小于 $\frac{a}{b}\lambda$ 的光才是相干的，光波的这种性质称为空间相干性。显然，点光源具有好的空间相干性。**而光源尺度越大，空间相干性就越差**，当然这是就普通光源来说的。对于激光光源，其空间相干性好，所以，用激光直接照射双缝（无需另加狭缝 S），也能得到很清晰的干涉条纹。

【小　结】

光的干涉现象是光的波动性的有力证据。

1. 本章内容方框图（见图 4.37）

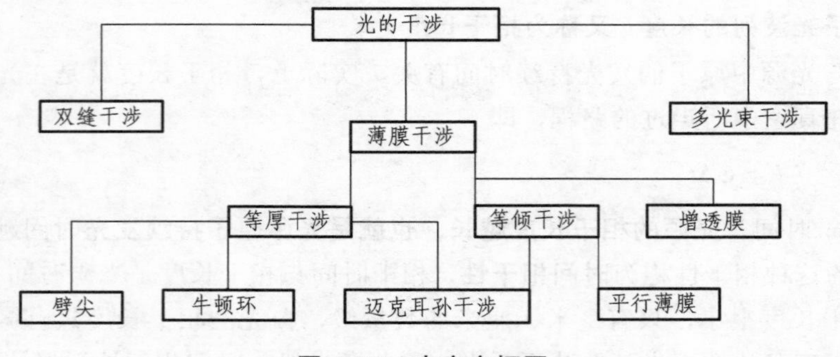

图 4.37　内容方框图

2．三种干涉装置的比较表（见表 4-1）

表 4-1

名称	双缝干涉	劈　尖	牛顿环
装置图	S_1　d　θ　S_2　D　P	n_1　n_2　h　θ　n_3	n_2　n_1　r　h　n_1　O
干涉花样		Δl　Δh　θ	
光程差	$\delta = d\sin\theta \approx d\dfrac{y}{D}$	$\delta = 2n_2h + \dfrac{\lambda}{2}$	$\delta = 2h + \dfrac{\lambda}{2}$
计算公式	$y_{明} = \dfrac{D}{d}K\lambda$，$K = 0,\pm1,\pm2,\cdots$ $y_{暗} = \dfrac{D}{d}(2K+1)\dfrac{\lambda}{2}, K = 0,\pm1,\pm2,\cdots$ $\Delta y = \dfrac{D}{d}\lambda$	$h = (K-\dfrac{1}{2})\dfrac{\lambda}{2n_2}$，$K = 1,2,3,\cdots$ $h = K\dfrac{\lambda}{2n_2}$，$K = 0,1,2,\cdots$ $\Delta h = \dfrac{\lambda}{2n_2}$，$\Delta l = \dfrac{\lambda}{2n_2\theta}$	$r_{明} = \sqrt{\left(K-\dfrac{1}{2}\right)R\lambda}$，$K = 1,2,3,\cdots$ $r_{暗} = \sqrt{KR\lambda}$，$K = 0,1,2,\cdots$ $\lambda = \dfrac{r_{k+m}^2 - r_k^2}{mR}$

3．例　题

例 4-11　将焦距为 5 cm 的薄凸透镜 L 沿直径方向剖开，分成上、下两部分 L_A、L_B，并将它们垂直对称轴各平移 0.01 cm，其间空隙用厚度为 0.02 cm 的黑纸片镶嵌，这一装置称为比累对切透镜（见图 4.38）。若将波长为 632.8 nm 的点光源 P 置于透镜左方对称轴上 10 cm 处，透镜右方 a=110 cm 处置一光屏 D。

（1）试分析成像情况，如果成像不止一个，试计算像点间距离。

（2）试分析光屏 D 上能否观察到干涉花样，若能观察到，试问相邻两亮纹的间距将是多少？

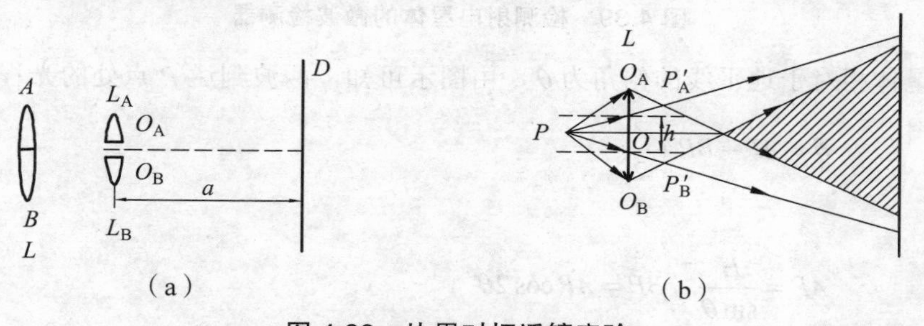

图 4.38　比累对切透镜实验

解：（1）如图 4.38（a）所示，此种透镜可以看作两个挡掉一半的透镜 L_A 和 L_B 构成，其对称轴为 PO，但主轴和光心却发生了上、下平移。对于透镜 L_A，其光心移到 O_A 处，而主轴上移 0.01 cm；对于透镜 L_B，其光心移到 O_B 处，而主轴下移 0.01 cm。由于物距和焦距均不变，故通过 L_A、L_B 所成的两个像点 P'_A、P'_B 的像距相同。根据物像公式

$$\frac{1}{S'}-\frac{1}{S}=\frac{1}{f'}$$

将 $S=-10\ \text{cm}$，$f'=5\ \text{cm}$ 代入后得

$$S'=10\ \text{cm},\quad \beta=\frac{y'}{y}=\frac{S'}{S}=-1$$

故 $$y'=-y=\pm 0.01\ \text{cm}$$

两像点间的距离为

$$P_{\text{A}}P_{\text{B}}=d=2|y'|+h=0.02+0.02=0.04\ (\text{cm})$$

（2）由于实像 P_{A}' 与 P_{B}' 构成一对相干光源，在两束光的交叠区域内将发生光的干涉现象，光屏 D 置于交叠区域内，故屏上呈现干涉花样。按杨氏干涉规律，两相邻亮纹的间距为

$$\Delta y=\frac{D}{d}\lambda$$

将 $D=a-S'=110-10=100\ \text{cm}$，$d=0.04\ \text{cm}$ 和 $\lambda=632.8\times10^{-7}\ \text{cm}$

代入上式，得

$$\Delta y=\frac{100\times632.8\times10^{-7}}{0.04}=0.158\,2\ \text{cm}=1.582\ \text{mm}$$

在观察屏 D 上呈现双缝干涉花样。

例 4-12 一微波检测器安装在湖滨高出水面 0.5 m 处。当一颗发射 21 cm 波长的单色微波射电星体徐徐自地平面升起时，检测器指示出一系到信号强度的极大和极小，问在第一个极大出现时，射电星体相对于地平线的俯角为多少？

解： 如图 4.39 所示，可视射电星体在无限远处，由它发射的微波一部分直接到达微波检测器 P 处，另一部分经水面反射后到达 P 点，两波相遇产生干涉。

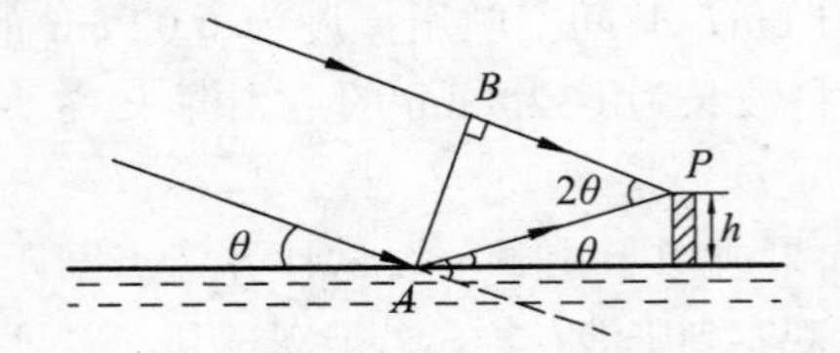

图 4.39　检测射电星体的微波检测器

设射电星体相对于地平线的俯角为 θ，由图示可知，两波到达 P 点处的光程差为

$$\delta=AP-BP+\frac{\lambda}{2}$$

因为

$$AP=\frac{H}{\sin\theta},\quad BP=AP\cos2\theta$$

所以

$$\delta=\frac{H}{\sin\theta}(1-\cos2\theta)+\frac{\lambda}{2}$$

又

$$1-\cos2\theta=2\sin^2\theta$$

则

$$\delta = 2H\sin\theta + \frac{\lambda}{2}$$

令

$\delta = 2H\sin\theta + \frac{\lambda}{2} = \lambda$ 时，

有

$$\sin\theta = \frac{\lambda}{4H}$$

因为θ很小，故

$$\theta \approx \sin\theta = \frac{\lambda}{4H}$$

将 $\lambda = 21\,\text{cm}$，$H = 0.5\,\text{m} = 50\,\text{cm}$ 代入得

$$\theta = \frac{21}{4\times 50} = 0.105\,(\text{rad}) = 6.02°$$

例 4-13 把折射率 n=1.40 的薄片放入迈克耳孙干涉仪的一臂时，如果由此产生了 7 条条纹移动，求膜厚。

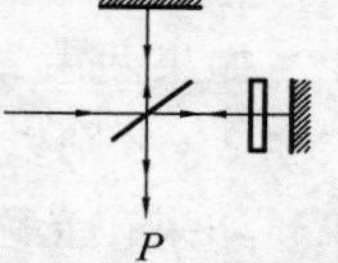

图 4.40 实验光路图

解： 如图 4.40 所示，在一臂中放入薄片后，将引起该光路中光程发生变化，从而影响两相干光在相遇区域内的光程差，因而条纹发生移动，设薄片厚度为 d，入射光波长为 λ。

在观察点 P 处，放入薄片前的光程差 $\delta_1 = K\lambda$，放入薄片后，两光在该处的光程差为 $\delta_2 = (K+7)\lambda$，因 $\delta_2 - \delta_1 = \Delta\delta = 2(n-1)d$（注意光穿过薄片两次），故放入薄片后，点 P 处光程差的变化量为

$$\delta_2 - \delta_1 = \Delta\delta = 2(n-1)d$$

又

$$\delta_2 - \delta_1 = 7\lambda$$

有

$$2(n-1)d = 7\lambda，d = \frac{7\lambda}{2(n-1)} = \frac{7\lambda}{2(1.40-1)} \doteq 8.7\lambda$$

例 4-4 垂直入射的白光从空气中肥皂水薄膜上反射，在可见光谱中 600 nm 处有一个干涉最大，而在 450 nm 处有一干涉最小，在这最大与最小之间没有另外的最小。假定膜的厚度是均匀的，折射率为 1.33，问膜的厚度至少有多厚？

解： 由于两束反射光的光程差公式为

$$\delta = 2n_2 h + \frac{\lambda}{2}$$

所以对于 $\lambda_1 = 600\,\text{nm}$ 的光，干涉最大满足

$$2n_2 h + \frac{\lambda_2}{2} = K_1\lambda_1 \tag{1}$$

对于 $\lambda_2 = 450\,\text{nm}$ 的光，干涉最小满足

$$2n_2h+\frac{\lambda_2}{2}=(2K_2+1)\frac{\lambda_2}{2} \tag{2}$$

由（1）、（2）两式联合解出

$$K_2=\frac{\lambda_1}{\lambda_2}\left(K_1-\frac{1}{2}\right)=\frac{4}{3}\left(K_1-\frac{1}{2}\right)$$

因此，当 $K_1=1$ 时，$K_2=\frac{2}{3}$，这个值不满足整数条件。然而，当 $K_1=2$ 时，$K_2=2$，将 $K_2=2$ 代入（2）有

$$h=\frac{K_2\lambda_2}{2n_2}=\frac{2\times450\times10^{-6}}{2\times1.33}=3.4\times10^{-4}\ (\text{mm})$$

所以膜的厚度至少有 3.4×10^{-4} mm 厚。

【思考题】

4.1 有人说，只有相干光才能产生叠加，非相干光不会叠加，你认为对吗？为什么？

4.2 如果两束光是相干的，在两束光重叠处总光强如何计算？如果两束光是不相干的，又怎样计算？（分别以 I_1 和 I_2 表示两束光的强度）

4.3 如果在光路中插入一块厚度为 d、折射率为 n 的玻璃片，问光程改变了多少？

4.4 如果有两束相干光的振幅比为 1∶2，那么它们相干叠加后产生干涉条纹的可见度为多少？

4.5 将杨氏实验装置由空气中移到水中，干涉条纹将发生什么变化？

4.6 把一透镜切成两半，并微微拉开，在缝隙处用一小遮光板挡住。如图 4.41 所示，图中 S 为点光源，OF 为透镜焦距。试说明这一装置可等效为杨氏双缝干涉装置，并用作图法画出两个等效光源的位置，标出相干光束重叠发生干涉的区域。

4.7 在杨氏双缝中，若把缝 S_2 挡住，并在两缝中垂面上放置一块平面反射镜 M（见图 4.4），问屏幕上的干涉条纹将发生什么变化？并在图上标明能观察到干涉条纹的区域。

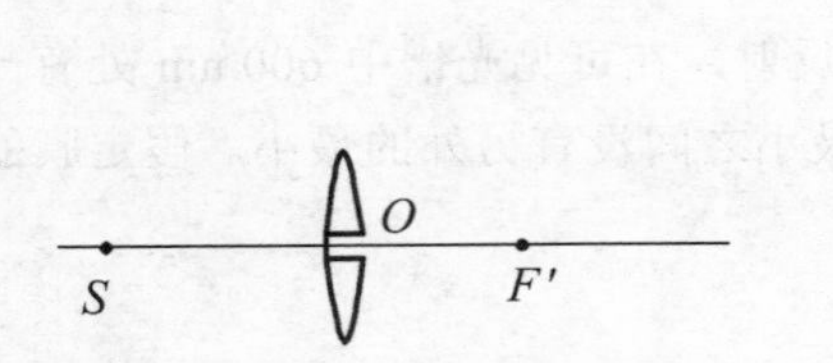

图 4.41 等效杨氏双缝干涉装置

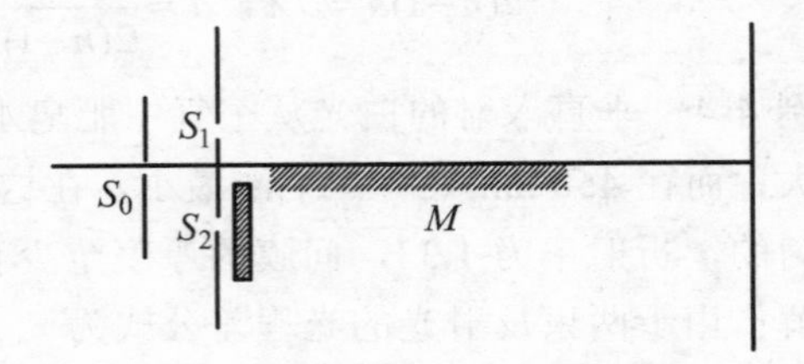

图 4.42 杨氏双缝实验

4.8 观察肥皂液膜的干涉时，先看到彩色图样，然后图样随膜厚的变化而改变，当彩色图样消失呈现黑色时，肥皂膜破裂，为什么？

4.9 用两块平玻璃构成的劈尖观察等厚条纹时（见图 4.43），若把劈尖上表面向上缓慢地平移，干涉条纹有什么变化？若把劈尖角逐渐增大，干涉条纹又有什么变化？

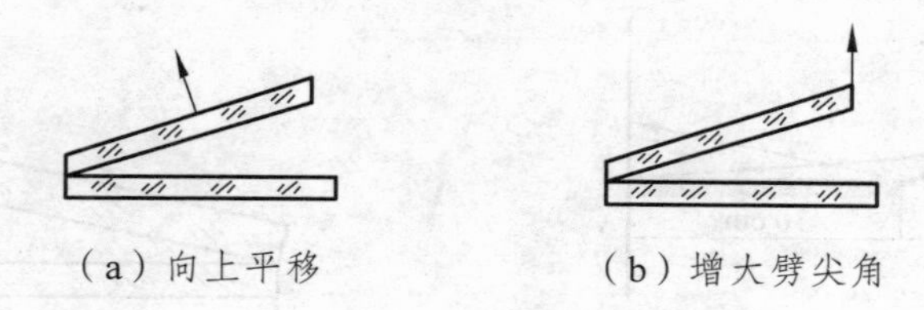

(a) 向上平移　　　　(b) 增大劈尖角

图 4.43　尖劈实验

4.10 窗玻璃也是透明介质，为何不见阳光在窗玻璃上的干涉条纹？而阳光照射下的玻璃裂缝却出现彩色干涉条纹，为什么？

4.11 一牛顿环干涉装置各部分折射率如图 4.44 所示。试大致画出反射光的干涉条纹分布。

4.12 使平行光垂直入射如图 4.45 所示的上表面来观察等厚条纹。试画出反射光的干涉条纹，并标出条纹的级次（只画暗纹）。

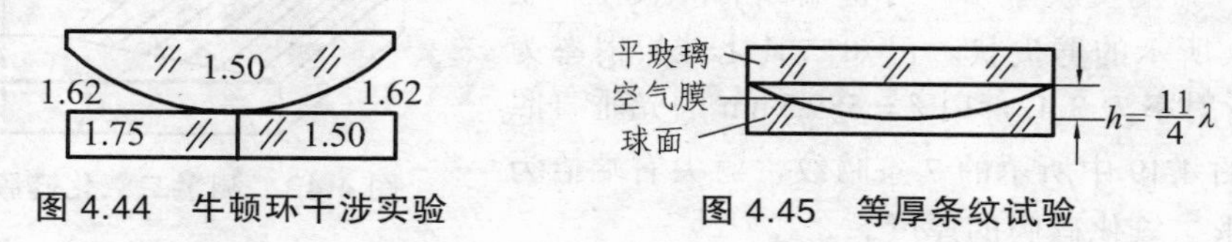

图 4.44　牛顿环干涉实验　　　　**图 4.45　等厚条纹试验**

4.13 将牛顿环装置的平凸透镜向上平移，干涉条纹将发生什么变化？

【习　题】

4.1 杨氏双缝实验装置中双缝间距为 0.2 mm，双缝与观察屏相距 1 m。（1）测得干涉条纹间隔为 3.29 mm，求所用光的波长。（2）入射光中含有 400 nm、500 nm、600 nm 三种波长的光，求出三种波长光的条纹间距。

4.2 在双缝实验中，已知缝间距离为 0.7 mm，入射光波长为 600 nm，观察屏和缝的距离为 5 m，求屏上的条纹间距。如果把整个装置放入水中（n=1.33），结果如何？

4.3 汞灯发出的光通过一绿光滤光片后照射相距为 0.6 mm 的双缝，观察 2.5 m 远处屏上的干涉条纹，测得两个第五级明纹间的距离为 20.43 mm，求入射光波长？

4.4 在杨氏双缝装置中，用一块薄云母片挡住其中一条缝，发现第七条明纹移到原中央明纹处。已知云母折射率为 1.58，入射光波长为 550 nm，求云母片厚度。

4.5 如图 4.46 所示的装置为菲涅耳双棱镜，顶角 A 很小，狭缝光源 S_0 发出的光通过双棱镜以后分成两束，好像直接来自虚光源 S_1 和 S_2。由几何光学可知，它们的距离为 $d=2aA(n-1)$，其中 n 为棱镜材料的折射率。若 n=1.5，$\angle A=6'$，狭缝 S_0 到棱镜距离 a=20 cm，棱镜与屏距离 b=2 m，用波长为 500 nm 的绿光照射，求干涉条纹间距。

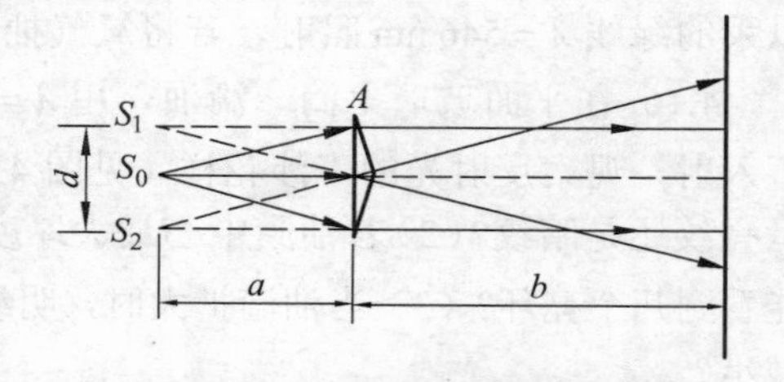

图 4.46　菲涅耳双棱镜实验

4.6 在洛埃镜装置中（见图 4.47），狭缝光源 S_0 和它的虚像 S_1 在镜左边 20 cm 处，镜长 30 cm，在镜右侧边缘处放置一毛玻璃片。如 S_0 到镜面的垂直距离为 2.0 mm，使用波长为 720 nm 的红光，试计算干涉条纹的间距以及屏上的条纹数。

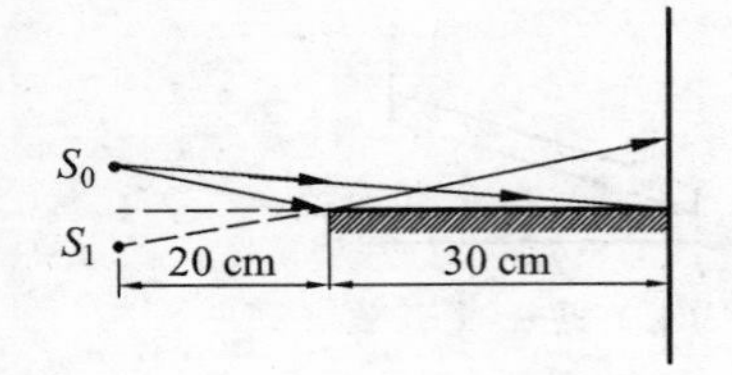

图 4.47　洛埃镜实验

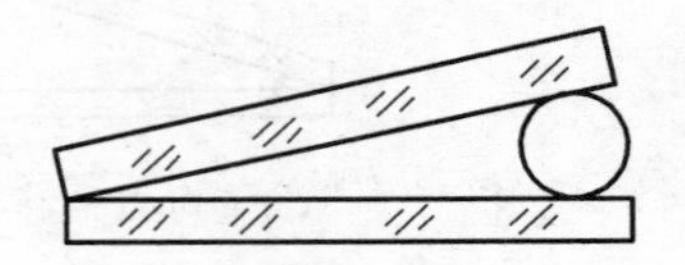

图 4.48　测量金属丝直径

4.7 为了测量金属丝直径，可把它放在两块平晶的一端形成一空气劈尖（见图 4.48），用 $\lambda = 589.3\ \text{nm}$ 的单色光垂直入射，测得干涉条纹间距为 4.295×10^{-3} mm，金属丝到劈尖顶点距离为 2.888×10^{-2} m，求细丝直径。

4.8 制作半导体元件时，常需在硅片上生成一层二氧化硅薄膜，为测量膜厚 d，可将端部的二氧化硅制成如图 4.49 所示的劈尖状。已知二氧化硅折射率为 1.46，硅的折射率为 3.42，用 $\lambda = 589.3\ \text{nm}$ 的光垂直照明，观察到图 4.49 中所示的 7 条暗纹，劈尖右端恰为一条暗线，求二氧化硅膜的厚度。

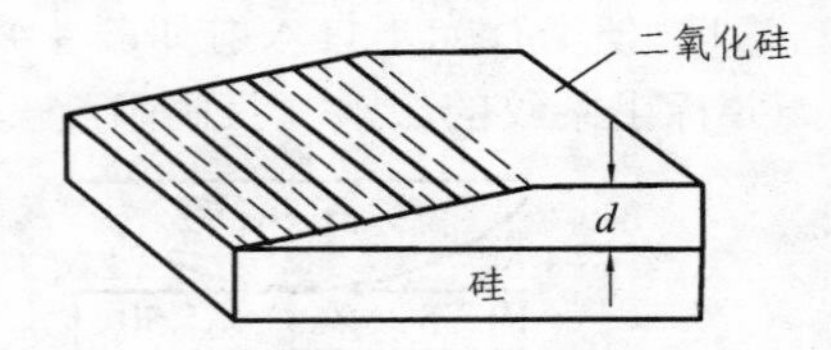

图 4.49　测量二氧化硅膜的厚度

4.9 用单色光观察牛顿环，测得某一级亮环直径为 3 mm，在它外面第五个亮环直径为 4.6 mm，若单色光波长为 590 nm，求组成牛顿环的平凸透镜的球面曲率半径。

4.10 在牛顿环实验中，若在空气层中充以某种液体，测得某一亮环的直径由 1.40 cm 变为 1.27 cm，求该液体的折射率。

4.11 在太阳光下观察肥皂液薄膜（n=1.33）的反射光，沿与肥皂膜法线成 45°角的方向观察，薄膜呈绿色（$\lambda = 547\ \text{nm}$）。（1）求膜的最小厚度；（2）若垂直注视，膜呈现什么颜色？

4.12 一束平面单色光垂直照射到厚度均匀的薄油膜上，而油膜覆盖在玻璃片上。已知油的折射率为 1.30，玻璃的折射率为 1.50。若单色光波长连续可调，观察到 500 nm 与 700 nm 这两个波长的光在反射光中相继消失。（1）试求油膜厚度；（2）哪些波长的光在透射光中消失。

4.13 用迈克耳孙干涉仪可以测定单色光波长。当 M_1 移动 Δd =0.322 mm 时，中心处圆环消失 1 024 个，求该光波长。

4.14 迈克耳孙干涉仪的平面反射镜面积为 $4\times4\ \text{cm}^2$。观察到在该镜面上有 20 个条纹，若入射光波长为 589.3 nm，问 M_1 与 M_2' 之间夹角为多少？

4.15 在迈克耳孙干涉仪的一个光路中放入长 20 cm 的玻璃管，中间充以 1 个大气压氧气，以汞的绿线 $\lambda = 546\ \text{nm}$ 照射。若将氧气抽出，观察到条纹移动 205 条。试求氧气的折射率。

4.16 在平面玻璃上滴一滴油，用 $\lambda = 600\ \text{nm}$ 的单色光垂直入射，观察反射光的干涉花样（见图 4.50）。（1）油膜边缘呈亮纹还是暗纹？（2）若油膜中心最大厚度 $h_m = 1.2\times10^{-3}$ mm，能看到几个亮环？（3）当油滴扩大时，明纹的间距是增大还是减小？

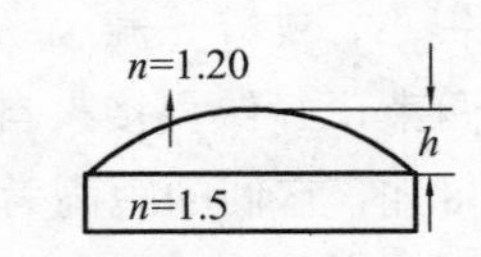

图 4.50　平面玻璃滴一滴油

4.17 在透镜表面镀一层 MgF_2（n=1.38）作为增透膜，为了使透镜在可见光谱中心（550 nm）处产生极小的反射，膜层至少要多厚？

4.18 为了测量一光学平面的不平度，将一平晶放在待测平面上使其形成一空气尖劈［见图 4.51（a）］。用 $\lambda = 500\ \text{nm}$ 的单色光垂直照射，观察到的反射光干涉条纹如图 4.51（b）所示。

问：（1）不平处是凸的还是凹的？（2）设条纹间距 $l = 2\text{ mm}$ 。条纹最大弯曲处与该条纹相距 $f = 0.8\text{ mm}$ ，求不平处的深度。

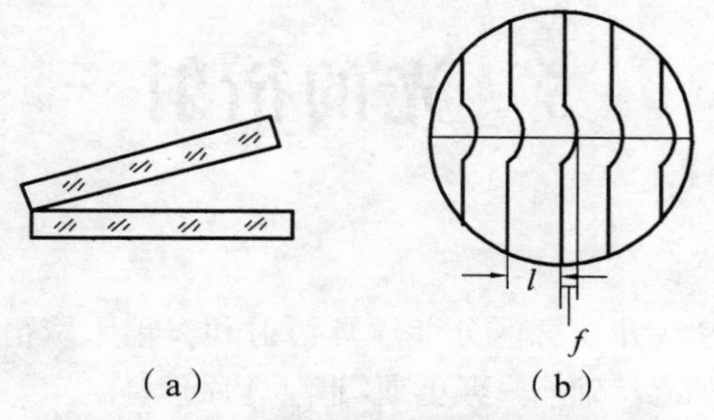

图 4.51　测量光学平面的不平度

4.19 将焦距为 5 cm 的薄凸透镜 L 的中央部分 C 截去，C 的宽度为 0.02 cm，把余下 A、B 两部分再胶合起来，并在对称轴上，在透镜左方 10 cm 处置一波长为 632.8 nm 的点光源，透镜右方 a=110 cm 处置一光屏 D（见图 4.52），（1）试分析成像情况；（2）分析光屏 D 上能否观察到干涉花样，若能观察到，试问相邻两亮纹的间距将是多少？

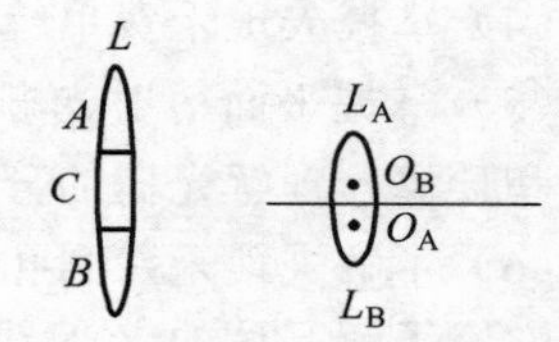

图 4.52　薄凸透镜实验

4.20 一艘船在 25 m 高的桅杆上装有一天线，向位于海平面上 150 m 高悬崖顶的接收站发射波长 2～4 m 的无线电波，当船驶至离悬崖脚 2 km 时，失去了无线电联系，问所用无线电波长。（假定海平面反射无线电波）

【阅读材料】

托马斯 · 杨（1773—1829 年）

光波动理论的建立，经过了许多科学家的努力，但是特别需要纪念的是托马斯 · 杨和菲涅耳。

在整个 18 世纪，光的波动说处于停滞状态，光的微粒说占统治地位。托马斯 · 杨的工作，使光的波动说重新兴起，并且第一次测量了光的波长，提出了波动光学的基本原理。

托马斯 · 杨是一位英国医生，曾获得医学博士学位。他天资聪颖，有神童之称。他兴趣广泛，勤奋好学，是一位多才多艺的人。他在英国著名医学院学习生理光学专业，曾发表《对视觉过程的观察》一文。在哥根廷大学学习期间，受德国自然学派的影响，开始怀疑微粒说，并钻研惠更斯的论著。学习结束后，他一边行医，一边从事光学研究，逐渐形成了他对光本质的看法。

1801 年，他巧妙地进行了一次光的干涉实验即著名的杨氏双孔干涉实验，在他发表的论文中，以干涉原理为基础，建立了新的波动理论，并成功地解释了牛顿环，精确地测定了波长。1803 年，杨把干涉原理用于解释衍射现象。

托马斯 · 杨的理论，当时受到一些人的攻击，而未能被科学界理解和承认。在将近 20 年后，当菲涅耳用他的干涉原理发展了惠更斯原理，提出了惠更斯-菲涅耳原理，并取得了重大成功后，杨的理论才获得应有的地位。

5　光的衍射

【教学要求】

（1）了解光的衍射现象，并注意区分菲涅耳衍射和夫琅禾费衍射。

（2）理解衍射现象的理论基础——惠更斯-菲涅耳原理。

（3）了解菲涅耳圆孔衍射轴上光强分布的特点、波带片的原理和应用。

（4）掌握夫琅禾费单缝衍射的光强分布规律及意义。

（5）掌握平面衍射光栅的基本原理和应用。掌握光栅方程、缺级条件和谱线半角宽度的概念和计算，理解光栅的分光原理和分辨本领。

（6）了解夫琅禾费圆孔衍射光强分布的特点，掌握艾里斑的半角宽度公式。

（7）了解晶体的 X 射线衍射布拉格方程 $2d\sin\theta = j\lambda$ 的意义。

（8）理解瑞利判据，分辨极限和分辨本领的概念。

（9）掌握人眼、放大镜、望远镜和显微镜分辨本领的计算。了解望远镜和照相机相对孔径、数值孔径的意义。

衍射是各种波的又一特征。光作为一种电磁波也会产生衍射。在光学特别是在近代光学中，衍射理论比干涉理论具有更重要的意义，衍射理论是光波传播过程的一般理论。通过衍射理论发现，几何光学只是波动光学在波长趋于零时的极限；衍射理论还是信息光学的理论基础；在实际应用方面，它又是光学仪器的分辨本领和光栅应用的理论基础。

5.1　光的衍射现象　惠更斯-菲涅耳原理

5.1.1　光的衍射现象

波的衍射在日常生活中到处可见。例加声音可以绕过窗户而进入室内，无线电波可以绕过山丘而到达山背后的地区，水波可以绕过桥洞而向桥洞后两侧传播，……。这些现象表明，波在其传播路径上如果遇到障碍物，它能绕过障碍物的边缘而进入几何阴影区传播。这种现象就称为波的衍射。

在实验室内可以很容易通过如图 5.1 所示实验看到光的衍射现象。

在如图 5.1（a）所示的实验中，*S* 为一单色点光源，*G* 为一遮光屏，上面开了一个直径 d=0.1 mm 的小孔，则在观察屏 *H* 上会出现明暗相间的圆环。如果将遮光屏拿走，换上一个与圆孔大小相当的不透光的小圆板，则在屏上可以看到在圆板阴影的中心是一个亮斑，周围也有一些圆环，如图 5.1（b）所示。如果用针或细丝替换小圆板，则在屏上可以看到在阴影周围有明暗直条纹出现。

在如图 5.1（c）所示的实验中，遮光屏 *G* 上开了一条宽度为十分之几毫米的狭缝，并在缝的前后放两个透镜，线光源 *S* 和观察屏分别置于这两个透镜的焦平面上。这样入射到狭缝的光就是平行光，光透过它后又被透镜会聚到观察屏 *H* 上。实验中发现，屏 *H* 上的亮区也比狭缝宽了许多，而且是由明暗相间的许多平直条纹组成的。

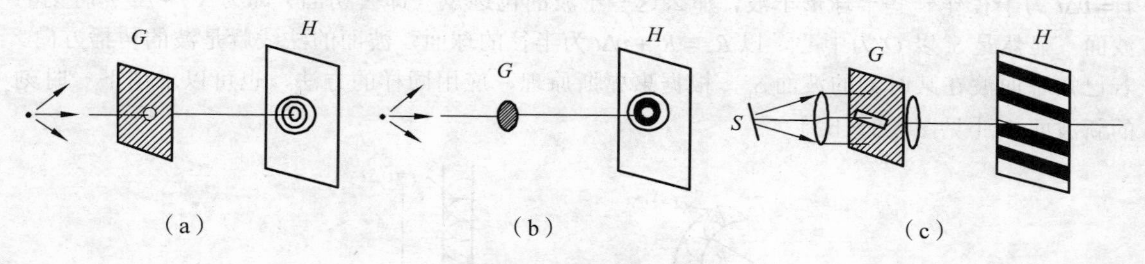

图 5.1　光的衍射现象

以上实验都说明了光能产生衍射现象。**光波绕过障碍物的边缘，偏离直线传播的现象，称为光的衍射**。

用肉眼也可以观察到光的衍射现象。如果你眯缝着眼，让光通过一条缝进入眼内，当你看远处发光的路灯时，就会看到它向上、向下发出长的光芒。这是光通过细缝衍射在视网膜上产生的感觉。把两只圆杆铅笔并拢，使笔杆与日光灯管平行，透过两杆间的缝去看发光的日光灯，也会看到一组与灯管平行的彩色条纹。

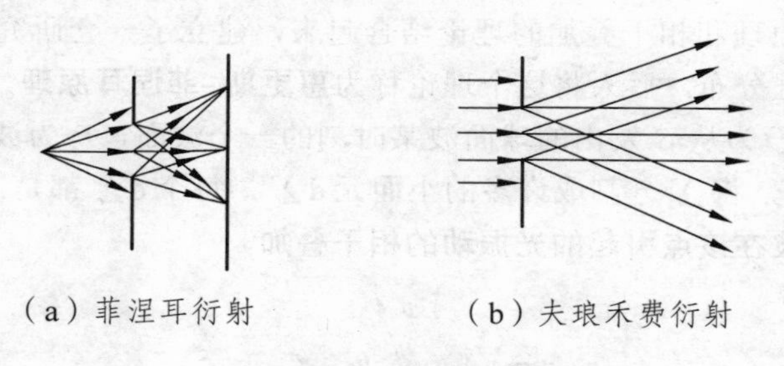

（a）菲涅耳衍射　　　　（b）夫琅禾费衍射

图 5.2　光衍射的分类

观察衍射现象，需要有光源、衍射物和观察屏，根据三者之间距离不同，通常把衍射现象分为两类。一类如图 5.2（a）所示那样，光源和观察屏（或二者之一）离开衍射物的距离有限，这种衍射称为**菲涅耳衍射**，或近场衍射；另一类是光源和观察屏都在离衍射物无限远处，这种衍射称为**夫琅禾费衍射**，或远场衍射［见图 5.2（b）］。夫琅禾费衍射处理起来比较简单。实际上所谓距离为无限远并不是绝对的，当光源、观察屏和衍射物的距离远大于衍射物的尺寸时，衍射也可近似看作是夫琅禾费衍射。在实验室中常用的装置如图 5.1（c）所示，因为两个透镜的应用，对衍射物来讲，就相当于把光源和观察屏都移到无限远处去了。由于菲涅耳衍射计算比较复杂，在本书中我们将重点讨论夫琅禾费衍射。

5.1.2　惠更斯原理

为了说明波在空间传播的机理，惠更斯提出：**在波的传播过程中，波面上的每一点都可以看成一个子波源，它发出球面子波，任意时刻这些子波的包络面就是新的波面**。应用惠更斯原理可以由某一时刻的波面位置，用几何作图的方法确定下一时刻波面的位置，从而确定传播方向。

下面以球面波和平面波为例，说明惠更斯原理的应用。如图 5.3（a）所示，若以 O 为中心的球面波以波速 v 在各向同性的均匀介质中传播，在时刻 t 的波前是半径为 R_1 的球面 S_1。根据惠更斯原理，S_1上的各点都可以看成是发射子波的波源。如果以S_1面上的各点为中心，以$r=\upsilon\Delta t$为半径作一些半球形子波，那么这些子波的包迹S_2（即公切面）即为（$t+\Delta t$）时刻的波面。显然是S_2以O为中心，以$R_2=R_1+\upsilon\Delta t$为半径的球面，波面的法线就是波的传播方向。若已知平面波在某时刻的波面S_1，根据惠更斯原理，应用同样的方法，也可以求出下一时刻的新波面S_2［见图 5.3（b）］。

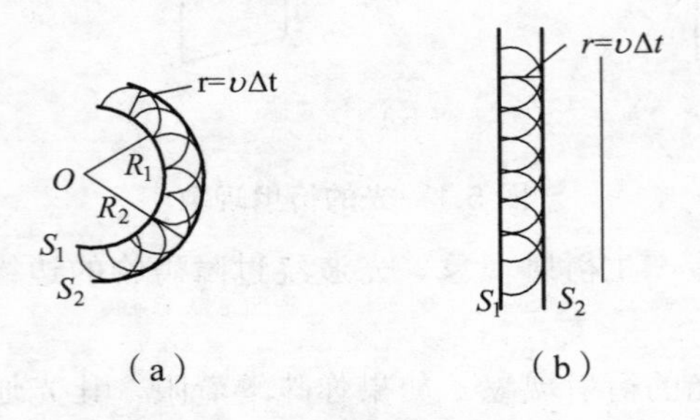

图 5.3　惠更斯原理的应用

5.1.3　惠更斯-菲涅耳原理

菲涅耳将惠更斯原理和相干叠加的理论结合起来，建立了一套研究衍射问题的理论，成功地解释了衍射的光强分布，后人将这个理论称为**惠更斯–菲涅耳原理**。

如图 5.4 所示，$\varSigma$为从S发出的球面波某时刻的一个波面，P为波面前方的任意点，为求P点的光振动$E(P)$，将$\varSigma$分割成许多的小面元$\mathrm{d}\varSigma$，每个$\mathrm{d}\varSigma$都是次波源，发出次波。P**点的光振动为所有次波在该点引起的光振动的相干叠加。**

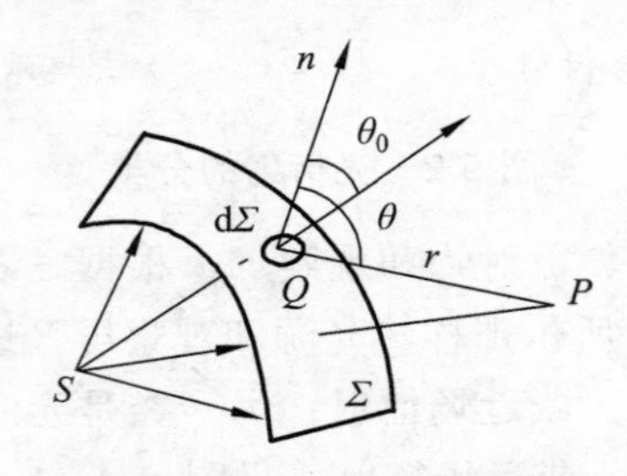

图 5.4　惠更斯-菲涅耳原理图

设$\mathrm{d}E(P)$是由$\mathrm{d}\varSigma$发生的次波在P点引起的光振动（用复振幅表示），则P点的总光振动应为

$$E(P)=\int_{\varSigma}\mathrm{d}E(P) \tag{5.1}$$

为使（5.1）式更具体化，菲涅耳假设：

（1）$\mathrm{d}E(P)\propto\mathrm{d}\varSigma$，$\mathrm{d}E(P)\propto\mathrm{e}^{ikr}/r$，$r$为面元$\mathrm{d}\varSigma$与$P$点的距离；

（2）设$E_0(Q)$为面元上的复振幅，则有$\mathrm{d}E(P)\propto E_0(Q)$；

（3）设$F(\theta_0,\theta)$为倾斜因子，其中，θ_0和θ分别是源点S和场点P相对于次波面$\mathrm{d}E$的方位角（见图 5.4），则$\mathrm{d}E(P)\propto F(\theta_0，\theta)$，对于球面波，$\theta_0=0$，故$F(\theta_0，\theta)=K(\theta)$，则（5.1）式可以写成

$$E(P)=C\iint_{\varSigma}\frac{K(\theta)}{r}E_0(Q)\mathrm{e}^{ikr}\mathrm{d}\varSigma \tag{5.2}$$

这就是惠更斯-菲涅耳原理的数学表达式。

60 多年后，基尔霍夫通过严格的证明，指出菲涅耳的设想基本上正确，只是倾斜因子不对。对于一般情形，倾斜因子应取

$$F(\theta_0, \theta) = \frac{1}{2}(\cos\theta_0 + \cos\theta)$$

不过以后我们将会看到，倾斜因子的具体形式对计算结果的影响并不大。

显然惠更斯-菲涅耳原理的提出不是为了解决光的自由传播问题，而是为了求出有障碍物时光波衍射场的分布。把波面放在衍射屏的位置上，将波面 Σ 分为透光部分 Σ_0 和不透光部分 Σ_1，则（5.2）式可表示为菲涅耳-基尔霍夫衍射公式

$$E(P) = -\frac{i}{2\lambda}\iint_{\Sigma_0}(\cos\theta_0 + \cos\theta)E_0(Q)\frac{e^{ikr}}{r}\mathrm{d}\Sigma \tag{5.3}$$

注意，这里的积分范围已改为透光部分 Σ_0。基尔霍夫还推出了（5.2）式中的常数 $C = -\frac{i}{\lambda}$。

在衍射物和接收范围均满足近轴条件时，$\theta \approx \theta_0 \approx 0$，$r \approx r_0$（$P$ 点到衍射物中心的距离），（5.3）式简化为

$$E(P) = -\frac{i}{\lambda r_0}\iint_{\Sigma_0}E_0(Q)e^{ikr}\mathrm{d}\Sigma \tag{5.4}$$

在光学课中遇到的衍射问题，多数满足近轴条件，故上式是常用的衍射公式。

5.1.4 巴俾涅原理

如果有一对衍射屏 a、b（见图 5.5），其中一个屏的透光部分正是另一个屏的遮光部分，则称此两屏为互补屏，设此两屏在场点 P 的复振幅分别为 $E_a(P)$ 和 $E_b(P)$，那么由菲涅耳-基尔霍夫衍射公式可推导出

$$E_a(P) + E_b(P) = E_0(P)$$

式中，$E_0(P)$ 是光波自由传播到场点 P 的**复振幅**。**（5.5）式称为巴俾涅互补原理**，它表明，**互补屏造成的衍射场中的复振幅之和等于自由波场的复振幅**。因为光波自由传播时通常是服从几何光学定律的，自由波场的复振幅容易计算，所以应用这个原理可以较方便的由一种衍射屏的衍射花样求出其互补屏的衍射花样。

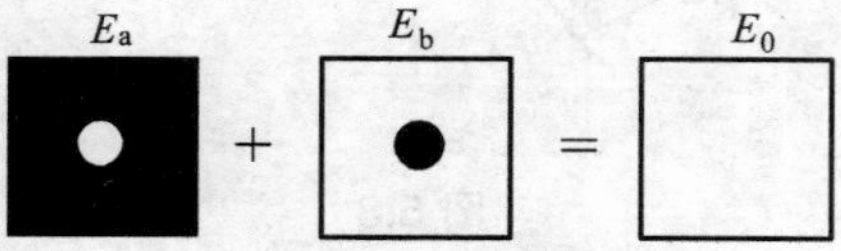

E_a + E_b = E_0

图 5.5　互补屏实验

5.2 菲涅耳圆孔衍射

对于菲涅耳衍射，我们只研究一个实例——圆孔衍射。实验装置示意图如图 5.6 所示，S 是单色点光源，发出球面光波，G 是带圆孔的衍射屏，孔半径为 ρ，点光源与屏 G 相距约为 R，观察屏 E 与屏 G 相距 r_0。只要圆孔半径足够小，就能在观察屏 E 上看到以 P_0 为中心明暗相间的圆环。调整 R，r_0，ρ 中任意一个量均可使环状衍射花样发生变化，特别是**衍射花样中**

心点 P_0 既可以是暗点，也可以是亮点（见图 5.7）。

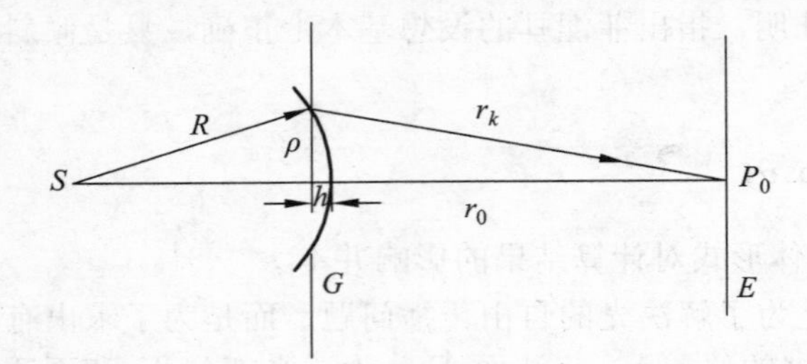

图 5.6 菲涅耳圆孔衍射实验

图 5.7 衍射花样

用惠更斯-菲涅耳原理可以圆满地解释菲涅耳圆孔衍射现象。为简便起见，我们不使用菲涅耳积分公式，也不全面研究 E 屏上的衍射花样，而是用一种巧妙的半波带法研究点 P_0 的亮暗情况。

5.2.1 菲涅耳半波带法及分析结果

如图 5.8 所示中的 $\sum$ 是单色点光源 S 发出的一个球面波面，其半径 R，光波长为 λ。点光源 S 与衍射中心 P_0 的连线与波面 $\sum$ 相交于 B_0 点，$\overline{SB_0}=R$，$\overline{B_0P_0}=r_0$。以 P_0 为中心在波面 $\sum$ 上作一个圆，圆周上各点到 P_0 的距离相等，因此圆周上各点所发子波在 P_0 点所引起各分振动的相位、振幅均相同。若把从圆孔中露出的波面 $\sum_0$（未被阻挡的部分）划分成一系列以 B_0 为中心的环形带，求出每个环形带在 P_0 点引起的光振动，然后求和，就可得到 P_0 点处的衍射光强，从而可使问题大为简化。为此，以 P_0 为中心，分别以 $r_1=r_0+\dfrac{\lambda}{2}$，$r_2=r_0+2\cdot\dfrac{\lambda}{2}$，$r_3=r_0+3\cdot\dfrac{\lambda}{2},\cdots$，$r_k=r_0+k\cdot\dfrac{\lambda}{2}$（其中 k 为正整数）为半径作圆，这些圆将波面 $\sum_0$ 划分为一组环形带。显然一个环形带的内、外两侧到 P_0 点的光程之差为 $\dfrac{\lambda}{2}$，故称这种环形带为菲涅耳半波带，k 为半波带的序数。

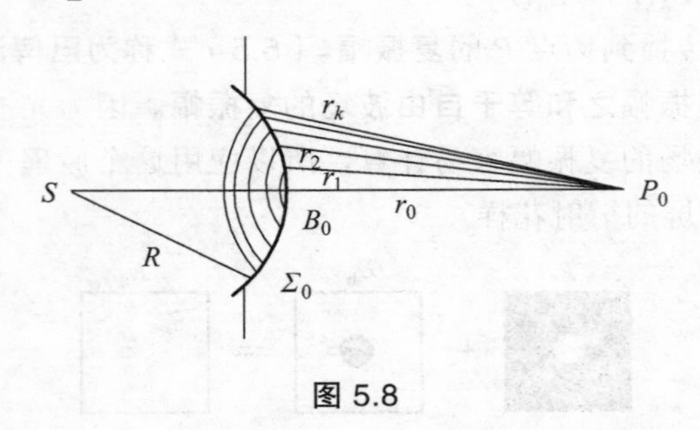

图 5.8

容易看出，相邻两半波带的子波在 P_0 点的光程差为 $\dfrac{\lambda}{2}$，所以相邻两带在 P_0 点的光振动的振幅矢量方向相反，用 $\boldsymbol{a}_1$，$\boldsymbol{a}_2,\cdots$，$\boldsymbol{a}_k$ 分别表示第一个，第二个，……第 k 个半波带在 P_0 点的振幅矢量，用 A_k 表示前 k 个半波带在 P_0 点的合振动的振幅，取 a_1 的方向为矢量的正方向，当 k 为偶数时，则

$$A_k=a_1-a_2+\cdots-a_k \tag{5.6}$$

当 k 为奇数时

$$A_k=a_1-a_2+\cdots+a_k \tag{5.7}$$

根据惠更斯-菲涅耳原理，第 k 个半波带在 P_0 点引起的振幅 a_k 应为

$$a_k \propto f(\theta_k)\frac{\Delta S_k}{r_k} \tag{5.8}$$

（5.8）式中，ΔS_k 是第 k 个半波带的面积，r_k 是它到 P_0 点的距离，$f(\theta_k)$ 是倾斜因子，可以证明 $\frac{\Delta S_k}{r_k}$ 近似与 k 无关。由于 $f(\theta_k)$ 是随着 k 的增大而减少的，因而有

$$a_1 > a_2 > a_3 \cdots > a_k \tag{5.9}$$

不过，相邻两半波带所引起振动的振幅相差甚微。

振幅矢量合成图如图 5.9 所示，为了清楚起见，将各振幅矢量 $\boldsymbol{a}_1$，$\boldsymbol{a}_2$，…，$\boldsymbol{a}_k$ 分开画，后一矢量的起点和前一矢量的终点等高（表示相接），序数为奇数者方向向上，序数为偶数者方向向下，从图中不难看出，P_0 点的合振幅应为

$$A_k = \frac{1}{2}(a_1 + a_k) \quad （k\text{ 为奇数}） \tag{5.10}$$

$$A_k = \frac{1}{2}(a_1 - a_k) \quad （k\text{ 为偶数}） \tag{5.11}$$

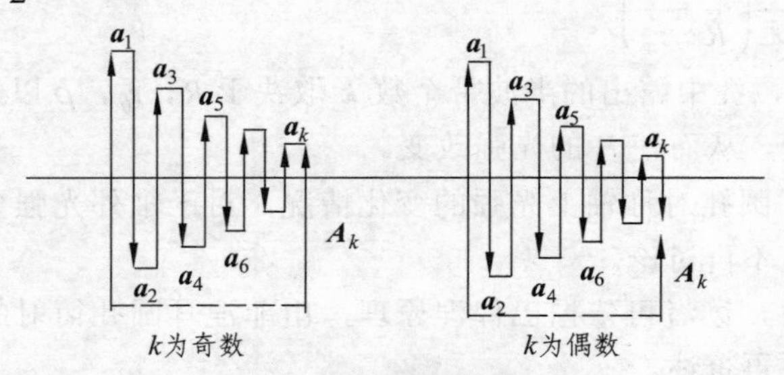

图 5.9 振幅矢量合成图

例如，当 $k=1$ 时，$A_1 = a_1$，$I_1 = A_1^2 = a_1^2$，P_0 点为亮点；

当 $k=2$ 时，$A_2 = \frac{1}{2}(a_1 - a_2) \approx 0$，$I_2 = A_2^2 \approx 0$，$P_0$ 点为暗点；

当 $k=3$ 时，P_0 点又为亮点；

当 $k \to \infty$，即 $\rho \to \infty$（即光波自由传播）时，$a_k = 0$，P_0 点的振幅与光强应为

$$A_\infty = \frac{1}{2}a_1，\quad I_\infty = a_1^2 = \frac{1}{4}I_1$$

即光波自由传播时 P_0 点的光强仅为孔中只露出一个半波带时光强的 1/4。这似乎有些不可思议，光强通过小孔照射时，P_0 点的光强反倒比光波自由传播时的光强大得多。这正是相干叠加时存在的干涉相长与相消的结果。

很明显，**P_0 点的光强应取决于孔中露出半波带数目 k 的奇偶性**。下面我们来推导 k 的计算公式。如图 5.6 所示的几何关系有

$$\rho^2 = r_k^2 - (r_0 + h)^2$$

因 $r_0 \gg h$，$h^2 \to 0$，可得

$$\rho^2 \approx r_k^2 - r_0^2 - 2r_0 h \tag{5.12}$$

同理

$$\rho^2 = R^2 - (R-h)^2$$

因 $R \gg h$，$h^2 \to 0$，故有

$$h \approx \frac{\rho^2}{2R} \tag{5.13}$$

又因为

$$r_k = r_0 + k\frac{\lambda}{2}$$

所以有

$$r_k^2 - r_0^2 = kr_0\lambda + \left(k\frac{\lambda}{2}\right)^2$$

由于 $\lambda \ll r_0$、r_k，略去 λ^2 项后有

$$r_k^2 - r_0^2 \approx kr_0\lambda \tag{5.14}$$

将（5.13）式和（5.14）式代入（5.12）式可得

$$k = \frac{\rho^2}{\lambda}\left(\frac{1}{R} + \frac{1}{r_0}\right) \tag{5.15}$$

从（5.15）式可以看出，孔中露出的半波带个数 k 取决于 R，r_0，ρ 以及 λ 四个量，其中任一个量改变均可使 k 改变，从而使 P_0 的光强改变。

以上我们只讨论了圆孔对称轴上光强的变化情况，对于轴外光强分布情况也可用半波带法给出圆满解释，这里不再讨论。

对菲涅耳圆板衍射，读者可依据巴俾涅原理，由菲涅耳圆孔衍射的光强分布规律分析得出有关的结论，这里不再赘述。

5.2.2 波带片

菲涅尔用半波带法研究衍射现象给予人们极大的启示，1871 年，瑞利首先制成了菲涅耳波带片（以后简称波带片）。**波带片实际上是一种特殊的衍射屏**，如图 5.10 所示，这种衍射屏**只允许序数为奇数或偶数的半波带透光**（涂黑部分表示不透光）。如图 5.10（a）所示的波带片只允许偶数的半波带透光，如图 5.10（b）所示的波带片只允许奇数半波带透光，由于 a_2、a_4、a_6…均为零，所以 P_0 点的合振幅为

$$A = a_1 + a_3 + a_5 + \cdots$$

这将使 P_0 处的光强非常大，因而形成一个明亮的光点。

例如，衍射屏上有 20 个半波带，其中 k 为偶数者不透光，P_0 点的合振幅为

$$A = a_1 + a_3 + a_5 + \cdots + a_{19}$$

由于 k 不大，可认为 $a_1 \approx a_3 \approx a_5 \approx \cdots \approx a_{19}$，则有

$$A \approx 10a_1$$

设自由传播时 P_0 处的振幅为 A_0，光强为 I_0，由于 $A_0 = \frac{1}{2}a_1$，所以

$$A = 20A_0$$

$$I = 400I_0$$

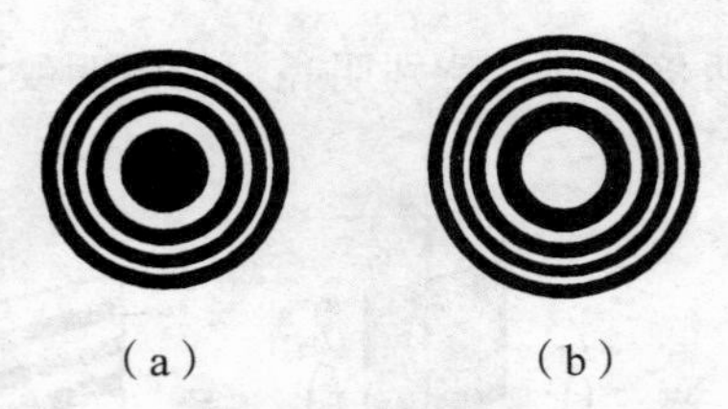

图 5.10　波带片

即该波带片使 P_0 点光强增大到自由传播时的 400 倍。

波带片的这种作用和透镜很相似。如图 5.11 所示，视点光源 S 为物点，物距为 R，经波带片衍射后，衍射波将在轴上形成一个亮点 P_0，将它视为像点，像距为 r_0，由（5.15）式可得到物距 R 和像距 r_0 的关系

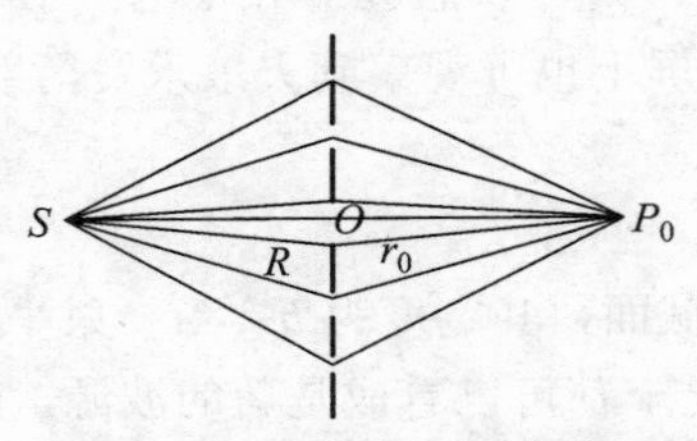

图 5.11　波带片衍射光路图

$$\frac{1}{R}+\frac{1}{r_0}=\frac{\lambda k}{\rho_k^2}$$

令 $f'=\dfrac{\rho_k^2}{\lambda k}$，则有

$$\frac{1}{R}+\frac{1}{r_0}=\frac{1}{f'} \tag{5.17}$$

这与透镜的物像公式完全相似（因此处尚未引入符号法则，故和前面的薄透镜公式相差一个负号），以上分析表明，**波带片具有透镜的成像功能**，不过波带片**有多个焦点**（焦距分别为：$f', f'/3, f'/5, \cdots$），对一个物体成多个像。

波带片与透镜相比，具有面积大、轻便、可折迭等优点，在光学技术中有特殊的应用。现代波带片的品种繁多，除了光学波带片之外，还有声波、微波、红外、紫外和 X 射线等波带片。除了如图 5.10 所示的圆形波带片之外，还有其他形状的波带片。波带片特别适用于远程光通信、光测距和宇航技术。设计和制造各种特殊用途的波带片正发展成一种专门技术。

5.3　夫琅禾费单缝衍射

夫琅禾费衍射在理论上与实际应用上都有十分重要的意义，本书将对单缝、光栅和圆孔的夫琅禾费衍射进行比较详细的讨论。

5.3.1　实验装置与衍射花样的特点（见图 5.12）

将线状光源（沿 y 方向）置于透镜 L_1 的前焦面上，经 L_1 后变成平行光柱，垂直入射到宽度约为十分之几毫米的狭缝上，缝后放一凸透镜 L_2，并在 L_2 的后焦面上放置观察屏 E，则在观察屏上呈现明暗相间的衍射图样。衍射图样是一组与缝长平行的明暗相间的直条纹，中央

明纹的宽度大约是其余明纹的两倍，并且特别明亮，其余明纹沿垂直于缝长方向向两侧展开，是等宽的。

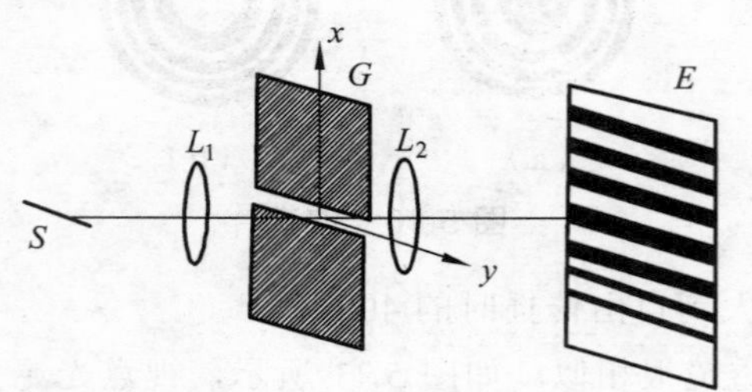

图 5.12　实验装置与衍射花样

如果用氦氖激光器作为光源，则可以把透镜 L_1 去掉，使激光直接照在单缝上，并且去掉 L_2，在缝后足够远处（几米）的屏上也可观察到夫琅禾费衍射图样。

5.3.2　衍射光强的计算

在图 5.13 中，AB 为单缝的截面，其宽度为 b。当一束平行单色光垂直照射此单缝时，按照惠更斯-菲涅耳原理，AB 上各点，都可以看成是新的波源，它们将发出球面次波，向前传播。当这些次波同时到达空间某处时，会产生相干叠加。

应用惠更斯-菲涅耳原理，可以用不同方法求出单缝衍射的光强公式。下面我们用复振幅积分法求观察屏上任一点 P 处的光强。

如图 5.14 所示，选 B 点为坐标原点 O，将缝中的波面沿缝长方向分成无限多个长条，在距 O 点 x 处取宽为 dx 的一长条为面元，其面积为 $ds = l dx$，其中 l 为缝长。从缝 AB 上各子波源沿 θ 方向的子波，通过透镜会聚于 P 点。θ 角称为衍射角，由它还可确定 P 点的位置。由等光程原理，若设 O 点到 P 点的光程为 r_0，则面元 ds 到 P 点的光程为 $r = r_0 + x\sin\theta$，如令光在缝面上的初相位为零，则在近轴条件下，由（5.4）式知该面元在 P 点引起的光振动为

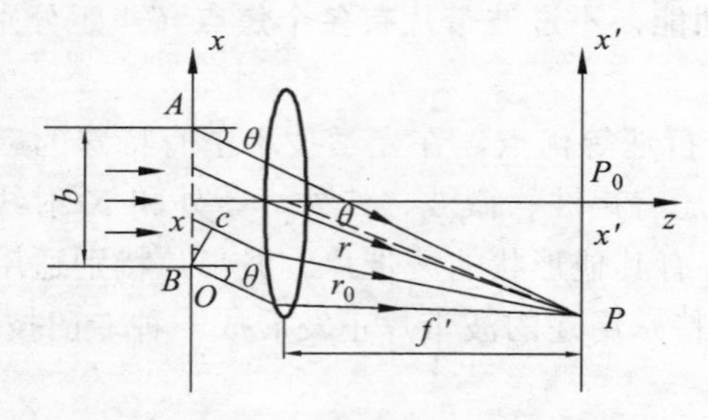

图 5.13　衍射光路图

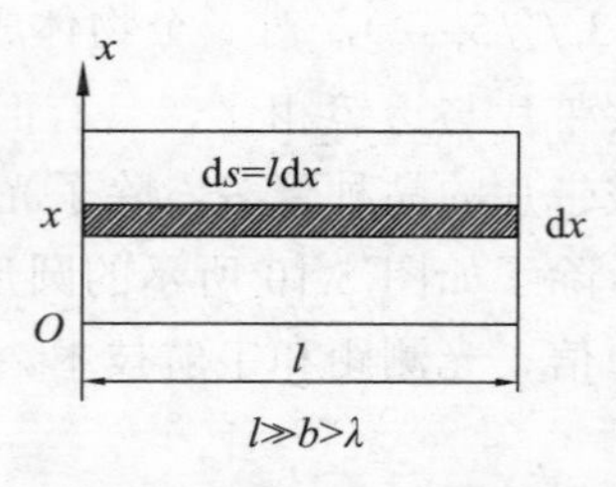

图 5.14　衍射光强的计算

$$dE = -\frac{i}{\lambda r_0}E_0(x)e^{ikr}ds$$

令 $c = -\dfrac{i}{\lambda r_0}E_0(x)$，则有

$$dE = ce^{ikr}ds = cle^{ikr_0}e^{ikx\sin\theta}dx$$

令 $c' = cle^{ikr}$，则

$$dE = c'e^{ikx\sin\theta}dx$$

因缝宽为 b，对 x 从 O 到 b 积分，便可求得 θ 方向的衍射子波在 P 点的合振动为

$$E(P)=c'\int_0^b \mathrm{e}^{ikx\sin\theta}\mathrm{d}x=\frac{c'}{ik\sin\theta}(\mathrm{e}^{ikb\sin\theta}-1)$$

令

$$u=\frac{kb\sin\theta}{2}=\frac{\pi b\sin\theta}{\lambda}\quad\left(k=\frac{2\pi}{\lambda}\right)$$

代入上式可得

$$E(P)=\frac{c'b}{i2u}(\mathrm{e}^{i2u}-1)=\frac{c'b}{i2u}(\mathrm{e}^{i2u}-\mathrm{e}^{-iu}\cdot\mathrm{e}^{iu})=\frac{c'b\mathrm{e}^{iu}}{u}\cdot\frac{\mathrm{e}^{iu}-\mathrm{e}^{-iu}}{2i}$$

用欧拉公式可得

$$E(P)=\frac{c'b\mathrm{e}^{iu}}{u}\sin u=c'b\frac{\sin u}{u}\mathrm{e}^{iu}$$

复数因子 e^{iu} 表示合振动的相位，与光强的分布无关，上式为 P 点光振动的复振幅表示式。P 点光振动的振幅和光强分别为

$$E'(P)=c'b\frac{\sin u}{u}\tag{5.18}$$

$$I(P)=I_0\left(\frac{\sin u}{u}\right)^2\tag{5.19}$$

式中，$I_0=(c'b)^2$。

5.3.3 衍射图样的分析

我们称（5.19）式中的 $\left(\frac{\sin u}{u}\right)^2$ 为单缝衍射因子，它描述了夫琅禾费单缝衍射强度的相对分布（见图 5.15）。

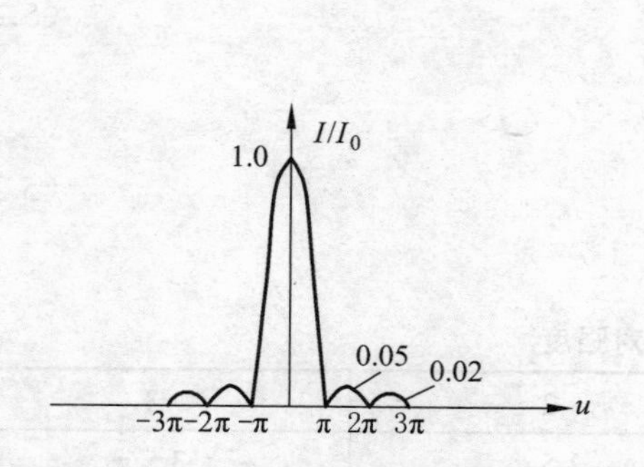

图 5.15　夫琅禾费单缝衍射光强分布曲线

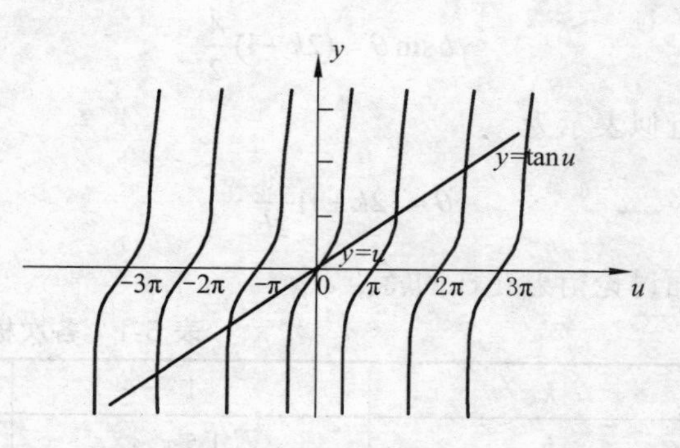

图 5.16　用作图法求解 $u=\tan u$

在讨论观察屏上的衍射图样时，P 点的位置习惯用两个物理量表示，**坐标 x' 称为线位置，θ 为角位置**。线量和角量的关系由图 5.13 可知

$$x'=f'\tan\theta\quad（f'\text{ 为透镜的像方焦距}）\tag{5.20}$$

θ 很小时

$$x'=f'\theta\tag{5.21}$$

中间变量 u 也有其特定的物理内容。因为 $b\sin\theta$ **表示缝的两边缘处子波到 P 点的光程差**，

u 则表示单缝两边缘处子波到 P 点处的相位差之半。

1．主极大与中央明纹

在（5.19）式中，当 $u=\dfrac{\pi b\sin\theta}{\lambda}=0$，$\theta=0$，$x'=0$，

$$I=I_0\lim_{u\to0}\left(\frac{\sin u}{u}\right)^2=I_0$$

式中，I_0 为主极大光强；P_0 点为中央明纹中心。

2．衍射极小和各级暗纹

在（5.19）式中，当 $u=k\pi\ \ (k=\pm1,\pm2,\pm3,\cdots)$ 时，$I(P)=0$ 为衍射极小，P 点为第 k 级暗纹中心，暗纹角位置满足

$$b\sin\theta=k\lambda \tag{5.22}$$

或近似为

$$\theta\approx k\frac{\lambda}{b} \tag{5.23}$$

3．次极大与各级明纹

各次级大的位置可由极值条件确定，在（5.19）式中，令 $\dfrac{\mathrm{d}}{\mathrm{d}u}\left(\dfrac{\sin u}{u}\right)^2=0$，即可得方程

$$u=\tan u$$

用作图法（见图 5.16）可求出满足此方程的解为

$$u\approx(2k+1)\frac{\pi}{2}\quad (k=\pm1,\pm2,\cdots) \tag{5.24}$$

将上述 u 值代入（5.19）式便可得到表 5-1 中的结果。显然，各次极大的光强很小，衍射后的能量绝大部分都集中在中央明纹上。由（5.24）式可得各级明纹的角位置公式

$$b\sin\theta=(2k+1)\frac{\lambda}{2} \tag{5.25}$$

或近似表示为

$$\theta\approx(2k+1)\frac{\lambda}{2b} \tag{5.26}$$

下面讨论衍射花样的特点。

表 5-1　各次极大相对强度

k	1	2	3
u	1.5 π	2.5 π	3.5 π
I/I_0	0.05	0.02	0.01

（1）明纹宽度。

明纹角宽度，指相邻两暗纹之间的角距离。明纹线宽度，指相邻两暗纹之间的距离。

因第一级暗纹满足

$$b\sin\theta=\pm\lambda$$

θ 很小时

$$\theta \approx \pm\frac{\lambda}{b}$$

所以**中央明纹的半角宽为**

$$\Delta\theta_0 = (\theta_{+1} - \theta_{-1})/2 = \frac{\lambda}{b} \tag{5.27}$$

第 k 级明纹的角宽度为

$$\Delta\theta = (\theta_{k+1} - \theta_k)/2 \approx \frac{\lambda}{b} \tag{5.28}$$

可见，**中央明纹宽度为其余明纹宽度的两倍**。

（2）由角宽度 $\Delta\theta = \dfrac{\lambda}{b}$ 知，$\Delta\theta \propto \lambda$，因此当用白光照射时，除中央主极大值处重合以外，各色光的其余明纹都彼此错开，中央明纹的中心为白色，边缘为彩色。其他各级明纹都是彩色的，色序是紫色靠近中央在里，红色在外。

（3）$\Delta\theta \propto \dfrac{1}{b}$，即明纹角宽度与缝宽成反比，缝越窄，条纹越宽，衍射现象越显著，反之亦然，当 $b \gg \lambda$ 时，没有衍射条纹。为能观察到明显的衍射条纹，一般 b 在 $10\lambda \sim 100\lambda$ 内较适宜。

（4）由透镜的性质可知，当狭缝在 x 方向平移时，并不改变各级衍射条纹的位置，衍射图样不动。

例 5-1 波长为 546.1 nm 的平行光垂直入射于 1 mm 宽的缝上，若将焦距为 100 cm 的透镜置于缝后，并使光聚焦到屏上，问衍射花样的中央到第一级暗纹、第一级明纹的距离各是多少？

解：根据单缝衍射的暗纹公式 $b\sin\theta = k\lambda$ 得，第一暗纹的角位置满足

$$b\sin\theta_1 = \lambda$$

故第一暗纹的位置为

$$x_1' = \theta_1 f' = \frac{\lambda}{b} f' = \frac{5.46\times10^{-4}\times1\,000}{1} = 0.5461\,(\text{mm})$$

又由单缝衍射的其他明纹角位置公式

$$b\sin\theta = (2K+1)\frac{\lambda}{2}$$

得第一级明纹的位置为

$$x_1' = \theta_1 f' \approx \frac{3}{2}\times\frac{\lambda}{b} f' = \frac{3}{2}\times\frac{5.46\times10^{-4}}{1}\times1\,000 = 0.819\,(\text{mm})$$

例 5-2 波长为 600 nm 的单色平行光垂直入射到缝宽 b=0.6 mm 的单缝上，缝后有一焦距为 60 cm 的透镜，在焦平面上观察衍射图样，（1）求中央明纹的宽度；（2）求两个第三级暗纹之间的距离。

解：（1）中央明纹的角宽度为

$$2\Delta\theta_0 = 2\frac{\lambda}{b}$$

中央明纹的宽度为

$$\Delta x' = 2\Delta\theta_0 f' = 2\frac{\lambda}{b}f' = \frac{2\times6\times10^{-4}\times600}{0.6} = 1.2\ (\text{mm})$$

（2）根据暗纹条件，第三级暗纹的角位置满足 $b\sin\theta_3 = 3\lambda b$，因而两个第三级暗纹的距离

$$\Delta x' = 2\theta_3 f' \approx 6f'\frac{\lambda}{b} = \frac{6\times600\times6\times10^{-4}}{0.6} = 3.6\ (\text{mm})$$

例 5-3 用波长为 0.63 μm 的激光来测一单缝宽度，若测得中心附近两侧第五个极小间的距离为 6.3 cm，缝与屏的距离为 5 m，试求缝宽。

解： 可近似看作夫琅禾费衍射，由暗纹条件有，第五级暗纹的角位置公式

$$b\sin\theta = 5\lambda$$

两个第五级暗纹的距离

$$\Delta x' = 2\theta_5 f' = \frac{10}{b}\lambda f'$$

从而缝宽

$$b = \frac{10\lambda f'}{\Delta x'}$$

将 $\lambda = 0.63\times10^{-4}$ cm，$f' = 500$ cm，$\Delta x = 6.3$ cm 代入后可求出

$$b = 0.05\ (\text{cm}) = 0.5\ (\text{mm})$$

此题介绍了一种求缝宽的方法，利用光的衍射，能把不易测量的缝宽转变为较易测量的明纹间距。

5.4 光栅衍射

一组平行、等宽、等距的狭缝就是一个光栅。常用的光栅可以有几百条缝、几千条缝，最多的可高达十万条缝（见图 5.17）。

光栅上的一条缝称为一个衍射单元，光栅中包含着一系列等距重复排列的衍射单元。广义地说，**凡是具有周期性空间结构或光学性能（如透射率、折射率）的衍射屏都称为光栅。**多缝的透射率曲线为矩形，故称矩形光栅［见图 5.18（b）］，也称黑白光栅，其透射率非 0 即 1。用感光胶片将光强作正弦分布的双光干涉条纹记录下来，经过冲洗后就得到一块正弦光栅。这个名称的由来就在于这种光栅的透射率是正弦函数的平方［见图 5.18（a）］。

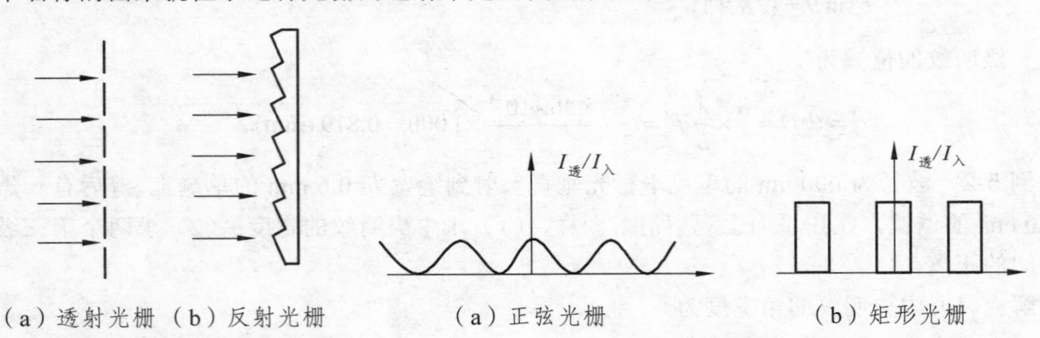

（a）透射光栅（b）反射光栅

图 5.17 透射光栅与反射光栅

（a）正弦光栅

（b）矩形光栅

图 5.18 正弦光栅与矩形光栅

正弦光栅与矩形光栅均属透射光栅，在一块很平的铝片上刻画一系列等距平行槽形条纹，就制成了一种反射光栅（见图 5.17（b））。晶体内部原子排列具有三维空间周期性，是一种天

然的三维光栅。

当光波在光栅上透射或反射时，将发生衍射，形成一定的衍射花样，它可以把入射光中不同波长的光分开。所以光栅和棱镜一样，是一种分光装置，其主要用途是用来形成光谱。本书以透射光栅为例来说明光栅的衍射。

5.4.1 实验装置和衍射花样

实验装置如图 5.19（a）所示，用多缝（光栅）代替单缝衍射装置中的单缝，就可以观察到光栅衍射图样。光栅衍射图样是在较宽的暗背景中出现一组明亮细锐的亮条纹［见图 5.19（b）］。

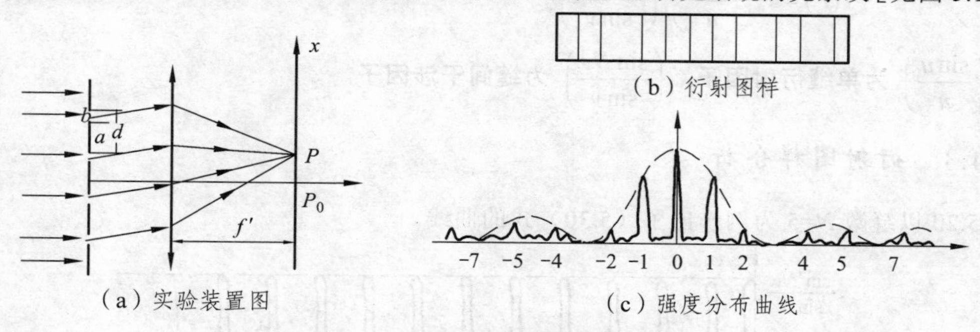

图 5.19 实验装置与衍射花样

设各缝的宽度都等于 b，缝间不透明部分的宽度为 a，则相邻狭缝间距 $d=a+b$，d 称为**光栅常数**。实验给出的光栅衍射强度分布曲线［见图 5.19（c）］有如下一些特征：

（1）与单缝衍射花样相比，多缝衍射花样中出现了一系列新的强度极大和极小，那些较强的亮线叫作主极大，较弱的亮线叫作次极大。

（2）主极大的位置与缝数 N 无关，但它们的宽度随 N 的增加而减小。

（3）相邻主极大之间有（$N-1$）个极小和（$N-2$）个次极大。

（4）强度曲线的包络（即外部轮廓）与单缝衍射强度曲线的形状一样。

5.4.2 光强分布函数

如图 5.19（a）所示，若只开启一条缝，观察屏上呈现的是单缝衍射图样，其光强分布为

$$I_1(P)=I_0\left(\frac{\sin u}{u}\right)^2$$

其中

$$u=\frac{\pi b\sin\theta}{\lambda}$$

由上一章的讨论知道，**当单缝上下平移时，屏上衍射图样不动**。若我们让图 5.19（a）中的 N 条缝轮流开放，屏上的衍射条纹将是完全一样的，位置也不移动。现将 N 条缝全部开放，在观察屏上出现 N 个完全相同并严格重叠的单缝光强分布。若 N 个缝彼此不相干，屏上的强度分布与单缝衍射一样，只是按比例处处增加了 N 倍。而实际上 N 条缝是相干的，则在每衍射方向上有 N 束相干光，它们经透镜后将在屏上会聚产生干涉而形成与单缝衍射不同的强度分布，观察屏上的光强将重新分布。这种单缝衍射和多缝干涉双重作用的结果便形成了光栅衍射的强度分布，由多光束干涉的光强公式（4.35）和（5.19）式可得光栅衍射的光强分布函数

$$I(P)=I_0\left(\frac{\sin u}{u}\right)^2\left(\sin\frac{N\Delta\Phi}{2}/\sin\frac{\Delta\Phi}{2}\right)^2 \tag{5.29}$$

式中

$$\Delta\Phi=\frac{2\pi}{\lambda}d\sin\theta$$

表示相邻两缝相干光到达屏上同一点时的相位差。令 $v=\dfrac{\Delta\Phi}{2}=\pi d\sin\theta/\lambda$，则有

$$I(P)=I_0\left(\frac{\sin u}{u}\right)^2\left(\frac{\sin Nv}{\sin v}\right)^2 \tag{5.30}$$

式中，$\left(\dfrac{\sin u}{u}\right)^2$ **为单缝衍射因子，**$\left(\dfrac{\sin Nv}{\sin v}\right)^2$ **为缝间干涉因子。**

5.4.3 衍射图样分析

图 5.20 以缝数 N=5 为例作出了（5.30）式的曲线。

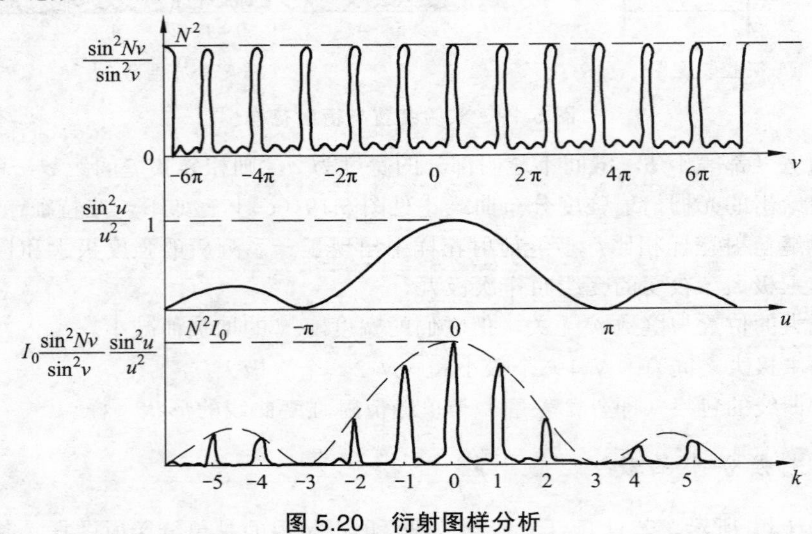

图 5.20 衍射图样分析

图示表明，光栅衍射的各主极大（光栅谱线）的位置由缝间干涉因子决定；各主极大的光强（即谱线强度）I（P）将受到单缝衍射因子的调制；众多的次极大混成一片，形成衍射图样中较宽的暗背景。

（1）谱线强度。

由 4.5 节中对多光束干涉主极大的讨论可知，光栅衍射产生各主极大的光强为

$$I(P)=N^2I_1(P)=N^2I_0\frac{\sin^2 u}{u^2} \tag{5.31}$$

式中，I_0 为单缝衍射花样中央主极大的光强。上式表明，各主极大的光强为单缝在该方向强度的 N^2 倍。**光能量主要集中在主极大条纹中**。

（2）谱线位置。

各级谱线位置由多光束干涉主极大位置公式（4.36）给出，我们称为**光栅方程**

$$d\sin\theta=k\lambda\quad(k=0,\pm1,\pm2,\cdots) \tag{5.32}$$

它决定了各级谱线的角位置θ，**可见各主极大位置与缝数 N 无关**。**$d\sin\theta$ 表示相邻两缝相干光到达屏上同一点时的光程差**。设观察屏上角位置为θ的谱线坐标为x，则

$$x = f'\tan\theta$$

或近似为

$$x \approx f'\theta \tag{5.33}$$

式中，f'为透镜L的焦距。

光栅方程（5.32）仅适用于正入射的情况。对于斜入射的情况，如图5.21所示，光栅方程应修改为

$$d(\sin\theta - \sin\theta_0) = k\lambda \tag{5.34}$$

（5.34）式中，θ为衍射角；θ_0为入射角，其取值范围为$\left(-\frac{\pi}{2}\sim\frac{\pi}{2}\right)$，并规定由法线沿顺时针方向转到光线方向的角度为正，反之为负。$d(\sin\theta - \sin\theta_0)$表示相邻两缝相干光到达屏上同一点时的光程差。

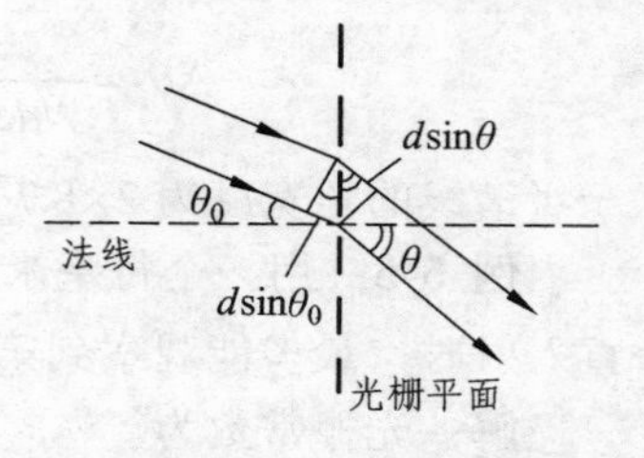

图 5.21 斜入射光栅

（3）谱线宽度。

每两个主极大之间有（N-1）个极小，**规定某主极大两侧极小间的角距离为该谱线的角宽度**。主极大的中心到一侧极小之间的角距离为半角宽$\Delta\theta$。

由于各级极小的位置取决于多光束干涉结果，由（4.37）式知，出现极小的条件为

$$d\sin\theta = \frac{k'}{N}\lambda \quad [k' = \pm 1, \pm 2, \cdots, \pm(N-1), \pm(N+1)\cdots, \pm(kN-1), \pm(kN+1)\cdots]$$

式中，N为缝数；k为主极大的级次。可见，**k级主极大两侧的极小是$(kN-1)$级和$(kN+1)$级**。第k级谱线应满足

$$\sin\theta_k = \frac{k\lambda}{d}$$

第$(kN+1)$级极小则满足

$$\sin(\theta_k + \Delta\theta_k) = \frac{(kN+1)\lambda}{Nd}$$

由

$$\sin(\theta_k + \Delta\theta_k) = \sin\theta_k\cos\Delta\theta_k + \cos\theta_k\sin\Delta\theta_k$$

因$\Delta\theta_k$很小，则$\cos\Delta\theta_k = 1, \sin\Delta\theta_k \approx \Delta\theta_k$，于是可得

$$\Delta\theta_k = \frac{\lambda}{Nd\cos\theta_k} \tag{5.35}$$

（5.35）式即为第k级明纹的**半角宽公式**。此式表明，缝数N越大，$\Delta\theta_k$越小，谱线越窄，主极大亮纹越细锐；Nd（光栅宽度）越大，$\Delta\theta_k$越小，也可使谱线变窄，而相邻两级谱线相距甚远，中间存在着一个相当宽的暗区。

例 5-4 用$\lambda = 632.8$ nm的光垂直照射光栅，光栅共有3 000条缝，宽度为15 mm，试求一级谱线的角位置与角宽度。

解： 光栅常数应为

$$d = 15/3\,000 = 0.005\ \text{mm}$$

由

$$\sin\theta_1 = 1\times\frac{\lambda}{\mathrm{d}} = 632.8\times10^{-6}\times200 = 0.127$$

有

$$\cos\theta_1 = \sqrt{1-\sin^2\theta_1} = \sqrt{1-0.127^2} \approx 1$$

其半角宽为

$$\Delta\theta_1 = \frac{\lambda}{Nd\cos\theta_1} = \frac{632.8\times10^{-6}}{15\times1} = 4.22\times10^{-5}\,\mathrm{rad} = 8.7''$$

一级谱线的角宽度为 $2\times8.7''=17.4''$。

例 5-5 用一个每毫米有 500 条缝的衍射光栅观察钠光谱线（$\lambda = 589\,\mathrm{nm}$），问平行光垂直入射时，最多能观察到第几级谱线？

解：光栅常数为

$$\mathrm{d} = \frac{1}{500}\,\mathrm{mm} = 2\times10^{-3}\,\mathrm{mm}$$

由光栅方程 $d\sin\theta = k\lambda$ 知，当 $\sin\theta = 1$，即 $\theta = 90°$，$k = k_{\max}$，故

$$k_{\max} = \frac{d}{\lambda} = \frac{2\times10^{-3}}{589\times10^{-6}} \approx 3.4$$

即最多能观察到第 3 级谱线。

（4）谱级缺级。

由图 5.22 可以看出，由于谱线强度受到单缝衍射因子的调制，当缝间干涉因子确定的某些主极大的角位置恰巧与单缝衍射因子确定的极小值角位置重合时，这些主极大将不再出现，我们称这种现象为**缺级**。缺级时，k 级主极大的角位置由光栅方程确定，即 θ 满足

$$d\sin\theta = k\lambda \quad (k = 0, \pm1, \pm2, \cdots)$$

而单缝衍射的 k' 极小由（5.22）式确定，θ 也满足 $b\sin\theta = k'\lambda \quad (k' = \pm1, \pm2, \cdots)$ 因而可得到**缺级条件**为

$$k = k'\frac{d}{b} \quad (k' = \pm1, \pm2, \pm3, \cdots)$$

例如：$\dfrac{d}{b} = 3$ 时，谱线缺级的级次为 $k = \pm3, \pm6, \pm9, \cdots$；

$\dfrac{d}{b} = \dfrac{4}{3}$ 时，谱线缺级的级次为 $k = \pm4, \pm8, \pm12, \cdots$。

5.4.4 光栅光谱

由光栅方程（5.32）式可知，除零级谱线外，不同波长的同级谱线具有不同的角位置，波长越长，主极大位置的 θ 值也越大。如入射光中含有不同波长 λ，λ'，…的光，它们的非零级主极大将分开，出现一系列不同颜色的谱线（见图 5.22）。我们将**各种波长的同级谱线的集合称为光栅光谱**，并按 k 值称之为 k 级光谱。如 k=1 时，称为一级光谱，k=2 时，称为二级光谱，等等。如果入射光为白光，这时将在零级明线两侧对称地出现各级内紫外红的彩色光带，我们称之为连续光谱，而前面所说的光谱称为线状光谱。

通常在二级以上的光谱中，波长较大的谱线角位置会超过下一级光谱中波长较小的谱线的角位置，这种现象称为级间重叠。如图 5.23 所示是白光入射时光栅光谱重叠的情况，图中所示在第二级和第三级光谱中发生了相互重叠，光谱的级次越高，级间重叠越严重。

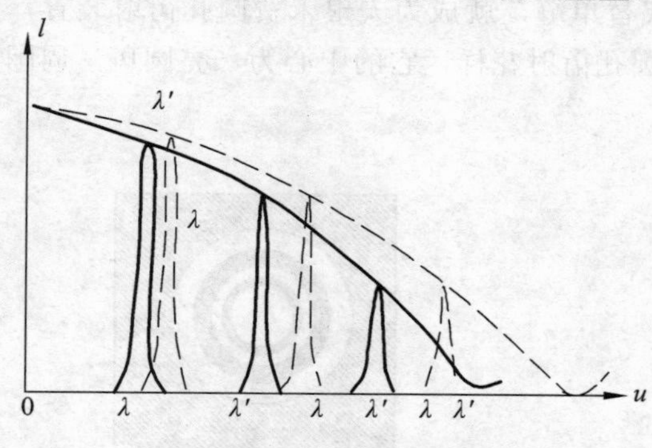

图 5.22　不同波长光的谱线

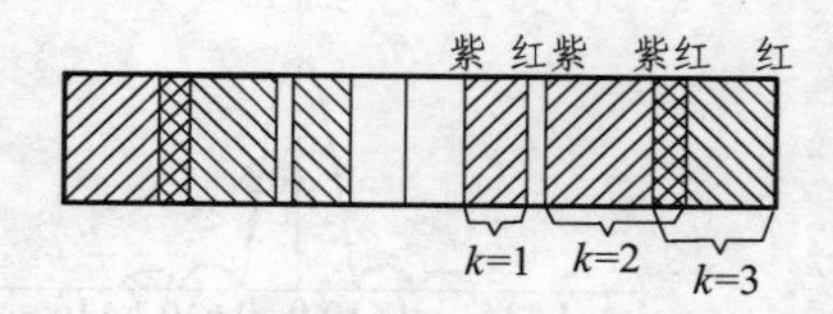

图 5.23　光谱级间重叠

5.4.5　光栅的分辨本领（参见 P136）

例 5-6　以纵坐标表示相对强度，横坐标取 $\sin\theta$，粗略地画出 N=3，d=3b 的夫琅禾费衍射强度分布曲线，至少画到第七级主极大。

解：（1）N=3，故两相邻主极大之间有 2 个极小，1 个次极大。

（2）$\dfrac{d}{b}=3$，k=±3，±6，…等谱线缺级。

作强度分布曲线如图 5.24 所示。

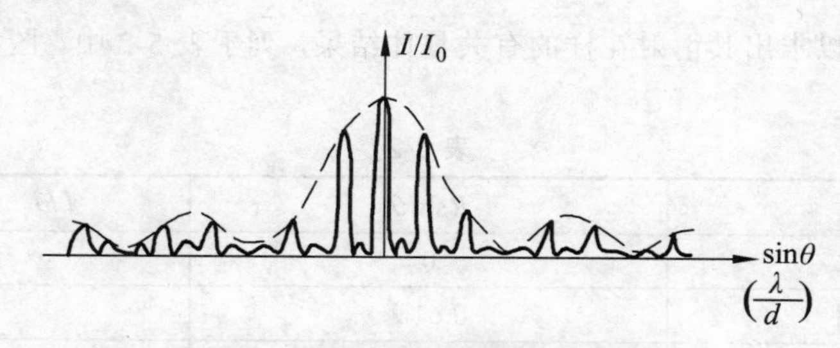

图 5.24　夫琅禾费衍射强度分布曲线

例 5-7　用波长为 624 nm 的单色光照射一光栅，已知该光栅的缝宽 b 为 0.012 mm，不透明部分的宽度为 a=0.024 mm，缝数 N 为 10^3 条。试求：

（1）单缝衍射花样的中央角宽度；

（2）单缝衍射中央宽度内能看到多少级光谱？

解：（1）单缝衍射的中央角宽为

$$\Delta\theta=2\Delta\theta_0=2\frac{\lambda}{b}=\frac{2\times6.24\times10^{-4}}{0.012}=10.4\times10^{-2}\ (\text{rad})$$

（2）单缝衍射中央极大包络线下共有的光谱级数由下式确定

$$\frac{d}{b}=\frac{0.036}{0.012}=3\quad(d=a+b\ \text{为光栅常数})$$

故所能看到的级数为 0，±1，±2。

5.5 夫琅禾费圆孔衍射

在夫琅禾费单缝衍射装置中，如以圆孔代替单缝，就成为夫琅禾费圆孔衍射装置，在观察屏上即出现如图 5.25（b）所示的夫琅禾费圆孔衍射花样，它的中心为一亮圆斑，周围为明暗相间的圆环。

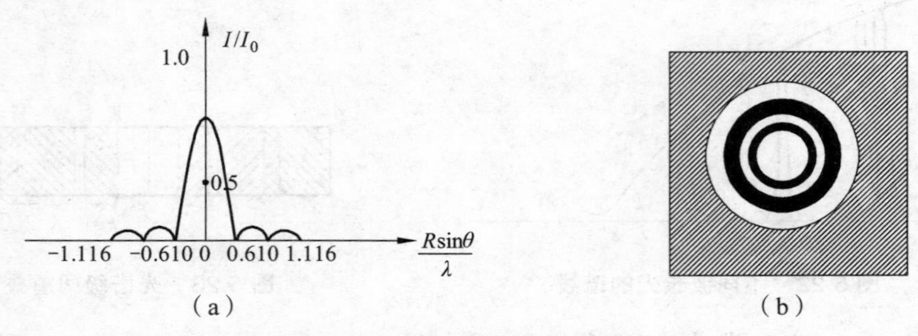

图 5.25　夫琅禾费圆孔衍射实验

夫琅禾费圆孔衍射的强度分布可以用类似单缝衍射的方法求得，由于数学推导较复杂，我们不经推导直接给出观察屏上的光强分布函数

$$I=I_0\left[1-\frac{1}{2}m^2+\frac{1}{3}\left(\frac{m^2}{2!}\right)^2-\frac{1}{4}\left(\frac{m^3}{3!}\right)^2+\frac{1}{5}\left(\frac{m^4}{4!}\right)^2+\cdots\right]^2 \tag{5.37}$$

式中，$m=\dfrac{\pi R\sin\theta}{\lambda}$，其中，$R$ 为圆孔半径，θ 为衍射角。$J_1(2m)$ 为 m 的一阶贝塞尔函数。

由（5.37）式可以求出其衍射花样的有关具体结果，列于表 5-2 中。图 5.25（a）为（5.37）式的曲线。

表 5-2

衍射花样	$R\sin\theta$	I/I_0（相对强度）
中央亮斑	0	1
第一级暗环	0.61λ	0
第一级明环	0.81λ	0.017 4
第二级暗环	1.12λ	0
第二级明环	1.33λ	0.004 1
第三级暗环	1.66λ	0

衍射花样中心的圆形亮斑称为**艾里斑**，其边沿为第一暗环，其衍射角 θ_1 满足 $R\sin\theta_1=0.61\lambda$ 因 θ_1 很小，$\sin\theta_1\approx\theta_1$，故**艾里斑的角半径**为

$$\Delta\theta=\theta_1\approx0.61\frac{\lambda}{R}=1.22\frac{\lambda}{D} \tag{5.38}$$

式中，D 为圆孔直径。还可以算出，在中央亮斑中集中了全部光能量的 84%，分布在各高级明环中的能量约占 16%。

例 5-8　氦氖激光器沿管轴方向发射定向光束，内部毛细管直径也就是出射窗口直径约为 1 mm，试求因衍射而引起的光束发散角。

解：激光管内的平行光经圆形窗口射出，到达很远的屏上，这可视为夫琅禾费圆孔衍射，艾里斑的半角宽就是射出光束的发散角。

$$\Delta\theta = 1.22\frac{\lambda}{D} = 1.22\times\frac{6\,328\times10^{-6}}{1} = 7.7\times10^{-4}\,\text{rad} = 2.7'$$

这个角度看起来很小，但当观察屏足够远时，其效果十分显著。例如在 10 km 处去接收，光斑的半径可达 7.7 m 之大，这个例子告诉我们，由于存在衍射效应，截面有限而又绝对平行的光束是不可能存在的。如果你想用一个小孔去限制光束的发散角，结果会适得其反，孔越小，发散角反倒越大。

5.6 光学仪器的分辨本领

从几何光学观点看，理想光学仪器成像时，点物的像点应是面积为零的几何点，这种仪器能够分辨的最小间隔不受限制。但学习衍射以后我们懂得，由于光学仪器通光孔（光阑）的衍射作用，点物的像将不再是一个几何点像，而是角半径为 $\Delta\theta = 1.22\dfrac{\lambda}{D}$ 的艾里斑。（对于望远镜，物镜的衍射为夫琅禾费圆孔衍射是毫无疑问的，对于显微镜一类非平行光入射的系统，理论可以证明，只要光源与观察屏处于物像共轭位置，则物点的像也是夫琅禾费圆孔衍射图样）若两个物点靠得很近，它们在像面上的两个艾里斑几乎完全重合，这时实际上无法将两个像点分开。显然当两个物点距离逐渐分开，两个艾里斑也逐渐分离。瑞利判据给出了两个艾里斑分离多大时才能为光学仪器分辨出来的标准。这个标准是：**当一个光点的衍射图样的主极大值处和另一个光点衍射图样的第一极小值处重合时，这两个光点恰能被分辨。**

图 5.26（b）表示刚好满足瑞利判据的情况，这时 A、B 间的距离称为最小分辨距离 Δy_m，称张角 θ 为**最小分辨角** θ_m。图 5.26（a）、（c）分别表示出能够完全分清与完全分辨不清两种情况；图 5.26（b）所示的最小分辨角恰为艾里斑的半角宽，即

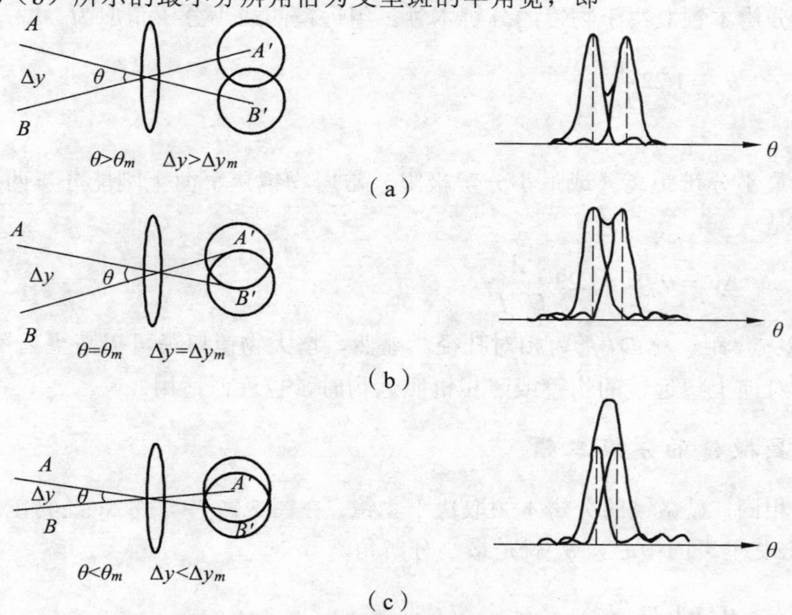

图 5.26　两物点经透镜成艾里斑的三种相对位置情况

$$\theta_m = 0.61\frac{\lambda}{R} = 1.22\frac{\lambda}{D} \tag{5.39}$$

通常将助视仪器的**分辨本领** R 定义为**最小分辨距离** Δy_m **或最小分辨角** θ_m **的倒数**，即

$$R = \frac{1}{\theta_m} \quad 或 \quad R = \frac{1}{\Delta y_m} \tag{5.40}$$

5.6.1 人眼的分辨本领

在正常条件下，人眼对 555 nm 的光最敏感，瞳孔最小半径约为 1 mm，这时**人眼的最小分辨角**约为

$$\theta_m = 0.61\frac{\lambda}{R} = 0.61 \times 555 \times 10^{-6} \approx 3.4 \times 10^{-4}\ \text{rad} \approx 1'$$

在明视距离处的最小分辨距离约为

$$d_m = 25\theta_m = 250 \times 3.4 \times 10^{-7} \approx 0.1\ (\text{mm})$$

由于眼内折射率 n=1.337，因此眼球内的最小分辨角约为

$$\theta_m' = 0.61\frac{\lambda}{nR} = \frac{\theta_m}{1.337} = 2.5 \times 10^{-4}\ \text{rad} = 52''$$

眼球直径约为 2.2 cm，因此视网膜上两个刚好分辨像点间的距离为

$$\Delta y_m' = 2.2\theta_m' = 2.2 \times 2.5 \times 10^{-4} = 5 \times 10^{-4}\ \text{cm} = 5\ (\mu\text{m})$$

这个距离约与两个视网膜细胞间的距离相等，可见视网膜的构造非常精巧，刚好适合于眼睛的分辨本领。

5.6.2 望远镜的分辨本领

望远镜的分辨本领取决于物镜的分辨本领。望远镜的最小分辨角应为

$$\theta_m = 1.22\frac{\lambda}{D}$$

D 为物镜孔径。

望远镜的最小分辨距离（或最小分辨极限）常用物镜焦平面上刚能分辨两像点的距离表示。这个距离是

$$\Delta y' = \theta_m f' = 1.22\frac{\lambda}{D/f'} \tag{5.41}$$

f' 为物镜的像方焦距，称 D/f' 为**相对孔径**。显然，增大物镜口径可提高望远镜的分辨本领。

上述结果对地上望远镜的物镜或照相机照远物时，也近似适用。

5.6.3 显微镜的分辨本领

与望远镜相同，显微镜的分辨本领取决于物镜。在图 5.27 中，物 Δy 经物镜成实像为 $\Delta y'$，P'、Q' 为两个艾里斑的中心，θ_m 就是最小分辨角。

$$\theta_m = 1.22\frac{\lambda}{D}$$

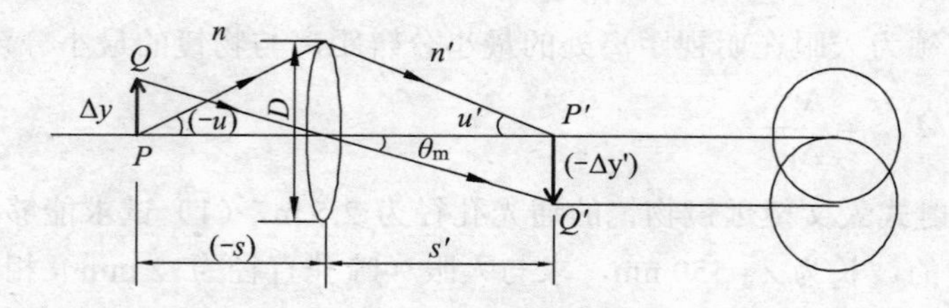

图 5.27　显微镜分辨本领

式中，D 为物镜的通光孔径，物镜的最小分辨距离应为

$$\Delta y_m = \Delta y$$

为清除像差，物镜应满足正弦条件

$$n\Delta y \sin u = n'\Delta y' \sin u'$$

式中，n、n' 分别为物方与像方折射率；u、u' 分别为轴上物点成像点的物方孔径角与像方孔径角。

由于 θ_m 甚小，则有物镜像面上的最小分辨率距离为

$$\Delta y' = 1.22\frac{\lambda}{D}S'$$

由图 5.27 可知

$$\sin u' = \frac{D/2}{S'}$$

例如在空气中，$n'=1$，由以上三式可得物面上的**最小分辨距离为**

$$\Delta y_m = 0.61\frac{\lambda}{n\sin u} \tag{5.42}$$

（5.42）式中，$n\sin u$ 为数值孔径。由（5.42）式知，显微镜的最小分辨距离与波长成正比，与物镜的数值孔径成反比。现代光学显微镜的数值孔径可达 1.40，常用值为 1.20，对于可见光的平均波长 550 nm，可得 $\Delta y_m = 280\ \text{nm}$，减小照明光波长，可使最小分辨距离达到 200 nm 左右。后来发现电子也有波动性，电子的德布罗意波长可以小到$10^{-3}\,\text{nm}$，应用电子的波动性制造的电子显微镜的最小分辨距离可达 0.1 nm 的数量级。放大率可达几万倍乃至几百万倍。

5.6.4　望远镜和显微镜的有效放大本领

我们知道，利用光学仪器可以放大视角，从而使人能够分辨物体的细节。是否可以用增大仪器的放大本领的办法来提高它的分辨本领呢？这是不行的。因为增大了放大本领之后，虽然放大了像点之间的距离，但每个像的艾里斑也同样被放大了，光学仪器原来不能分辨的东西，放得再大，仍不能为我们的眼睛和照相底片所分辨。衍射效应给光学仪器分辨本领的限制，是不能用提高放大本领的办法来克服的。另一方面，如果光学仪器的放大本领过小，也可能使仪器原来已经分辨了的细节由于成像太小，使眼睛或照相底片不能分辨，这时仪器的分辨本领不能被充分利用。所以设计一个光学仪器时应使它的放大本领和分辨本领相适应，这个放大本领就叫作有效放大本领。

望远镜的有效放大本领为人眼的最小分辨角 $1'$ 与物镜的最小分辨角 θ_m 之比，即

$$M_{有效} = 1'/\theta_m \tag{5.43}$$

显微镜有效放大本领为人眼在明视距离处的最小分辨距离与物镜的最小分辨距离之比，即

$$M_{有效}=\frac{\Delta y_{人}}{\Delta y_m} \tag{5.44}$$

例 5-9 一反射式天文望远镜物镜的通光孔径为 2.5 m，（1）试求能够被分辨双星的最小夹角。光在空气中的波长为 λ=550 nm，求与人眼（瞳孔直径为 2 mm）相比，在分辨本领方面提高的倍数。（2）为充分利用物镜的分辨本领，求望远镜所应有的最小放大倍数。

解：（1）要求的最小夹角即为望远镜的最小分辨角 θ_m。

由 $\theta_m=1.22\dfrac{\lambda}{D}$，$D=2.5\ \mathrm{m}$，$\lambda=550\times10^{-9}\ \mathrm{m}$ 有

$$\theta_m=\frac{1.22\times550\times10^{-9}}{2.5}=2.68\times10^{-7}\ \mathrm{(rad)}$$

因为人眼的最小分辨角为

$$\theta'_m=1.22\frac{\lambda}{D'},\ D=2\ \mathrm{mm}$$

则望远镜和人眼的分辨本领之比为

$$\frac{R}{R'}=\frac{\theta'_m}{\theta_m}=\frac{D'}{D}=\frac{2\,500}{2}=1\,250\ （倍）$$

（2）望远镜应有的最小放大倍数即为有效放大本领，或正常放大本领

$$M=\frac{\theta'_m}{\theta_m}=1\,250（倍）$$

实际上，为了观察舒服，通常都将望远镜的放大本领设计得略大于有效放大本领。

最后需要指出两点。一是在传统光学中，对“光学仪器为什么存在分辨极限？”一问题，只能从光的衍射角度作出简单的解释，只有在信息光学中，才能真正理解此问题。按照信息光学的观点，物光中包含着从低频到高频的空间频率信息，由于透镜口径的限制，使得某个截止频率（与口径有关）以上的高频信息从透镜边缘之外漏掉，所以透镜本身总是一个“低通滤波器”。丢失了高频成分后，图像的细节就变得模糊。因此，要提高仪器的成像质量，就应该扩大透镜的口径。二是分辨本领虽然可以作为光学仪器成像质量的一个指标，但它不能全面评价光学仪器的成像质量，这主要是因为：① 光学仪器除了分辨细节的能力之外，还存在整个像面的光强分布是否准确地反映物面上光强分布问题。② 仪器的几何像差与光孔的衍射效应实际上是混杂在一起的，因此单纯由衍射效应算出的分辨本领理论值与该仪器的实际像质之间就可能有很大出入。近代采用光学传递函数（简称 OTF）作为像质评价的依据，因为光学传递函数能对像质作出全面的、客观评价，并且也能从 OTF 计算出分辨本领。

5.7 晶体对 X 射线的衍射

X 射线是伦琴于 1895 年发现的，故又称伦琴射线。如图 5.28 所示为 X 射线管的结构示意图，图中 G 是一抽成真空的玻璃泡，K 是发射电子的热阴极，A 是阳极，两极间加数万伏的直流高压，从阴极发射的电子，在强电场作用下加速，当高速电子撞击阳极（靶）时，就

从阳极发射出 X 射线。

X 射线是一种波长很短的电磁波，波长在 0.01～10 nm。由于 X 射线波长较短，用普通光栅观察不到 X 射线的衍射现象，而且也无法用机械方法制造出适合于 X 射线的光栅。

1912 年德国物理学家劳厄想到，晶体点阵应是一种适合于 X 射线的三维光栅。他进行了实验，第一次圆满地获得了 X 射线的衍射图样，从而证实了 X 射线的波动性。劳厄实验简图如图 5.29 所示，P 为铅板，上有一小孔，X 射线由小孔通过，C 为晶体，E 为照相底片，底片上形成的衍射斑称为劳厄斑。劳厄因 X 射线方面的研究工作获得 1914 年诺贝尔奖。

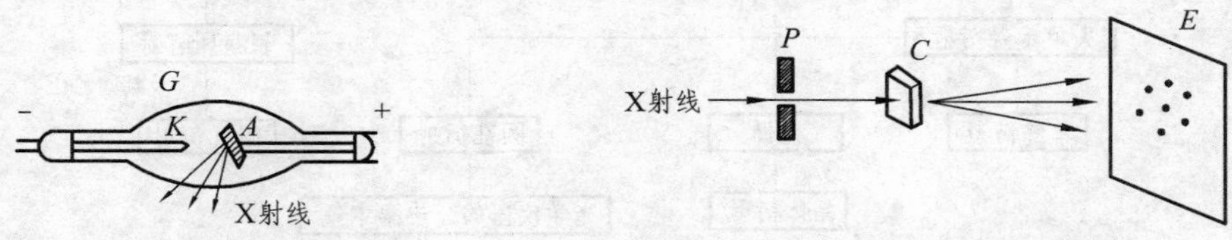

图 5.28　X 射线管结构示意图　　　　图 5.29　劳厄实验简图

下面介绍苏联乌利夫和英国布拉格父子独立提出的一种研究方法。这种方法研究 X 射线在晶体表面上反射时的干涉，原理比较简单。

X 射线照射晶体时，晶体中的每一个粒子都是发射子波的衍射中心，向各个方向发射子波，这些子波相干叠加，就形成衍射图样。

晶体由一系列平行平面（晶面）组成，各晶面间距离称为晶格常数，用 d 表示，如图 5.30 所示。当一束 X 光以掠射角 θ 入射到晶面上时，在符合反射定律的方向上可得到强度最大的射线。但由于各个晶面上衍射中心发出的次波也会产生干涉，考虑两相邻晶面反射的两条光线之间光程差为

$$BD + DC = 2d\sin\theta$$

干涉相长的条件为

$$2d\sin\theta = k\lambda \quad (k = 1, 2, 3, \cdots) \tag{5.45}$$

（5.45）式称为**乌利夫-布拉格公式**。

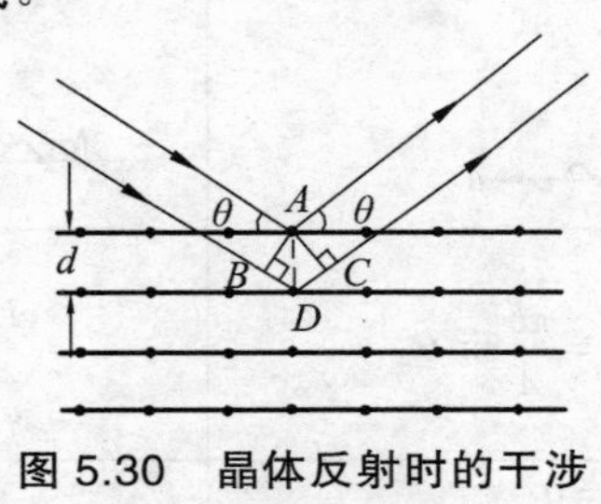

图 5.30　晶体反射时的干涉

应该指出，同一块晶体的空间点阵，从不同方向看去，可以看到粒子形成取向不同，间距也各不相同的许多晶面族。当 X 射线入射到晶体表面时，对于不同的晶面族，掠射角 θ 不同，晶面间距 d 也不相同。凡是满足（5.45）式的，都能在相应的反射方向得到加强。

乌利夫-布拉格公式（简称布拉格公式）是 X 射线衍射的基本规律。若由别的方法测出了晶面间距 d，就可以根据 X 射线衍射实验由掠射角 θ 算出入射 X 射线的波长，从而研究 X 射线谱，进而研究原子结构；反之，若用已知波长的 X 射线投射到某种晶体的晶面上，由出现最大强度的掠角 θ 可以算出相应的晶面间距，从而研究晶体结构，进而研究材料性能。这些研究在科学和工程技术上都是十分重要的。

【小　结】

1. 本章内容框图

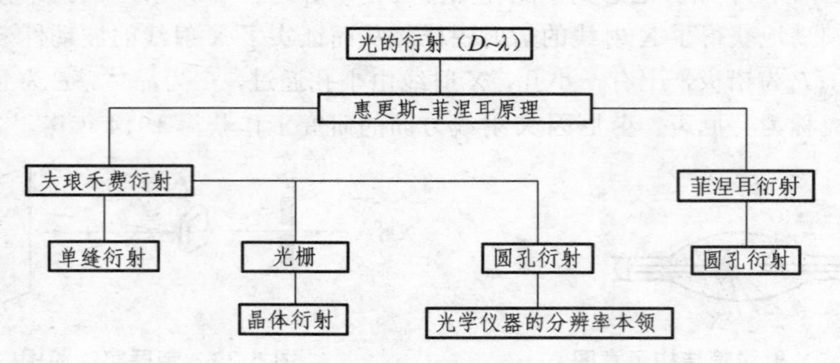

图 5.31　内容框图

2. 二种夫琅禾费衍射的比较表

表 5-3

	单缝衍射	光栅衍射
实验装置图		
光强分布曲线		$N=4$
光强公式	$I_p=I_0\left(\dfrac{\sin u}{u}\right)^2$，$u=\dfrac{\pi b}{\lambda}\sin\theta$	$I_p=I_0\left(\dfrac{\sin u}{u}\right)^2\left(\dfrac{\sin Nv}{\sin v}\right)^2$， $u=\pi b\sin\theta/\lambda$，$v=\pi d\sin\theta/\lambda$
明暗纹位置公式	中央明纹 $\theta=0$ 其余明纹 $b\sin\theta=(2k+1)\dfrac{\lambda}{2}$ 暗纹 $b\sin\theta=k\lambda\quad(k=\pm1,\pm2,\cdots)$	明纹 $d\sin\theta=k\lambda$ 暗纹 $d\sin\theta=\dfrac{k'}{N}\lambda$
明纹宽度公式	中央明纹 $2\Delta\theta_0=2\dfrac{\lambda}{b}$ 其余明纹 $\Delta\theta=\dfrac{\lambda}{b}$	$2\Delta\theta_k=2\dfrac{\lambda}{Nd\cos\theta_k}$
角线量关系	$y=f'\tan\theta\approx f'\sin\theta\approx\theta f'$	$y=f'\tan\theta\approx f'\sin\theta\approx\theta f'$

例 5-10 波长为 600 nm 的单色光正入射到一透明平面光栅上，有两个相邻的主最大分别出现在 $\sin\theta_1 = 0.2$ 和 $\sin\theta_2 = 0.3$ 处，第四级为缺级，试求：

（1）光栅常数；

（2）光栅上狭缝可能的最小宽度；

（3）在确定了光栅常数和缝宽值之后，试举出在光屏上实际呈现的全部级数。

解：（1）光栅方程为

$$d\sin\theta_1 = k_1\lambda$$

$$d\sin\theta_2 = (k_1+1)\lambda$$

故

$$\frac{\sin\theta_1}{\sin\theta_2} = \frac{k_1}{k_1+1}$$

将 $\sin\theta_1 = 0.2$， $\sin\theta_2 = 0.3$ 代入得

$$\frac{0.2}{0.3} = \frac{k_1}{k_1+1}$$

即

$$k_1 = 2,\ k_2 = k_1 + 1 = 3$$

$$d = \frac{k_1\lambda}{\sin\theta_1} = \frac{2\times 6\times 10^{-4}}{0.2} = 6\times 10^{-3}\,(\text{mm})$$

（2） $b = \dfrac{d}{4} = 1.5\times 10^{-3}\,(\text{mm})$。

（3） $\sin\theta = \sin\dfrac{\pi}{2}$， $k = \dfrac{d}{\lambda} = \dfrac{6\times 10^{-3}}{600\times 10^{-6}} = 10$。

所以， $k = 0, \pm 1, \pm 2, \pm 3, \pm 5, \pm 6, \pm 7, \pm 9$ 为实际呈现的全部级次。

例 5-11 钠光通过宽 0.2 mm 的狭缝后，投射到与缝相距 300 cm 的照相板上，所得第一最小值和第二最小值之间的距离为 0.885 cm，试问光的波长为多少？若改用波长为 4 nm 的软 X 射线做实验，则上述两个最小值之间的距离为多少？

解：可近似按夫琅禾费单缝衍射处理，则

$$\Delta y = y_2 - y_1 \doteq 2f'\frac{\lambda}{b} - f'\frac{\lambda}{b} = f'\frac{\lambda}{b}$$

故

$$\lambda = \frac{b}{f'}\Delta y = \frac{0.02\times 0.885}{300} = 5.9\times 10^{-5}\,\text{cm} = 590\ \text{nm}$$

若改用 $\lambda = 4\times 10^{-7}\,\text{cm}$ 时

$$\Delta y = f'\frac{\lambda}{b} = 300\times\frac{4\times 10^{-7}}{0.02} = 6\times 10^{-3}\,(\text{cm})$$

例 5-12 用可见光（760～400 nm）照射光栅，第一级光谱和第二级光谱是否重叠？第二级和第三级又怎样？

解：由光栅方程 $d\sin\theta = k\lambda$ 得

$$k = 1,\ \sin\theta_1 = \frac{\lambda_{红}}{d} = \frac{700\ (\text{nm})}{d}$$

$$k=2\,,\sin\theta_2=2\frac{\lambda_{紫}}{d}=\frac{800\ (\mathrm{nm})}{d}$$

由于$\theta_2>\theta_1$，故第一级和第二级不重叠。

而

$$k=2\,,\sin\theta_2=2\frac{\lambda_{红}}{d}=\frac{1\,520\ (\mathrm{nm})}{d}$$

$$k=3\,,\sin\theta_3=3\frac{\lambda_{紫}}{d}=\frac{1\,200\ (\mathrm{nm})}{d}$$

由于$\theta_3<\theta_2$，故第二级和第三级光谱部分重叠。

【思考题】

5.1 在白光照射下，夫琅禾费衍射的零级亮纹中心是什么颜色？零级亮纹外围是什么颜色？

5.2 通过眼前的单缝观看远处的线状光源，人眼感受到的是夫琅禾费衍射还是菲涅耳衍射？

5.3 将夫琅禾费衍射实验装置从空气中移到水中，衍射花样将发生什么变化？对有关的公式应怎样修改？

5.4 讨论在夫琅禾费衍射装置有以下变动时，衍射图样的变化。① 增大缝后透镜的焦距；② 在上下左右方向移动透镜位置；③ 单缝垂直于它后面透镜的光轴向上或向下移动；④ 将衍射屏向透镜方向移动。

5.5 点光源和线光源的夫琅禾费单缝衍射图样有什么不同?（线光源平行于缝）

5.6 在杨氏双缝实验中，每一条缝自己（即把另一缝遮住）的衍射条纹光强分布各如何？双缝同时打开时条纹光强分布又如何？前两个光强分布图的简单相加能得到后一个光强分布图吗？大略地在同一张图上画出这三个光强分布曲线来。

5.7 单缝衍射花样的形成也可以用半波带法说明，对于沿某方向衍射的光，可如图 5.32 所示作一些平行于 AC 的平面，使得相邻平面的间距等于入射光的半波长，这些平面将单缝上光的波阵面分割成一系列半波带（垂直于纸面）。试说明：

（1）如果波阵面恰好分割为偶数个半波带，则该方向对应暗条纹；

（2）如果波阵面恰好分割为奇数个半波带，则对应明条纹。

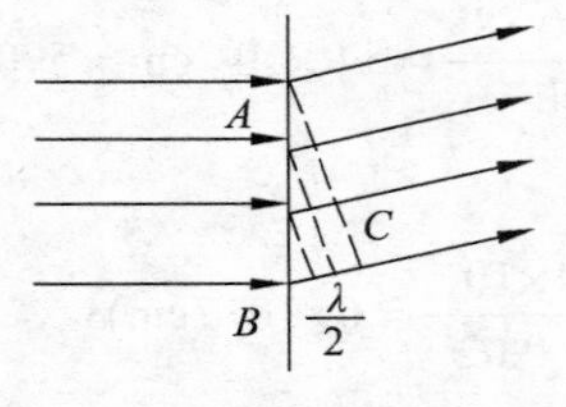

图 5.32

5.8 在杨氏双缝干涉实验装置中，用平行白光照明双缝，接收屏距离双缝相当远，并以红色和兰色滤光片各遮住一条缝，问在接收屏上产生的是否为双缝干涉条纹？

5.9 试说明在夫琅禾费衍射实验中，平面光栅衍射图样的强度分布具有哪些特征？这些特征分别与光栅的哪些参数有关？

5.10 在衍射光栅的实验中，若把光栅遮掉一半，衍射图样会发生什么变化？若分别单独减小光栅的缝宽 a、光栅常数 d，衍射图样又会发生什么变化？

5.11 晚间，通过张在眼前的手帕去观看远处的白炽灯或高压水银灯，你将会看到什么景象？

5.12 一个屏上随机分布着 N 个大小相同的小圆孔，用单色平面光照射，这时的夫琅禾费衍射图样与单孔衍射图样有什么不同？

5.13 如果放大镜的边缘是长方形的，宽度为 d，根据瑞利判据，它在宽度方向上的最小分辨角表示式是怎样的？

5.14 假设人眼只能感受波长为毫米量级的电磁波，而看不见波长为 400～700 nm 的可见光波，则人眼观察到的外部世界是什么景象？

【习　题】

5.1 一单色平面波垂直入射一个宽度为 0.5 mm 的单缝上，缝后置一焦距为 1 m 的透镜，在焦平面上观察衍射条纹，若中央条纹宽度为 2 mm，试求：（1）该光的波长；（2）中央明纹与第三暗纹间距离。

5.2 在白光形成的单缝衍射图样中，某一波长的第二次极大值与波长为 500 nm 的第三个次极大值重合，求该光的波长。

5.3 一种单色光通过 0.1 mm 的单缝后，投射到与缝相距为 2 m 的屏幕上，观察到第一极小值与第三极小值之间距离为 24 mm，求该光波长。若用 X 射线（$\lambda=10^{-8}$ cm）做实验，这个距离为多少？

5.4 平面波的波长为 480 nm，垂直照射到宽度为 0.4 mm 的狭缝上，会聚透镜的焦距为 60 cm。分别计算当缝的两边到 P 点的相位差为 $\pi/2$ 和 $\pi/6$ 时，P 点离焦点的距离。

5.5 以 $\lambda_1=500$ nm 与 $\lambda_2=600$ nm 的两种单色光同时垂直照射某光栅，发现除零级以外，它们的谱线第三次重叠是在 $\theta=30°$ 方向上，求此光栅的光栅常数。

5.6 一激光器发射波长为 600 nm 的平面波射到双缝上，在双缝后相距 100 cm 的屏上，观察到如图 5.33 所示的衍射强度分布曲线，求缝宽及缝间距离。

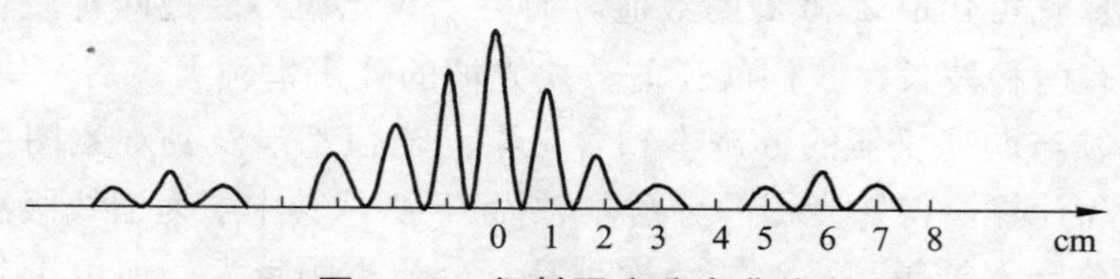

图 5.33　衍射强度分布曲线

5.7 用波长为 624 nm 的单色光照射某光栅。已知光栅的缝宽 $b=0.012$ mm，不透明部分 $a=0.029$ mm，缝数 $N=10^3$ 条。求：（1）单缝衍射花样中央半角宽度；（2）单缝衍射花样中央宽度内能看到多少级光谱？（3）谱线的半角宽为多少？

5.8 一束 400～760 nm 的可见光垂直地射到光栅常数为 0.002 mm 的透射平面光栅上，为了在投射物镜 L_2 的焦平面上得到该波长的第一级光谱的长度为 54 mm，问物镜 L_2 的焦距至少应是多少毫米？（取 $\sin\theta\approx\theta$）

5.9 宽度为 10 cm，每毫米有 100 条均匀刻线的光栅，当波长为 500 nm 的准直光垂直入射时，第四级衍射光刚好消失。求：（1）每缝宽度；（2）第二级衍射光亮纹的角宽度；（3）二级衍射光可分辨谱线的最小差异$\Delta\lambda_m$；（4）若入射光与光栅平面法线成30°的方向斜入射，仍是第四级衍射光消失，则每缝的宽度又为多少？

5.10 可见光正入射到 600 条缝 / mm 的光栅上，求第一级和第二级光栅光谱展开的角度范围各是多少?（可见光波长范围：400～760 nm）

5.11 远处有 1 点物，设它发出 500 nm 的单色光，求由下列仪器所成艾里斑的半径。（1）物镜直径 25 mm，焦距 50 mm 的照相机；（2）物镜直径 5 cm，焦距 50 cm 的望远镜。

5.12 一个抛物面雷达发射器发射6×10^{10} Hz 的微波，抛物面的圆形口径直径为 6.5 m，求微波波束的发散角。

5.13 夜间由远处驶来的汽车两前灯同距为 1.5 m，试求车与观察者大致多远时方可将两前灯分辨清楚。设入瞳孔直径为 3 mm，车灯发光波长为 550 nm。

5.14 20 世纪 80 年代世界上最大的光学望远镜在苏联的高加索巴斯底卡夫山，这台反射式望远镜的口径达 6 m，它的最小分辨角与正常放大本领约为多少?（设可见光的平均波长$\lambda=550$ nm）

5.15 一台油浸显微镜在使用波长 435.8 nm 的汞紫光照明时，最多可分辨每毫米 4 000 线的条纹，求物镜的数值孔径。若所用油液折射率为 1.52，求入射光孔径角，并估算此显微镜的有效放大本领。

【阅读材料】

光栅的分辨本领

光栅的重要运用之一是进行光谱分析。光谱线具有一定的宽度，相距很近的两根谱线由于重叠而可能看不出是两根还是一根。光栅的分辨本领是指光栅把相隔很近的两种波长为λ_1和λ_2的光分辨开来的能力。例如，含有波长λ_1和λ_2($\lambda_2=\lambda_1+\Delta\lambda$)的混合光照射到某光栅上，在该光栅衍射图样上形成两种波长的谱线，可以从光谱图上看出入射光含有两种波长，通过测量谱线位置和计算就可知道λ_1和λ_2的数值。而另一块光栅不能把两种波长的谱线分开，不能看出入射光中含有两种波长，我们就说前一块光栅的分辨本领大，后一块的分辨本领小。

光栅的分辨本领与助视仪器的分辨本领含义不同，但都涉及到观察图样，都要用瑞利判据。通过有关分析和计算，得知光栅的分辨本领为$R=jN$，其中j为谱线级次，N为光栅总缝数。缝数N越大，分辨本领越高；谱线级次越高，分辨本领越大。但由于制作上的困难，N不能无限增大。对于前面所学的透射光栅，零级谱线的光强最大，但其分辨本领为 0，级次j越大的谱线，光强度很小，这是透射光栅的很大缺点。实际使用光栅时，只需要它的某一级光谱，我们可设法把光能集中到该级光谱上来，用闪耀光栅可以很好地解决这一问题。

6 光的偏振

【教学要求】

（1）了解偏振光和自然光的宏观区别、内在联系。

（2）理解光的偏振现象是光横波性最直接和最有力的实验证明。

（3）了解单轴晶体光轴、主截面的物理意义，寻常光和非常光的偏振性质。

（4）掌握单轴晶体中的惠更斯作图法确定单轴晶体内 o 光、e 光的传播方向。

（5）理解运用反射或折射，尼科耳棱镜，晶体的双折射和具有二向色性的人造偏振片等产生平面偏振光。

（6）掌握布儒斯特定律和马吕斯定理。

（7）掌握产生平面偏振光、圆偏振光和椭圆偏振光的条件。

（8）理解 1/4 波片和 1/2 波片的作用。

（9）理解利用 1/4 波片和检偏器来检定各种偏振光的原理。

（10）掌握偏振光干涉光强的计算。

（11）了解人工双折射现象及其应用；了解旋光现象及其应用。

干涉和衍射现象揭示了光的波动性，但不能确定光是横波还是纵波。偏振现象则是横波最有力的实验证据。本章就是要说明有关光偏振的实验事实和基本理论。值得注意的是，在前面两章中，我们只着重于光矢量的振幅大小，即注意光的强度，而在本章中我们的注意力则集中在光矢量的取向上。

6.1 光的偏振 自然光 偏振光

6.1.1 偏振现象是横波的特性

横波和纵波在某些方面的表现，是截然不同的。我们先来考察纵波，在垂直于传播方向所做的平面内，无论沿哪个方向去考察，都不能发现任何差别，这表明纵波的振动对传播方向具有对称性。对横波而言，在垂直于传播方向的平面内，振动只在一个特定的方向上进行，这表明横波的振动对传播方向没有对称性。振动方向对于波的传播方向不对称的现象称为**偏振现象**。显然，**存在偏振现象是横波具有的特性**。

如图 6.1 所示直观地显示了机械横波的振动现象。在波的传播方向上，放置一个狭缝 AB，对横波来说，当缝 AB 与横波的振动方向平行时，它可以穿过狭缝继续向前传播；当缝 AB 与横波的振动方向垂直时，横波传到狭缝 AB 处，由于运动受阻，故不能穿过缝向前传播［见图 6.1（a）、（b）］。对纵波来说，无论缝 AB 怎样放置，只要缝平面与传播方向垂直，纵波总能穿过狭缝继续向前传播［见图 6.1（c）、（d）］。所以从机械波能否通过狭缝 AB，可以判断它是横波还是纵波。

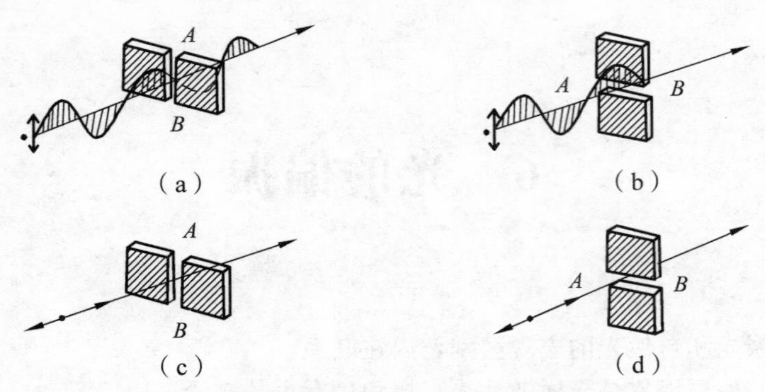

图 6.1 机械横波与纵波的区别

6.1.2 光的偏振现象

光的电磁理论指出，光矢量 $\boldsymbol{E}$ 和光的传播方向垂直，光波是横波。光波的横波性可以通过和前面实验类似的光学实验来观察，只不过使用的不是狭缝，而是称为偏振片的光学元件。

我们通过一个偏振片观察普通的灯光或太阳光，当绕着光线转动偏振片时，透过偏振片的光强并不因转动而发生变化，如图 6.2 所示，让光线依次通过偏振片 P_1 和 P_2 时，保持 P_1 不动，令 P_2 以视线为轴旋转，发现透过 P_2 的光强会发生变化。当 P_2 处于某一位置时，透射光强最大，由此位置转过 90°角，透射光强变为零，即光波完全被 P_2 所阻挡。这个实验直观地显示了光的偏振现象，和前面的实验相比，偏振片的作用和缝 AB 类似。为了弄清其中的道理，我们先来分析普通光源所发出的光矢量在取向方面的特点。

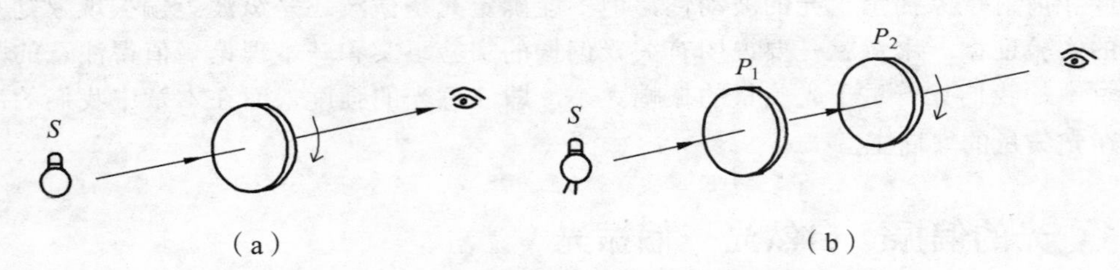

图 6.2 用偏振片观察光的偏振现象

6.1.3 自然光

在普通光源中，各发光原子或分子的辐射过程是随机的，各个微观粒子在同一时刻与同一微观粒子在不同时刻所发射的光波，振动方向彼此无关，且完全无序。光源向某一方向发出的光（见图 6.3）是大量原子或分子向该方向辐射的所有光波的混合，其光矢量位于垂直传播方向的平面内，且在一切可能方向上的几率是均等的，**也就是说，在所有可能的方向上，光振动都具有相同的振幅（或光强）**。具有这种性质的光叫作**自然光**。白炽灯或太阳发出的光就是自然光。

在垂直于光传播方向的平面内，自然光的各个光矢量分别为不同的原子或分子所辐射，彼此没有相位关系。由于自然光的光矢量在垂直于传播方向平面内的分布是均匀的，因此它们在两正交方向上的分量平方和的时间平均值必然相等。因此，**自然光可以用两个彼此独立、振幅相等、振动方向正交的光矢量来表示**。如图 6.4 所示，自然光可表示为平行于图面和垂直于图面的两振幅相等的光矢量。两正交方向，可根据实际问题的需要任意选定。

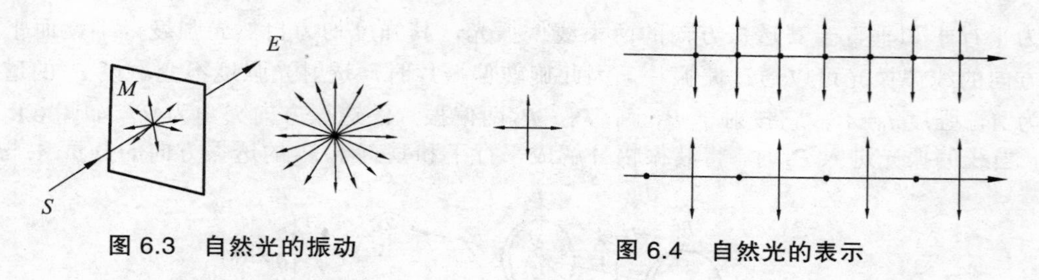

图 6.3　自然光的振动　　　图 6.4　自然光的表示

6.1.4　线偏振光　部分偏振光

自然界中某些晶体（如电气石）或人们制造出的有类似作用的人造偏振片等，能强烈地吸收某一方向的光矢量而让正交方向上的光矢量透过。如图 6.5 所示，当自然光入射到上述晶体或人造偏振片 P_1 上时，自然光中振动方向与 P_1 的透振方向相同的分振动可以透过，振动方向与透振方向正交的分振动则不能透过。因此从 P_1 透射出的光，其光矢量只在一个固定平面内振动。这种光矢量只限于在某一确定平面内振动，其光矢量在垂直于传播方向的平面上投影为一直线，因此称为线偏振光。如图 6.6（a）所示表示光矢量垂直于纸面的**线偏振光**；如图 6.6（b）所示表示光矢量平行于纸面的线偏振光。光矢量与传播方向构成的平面，称为线偏振光的振动面。图 6.6（a）的偏振面垂直于纸面，图 6.6（b）的偏振面则平行于纸面。前面我们用来表示自然光的两正交独立光振动，因为都有确定的振动面，故都是线偏振光。这样，**自然光也可以用等强度、振动方向相互垂直的两个独立的无相位关系的线偏振光来表示。**

图 6.5　自然光入射到偏振片上　　　图 6.6　线偏振光

在自然光和线偏振光之间还存在一种部分偏振光。它与光的传播方向垂直的平面内在一切方向都存在光振动，但其中有一个方向上的振幅最大，与之正交方向上的振幅最小。图 6.7（a）、（b）分别表示在平行于图面的方向和垂于图面的方面上光振动占优势的部分偏振光。

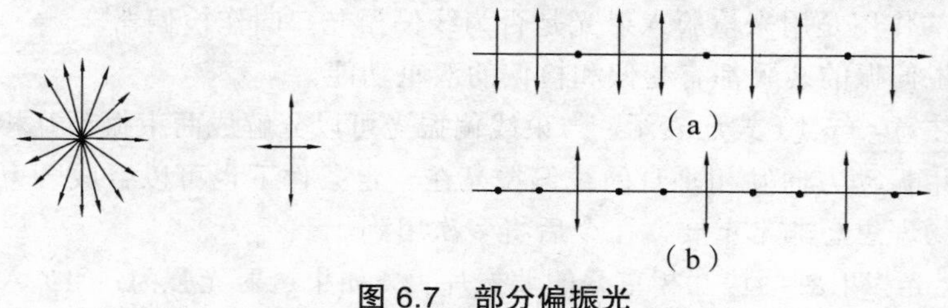

图 6.7　部分偏振光

6.2　马吕斯定律　线偏振光的检验

现在我们来解释图 6.2 中的实验事实。如图 6.8（a）所示，自然光由光源 S 发出，依次通过偏振片 P_1、P_2 后射入人眼。当自然光射入 P_1 时，不论 P_1 的透振方向如何，自然光都可以分解为平行于和垂直于其透振方向的两束线偏振光，其强度均为自然光强度一半，而平行于透振方向的线偏振光可以通过偏振片，因此旋转偏振片时，透射光强度不变。设 P_1 的透射光振幅为 A，强度 $I_0=A^2$，它投射于 P_2 上，P_1、P_2 两偏振片的透振方向夹角为 θ。如图 6.8（b）所示，当线偏振光进入 P_2 时，将其振幅分解成平行于和垂直于 P_2 的透振方向的分量 $A_{/\!/}$ 与 $A_{\perp}$。

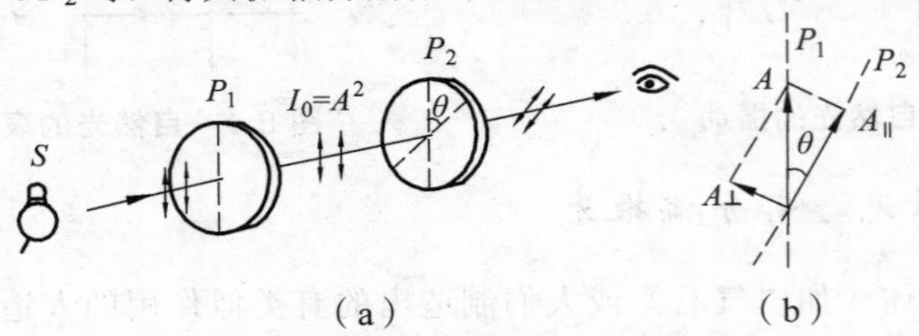

图 6.8 线偏振光实验

$$\left.\begin{aligned} A_{/\!/} &= A\cos\theta \\ A_{\perp} &= A\sin\theta \end{aligned}\right\} \tag{6.1}$$

因为只有平行分量可以通过偏振片，故透射光强度为

$$I=(A\cos\theta)^2=I_0\cos^2\theta \tag{6.2}$$

（6.2）式称为**马吕斯定律**，是马吕斯于 1809 年得到的。马吕斯定律表明，**当一束线偏振光射入一偏振片后，透射光强与夹角 θ 的余弦平方成正比**。式中，θ 表示线偏振光的振动方向与偏振片透振方向的夹角；I_0 是进入检偏器前线偏振光强。（6.2）式中未考虑偏振片对透射光的吸收和反射损失。

由马吕斯定律可知，当以入射光线为轴旋转 P_2 时，若 θ 由 0°渐增至 90°时，透射光由最强（$I_{\max}=I_0$）逐渐减至 0；θ 由 90°增至 180°时，透射光强将再由 0 增加到最强。将 P_2 旋转一周，透射光出现由明→暗→明的两次周期性变化。

于是我们得到结论：对同样的偏振片，自然光入射时，旋转它，透射光强不变；线偏振光入射时，旋转它，透射光强在 0 和最大之间变化，并有“消光”现象（透射光强为 0）出现。这样，我们就可利用一偏振片来检验入射光是否为线偏振光。

如果入射光是部分偏振光，则旋转偏振片，其透射光强会发生周期性强弱变化，但没有“消光”现象。

图 6.2 中 P_1、P_2 是同样的偏振片，但作用不同。P_1 的作用是从自然光中得到线偏振光，叫作起偏器；P_2 的作用是用来检验入射光是否为线偏振光，叫作检偏器。

显然任何产生偏振的装置都有起偏和检偏的双重功能。

最后请读者注意，（6.1）式还表示，一束线偏振光可以分解成两束振动互相垂直的线偏振光。反过来，两束振动方向互相垂直的线偏振光在一定条件下也可以合成一束线偏振光。这种分解与合成的物理思想非常重要，在今后将多次用到。

例 6-1 自然光投射到两块互相重叠的偏振片上，如果透射光强为：（1）入射光强的 1/7；（2）透射光强度最大的 1/4，求这两个偏振片透振方向的夹角。

解：如图 6.9 所示，设入射自然光强为 I_0，两偏振片透振方向之间夹角为 θ。自然光通过 P_1 后成为线偏振光，其强度 $\dfrac{I_0}{2}$，再通过 P_2，根据马吕斯定律，其透射光强度

$$I=\frac{I_0}{2}\cos^2\theta$$

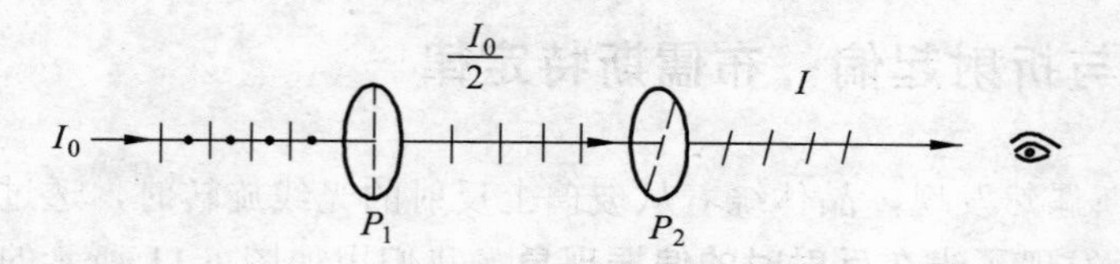

图 6.9　自然光透振实验

（1）根据题设 $I=\frac{1}{7}I_0$，则

$$\cos^2\theta=\frac{2}{7}$$

故 $\theta=57°41'$。

（2）由题设有

$$I=\frac{1}{4}I_{max}$$

而

$$I_{max}=\frac{I_0}{2}(\theta=\theta°)$$

于是有

$$\cos^2\theta=\frac{1}{4}$$

$$\cos\theta=\frac{1}{2}$$

所以 $\theta=60°$ 。

例 6-2　一偏振片 P 放在正交的偏振片 P_1 与 P_2 之间，它的透振方向与 P_1 的透振方向成 30°角，问自然光通过三个偏振片以后，强度减为原来的百分之几？

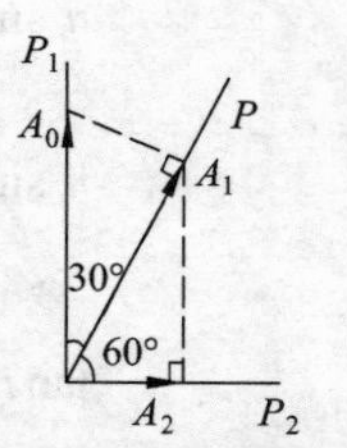

图 6.10　三个偏振片的几何关系

解：设 P 与 P_1、P_2 的相对位置如图 6.10 所示。设自然光强度为 I_0，经 P_1 后强度为 $I_1=\frac{I_0}{2}$。根据马吕斯定律，经过 P 以后强度为

$$I_2=I_1\cos^2 30°=\frac{I_0}{2}\cos^2 30°$$

再经过 P_2 的后强度为

$$I_3=I_2\cos^2 60°=\frac{I_0}{2}\cos^2 30°\cos^2 60°=0.094I_0$$

即

$$\frac{I_3}{I_0}=9.4\%$$

强度减为原来的 9.4%。

P 也可以置放于 P_2 成 120°的位置，所得结果相同。

6.3　反射与折射起偏　布儒斯特定律

1808 年马吕斯偶然发现，晶体绕着从玻璃上反射的光线旋转时，透过晶体的光强会发生周期性变化，进而发现了**光在反射时的偏振现象**。我们用如图 6.11 所示的装置来研究光反射时发生的偏振现象及其规律。一束自然光投射到两种媒质的界面上，在反射光路中放入偏振片 P_1，旋转偏振片，观察透过偏振片 P_1 的光强，可以发现一般情况下，反射光为部分线偏振光，振动面垂直于入射面（即纸面）的成分多于振动面平行于入射面的成分。利用偏振片 P_2 进行同样的检查方法将会发现，透射光也是部分线偏振光，但其平行于入射面的振动最强，垂直于入射面的振动最弱。总之，自然光在诸如玻璃、油漆、柏油、水面等表面上反射时，其反射光和折射光都是部分线偏振光（当入射角为零时，反射光、折射光仍为自然光）。

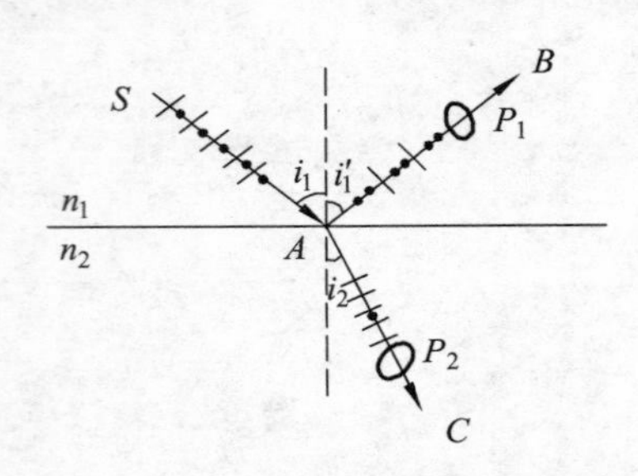

图 6.11　光反射偏振光路图

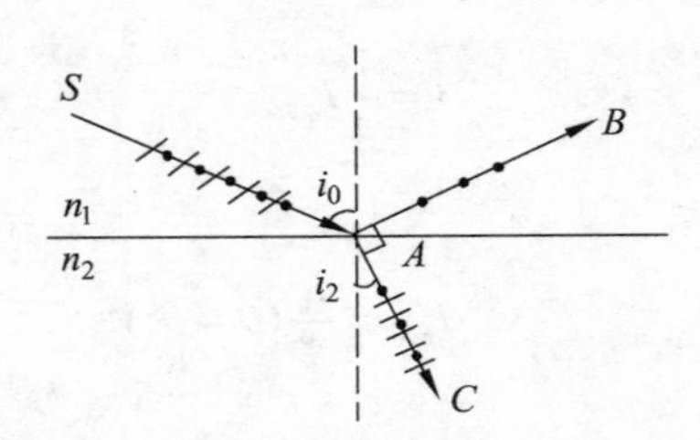

图 6.12　反射光成完全线偏振光

当改变入射角的大小时，发现有一个特殊位置，如图 6.12 所示，此时反射光线恰好垂直于折射光线，反射光变成完全线偏振光，其振动面垂直于入射面。设此时的入射角为 i_0，由折射定律

$$n_1 \sin i_0 = n_2 \sin i_2\,,\quad i_2 + i_0 = 90°$$

有

$$n_1 \sin i_0 = n_2 \cos i_0$$

故

$$\tan i_0 = \frac{n_2}{n_1}$$

即

$$i_0 = \arctan\frac{n_2}{n_1} \tag{6.3}$$

式中，n_1 为入射光所在介质的折射率；n_2 为折射光线所在介质折射率。上式是布儒斯特在 1812 年经实验确定的，故称为**布儒斯特定律**。i_0 称为布儒斯特角，或起偏角。如光从空气射向玻璃，n_1=1，n_2=1.54，$i_0 = \arctan 1.54 = 56.3°$；光从空气射向水时，$i_0 = 53°$。

实验还证明，折射光也是部分偏振光，但无论入射角怎样改变，折射光线都不会成为线偏振光。

例 6-3　如图 6.13 所示，(1) 自然光由空气射向水面，要使反射光为线偏振光，入射角应为多大？折射光继续入射到水中倾斜放置的玻璃片上，要使玻璃片上的反射光也是线偏振光，问玻璃片与水面夹角为多少？(水的折射率为 1.33，玻璃的折射率为 1.50)

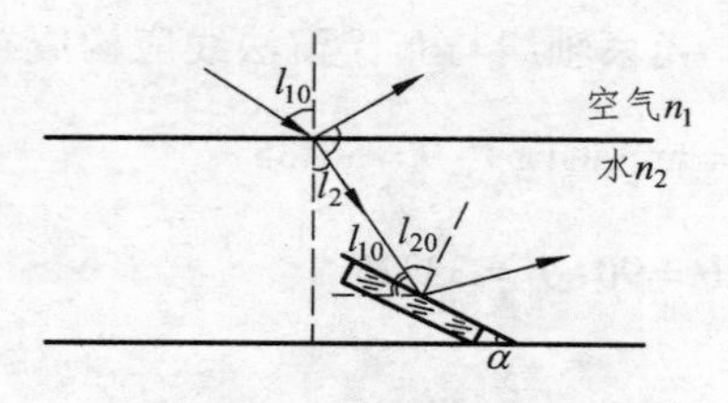

图 6.13 偏振光实验

解：（1）根据布儒斯特定律，$i_0 = \arctan\left(\frac{n_2}{n_1}\right)$，求得入射角应为

$$i_{10} = \arctan 1.33 = 53.06°$$

（2）先求出从水到玻璃的布儒斯特角 i_{20}

$$i_{20} = \arctan\frac{1.50}{1.33} = 48.44°$$

设玻璃与水面的夹角为 α，再由几何关系求 α 角，由图 6.13 可见

$$\alpha + 90° = i_{10} + i_{20}$$

故

$$\alpha = i_{10} + i_{20} - 90° = 53.06° + 48.44° - 90° = 11.5°$$

除了人造偏振片外，我们也能利用反射来产生线偏振光。用一块玻璃片，使自然光以布儒斯特角入射，反射光就是线偏振光，但是强度很小，约为入射光能的4%左右，而且光线方向发生了改变，使用起来也不方便。为获得方向不变的高强度线偏振光，可以把许多玻璃片重叠起来，光线以布儒斯特角入射，每经过一个界面，都将因反射使透光中的垂直振动削弱，当玻璃片足够多时，最后的出射光也就成为线偏振光了。通常将许多玻璃片装在一个筒内，作为获得线偏振光的装置，称为**玻璃堆**（见图 6.14）。

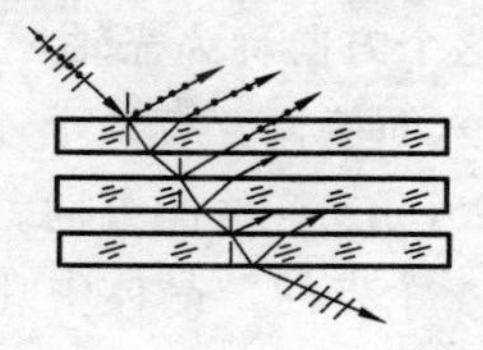
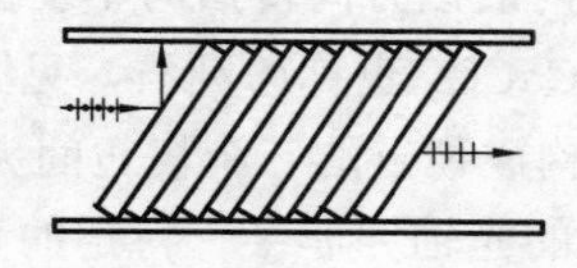

图 6.14 玻璃堆偏振装置

利用玻璃堆起偏由于玻璃层数多，光能吸收厉害，因此实用价值不大，在实际上已为别的方法所代替，但反射起偏原理在近代激光制作中得到了应用。

例 6-4 为了获得线偏振激光，外腔式氦氖激光器设置了布氏窗 *A* 和 *B*（见图 6.15），窗片 *A* 和 *B* 的法线与激光束轴线构成布儒斯特角。光在反射镜 M_1、M_2 间来回反射时，每通过布儒斯特窗片，垂直于入射面的光振动都要被部分反射而逐渐削弱，不能形成激光输出。平行于入射面的光振动则反射损耗很少，能形成激光输出。输出激光是振动面平行于入射面的线偏振光。如果窗片玻璃对输出激光的折射率 n=1.515 9，试求激光轴线与窗片的夹角。

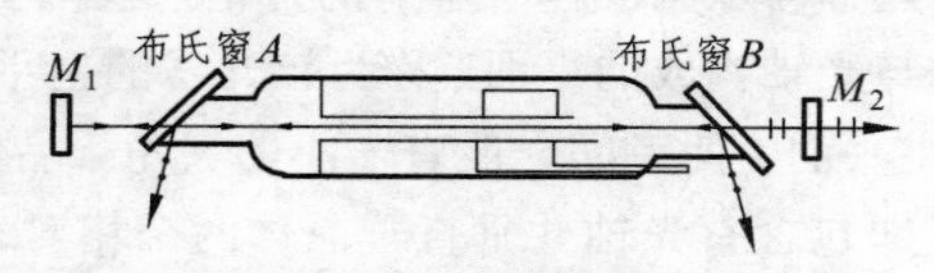

图 6.15 外腔式氦氖激光器

解：要产生偏振激光输出，光束轴线与布氏窗法线应构成布儒斯特角 i_0，据布儒斯特定律

$$i_0 = \arctan\frac{n_2}{n_1} = \arctan 1.515\,9 = 56°35'$$

故所求激光轴线与窗片的夹角 $\theta = 90 - i_0 = 33°25'$。

6.4 晶体的双折射

巴托林纳斯在观察一种冰岛出产的晶体时首次发现双折射现象，他于 1669 年写道："当我研究该晶体时，它显示一种奇异而非凡的现象：透过该晶体去看物体，不像其他透明体那样只折射单像，而是显示双像。" 1808 年，马吕斯发现经双折射透射的两束光都是线偏振光。实验得知，多数晶体都会发生双折射，我们经常接触的玻璃、水等介质是非晶体，通常情况下不发生双折射。利用双折射现象及其规律可以制成各种晶体偏振器件，它们可当作起偏器、检偏器，还可以改变光的偏振状态。

6.4.1 双折射现象

如图 6.16 所示，一束光进入晶体后产生两束折射光的现象称为**晶体的双折射现象**。

对晶体中传播的两束光进行研究，**发现其中一束光遵守折射定律**，称它为**寻常光，用 o 表示；另一束不遵循折射定律**，比如，它不一定在入射面内，折射角、入射角两正弦的比值会随传播方向的变化而变化，甚至当垂直入射时，它也要发生偏折［见图 6.16（b）］，**这束光称为非常光，用 e 表示**。

对各种入射方向进行研究时，发现如果改变入射光束的方向，发现两束光分开的程度发生变化，说明晶体的双折射性质随方向变化，表现出各向异性。仔细实验能找到一个特殊的方向，**当光在晶体内沿该方向传播时不发生双折射，这个方向称为光轴**。

方解石晶体（$CaCO_3$ 也称冰洲石，见图 6.17）是六面棱体，有八个顶点，其中有两个相对的顶点 A 和 B，构成顶点的三个棱边间夹角都为 102°，AB 连线的方向就是方解石晶体的光轴。应注意，晶体的光轴并非某一特定的直线，而是一个方向，晶体中凡平行于这个特殊方向的直线都是光轴。

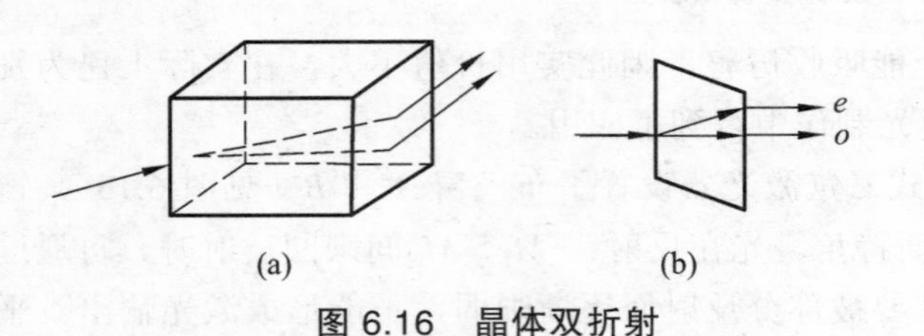

图 6.16 晶体双折射

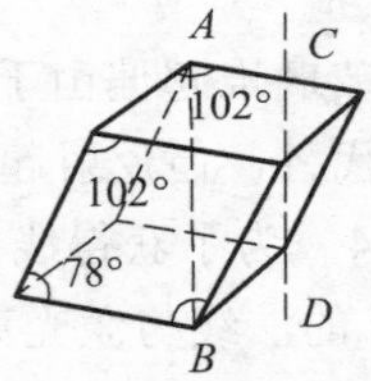

A
C
102°
102°
78°
D
B

图 6.17 方解石晶体

方解石、石英等晶体中**只有一个光轴方向称它们为单轴晶体**，还有许多晶体如云母、硫黄、黄玉等有两个光轴方向，称为双轴晶体。本书的讨论，仅限于单轴晶体。

在晶体中任一已知光线与光轴构成的平面，称为该光线的**主平面**。o 光与光轴构成 o 光主平面，e 光与光轴构成 e 光主平面，两者间一般有一小的夹角。晶体的表面法线与光轴构成的平面，叫作晶体的**主截面**，即包含有光轴并垂直于晶体两个相对表面的任一平面都是它的主截面，如图 6.18 所示。请注意，主截面是晶体的固有属性，给定晶体后，就具有确定的主截

面，它与光线无关，而晶体的主平面并不确定，它随光线方向改变而改变。

用检偏器检验，发现 o 光与 e 光都是线偏振光。o 光的振动面垂直于 o 光的主平面；e 光的振动面平行于 e 光的主平面。在入射面和晶体主截面重合的特殊情况下，o 光与 e 光都位于入射面内，这时 o 光与 e 光的主平面也和晶体的主截面重合，即“三面合一”，o 光与 e 光的振动面互相垂直（见图 6.19），这种特殊情况使问题大大简化。在一般情况下，由于 o、e 两光的主平面间有小的夹角，所以两线偏振光的振动面只是近似互相垂直。

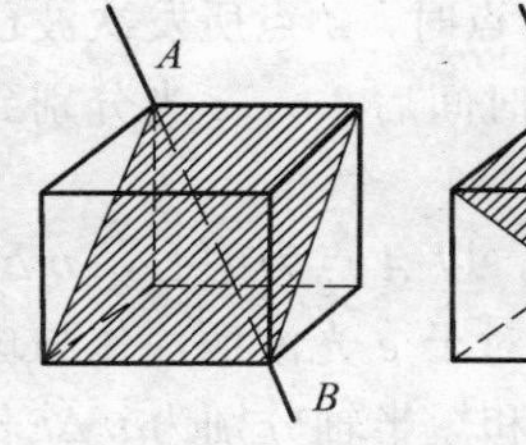

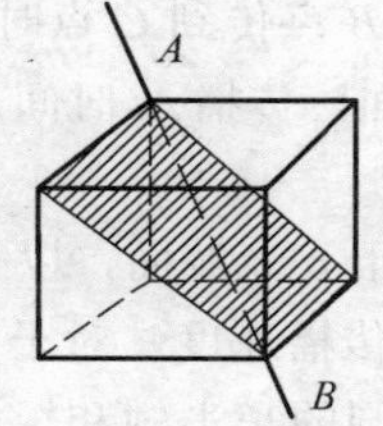

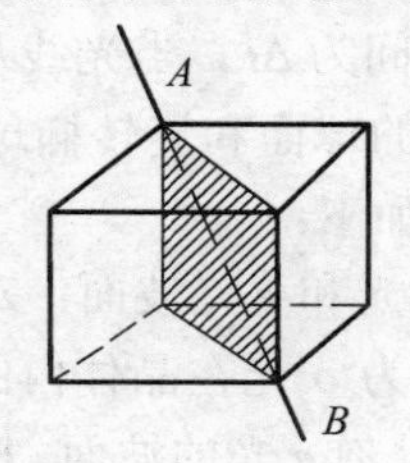

图 6.18 晶体的主截面

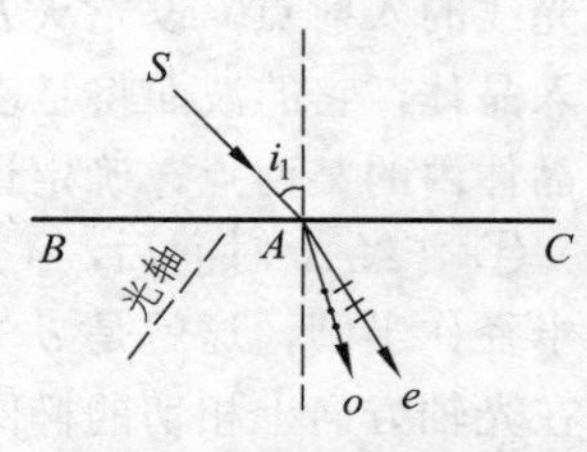

图 6.19 “三面合一”

值得指出的是，**所谓 o 光和 e 光，只是相对于晶体而言的**。自然光一进入晶体，就分解为强度相等，光振动方向互相垂直的两束线偏振光，即 o 光和 e 光。一旦它们射出晶体以后，它们只是振动方向不同的两束线偏振光，这时就无所谓是 o 光还是 e 光。

6.4.2 用惠更斯作图法确定单轴晶体内光的传播方向

双折射晶体是各向异性的光学介质，可用电磁波在各向异性介质中传播的宏观电磁理论对双折射现象及其规律作出完满的解释，也可采用建立微观振子模型的方法加以解释。

早在 1690 年，惠更斯提出了一个假设，对双折射现象作出了简单而直观的解释。

惠更斯认为从点光源发出的光，在单轴晶体内产生两种不同的波面，由于 o 光遵守折射定律，它沿任何方向传播的速度均相同，故其波面必为球面。对于 e 光，由于不服从折射定律，共传播速度必与方向有关。又因为在光轴方向上不发生双折射，o 光与 e 光具有相同的速度，惠更斯就假设 **e 光的波面是旋转椭球面**。因此，从点光源发出的光在单轴晶体内的波面是双层的。o 光的波面为一球面，e 光的波面为一旋转椭球面，**这两个球面在光轴方向上相切**，如图 6.20 所示，在图上用点与短线表示这两种光的振动方向。

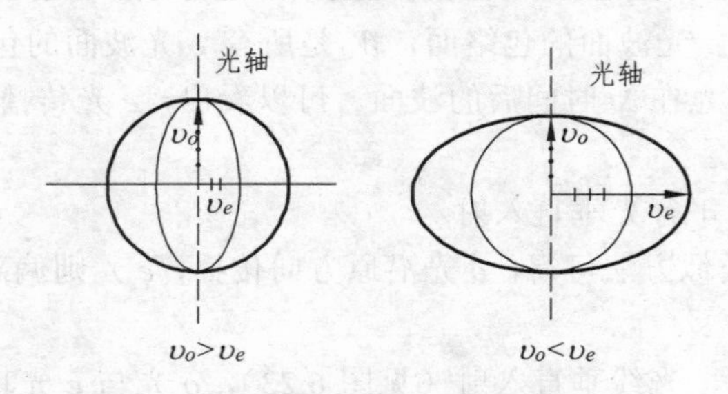

图 6.20 o 光与 e 光的波面

单轴晶体可分为两类，在有些晶体（如石英）中，$v_o > v_e$，这种晶体称为**正晶体**；另一些晶体（如方解石）中，$v_o < v_e$，称为**负晶体**。

从图 6.20 中还可以看出，e 光速率随方向变化的规律是：在光轴方向上，与 o 光相同，为 v_o；在垂直于光轴方向上，e 光速率为 v_e；在其他方向上，传播速度介于 v_o 与 v_e 之间。

惠更斯假说符合实验和经典电磁场理论。

下面用惠更斯作图法确定晶体内 o 光与 e 光的方向。根据惠更斯原理，当光通过晶体时，波面上每一点都是次波源，同时发出球面次波和旋转椭球面次波，由惠更斯作图法可以确定 o 光与 e 光在晶体内的传播方向。下面以正晶体为例，就几种特殊情况进行讨论。

（1）光轴位于入射面内，与晶面斜交，平行光斜入射。

如图 6.21 所示，一平行光束入射到晶体表面，AB 为波面，AZ 为光轴方向。A、C 为两边缘光线的入射点，设光从 B 传到 C 的时间为 Δt，当光线从 B 点传到 C 点时，A 点所发次波已进入晶体，它的波面将是以 A 点为中心的球面和旋转椭球面，传播 Δt 时间后，o、e 光分别到达晶体内的某两点，确定该两点的步骤如下：

① 作经 Δt 时间后，A 点所发出的 o 光和 e 光波面：对于 o 光波面，以 A 点为中心，$\upsilon_o\Delta t$ 为半径作半圆，这就是 o 光的波面，υ_o 为 o 光在晶体内的传播速度。对于 e 光波面，作与球面在光轴方向上相切的椭圆，即为同一时刻 e 光的波面。椭圆的长半轴和短半轴分别为 $\upsilon_o\Delta t$ 和 $\upsilon_e\Delta t$。

② 确定 o、e 光的传播方向。过 C 点分别作两波面的切面 W_e 和 W_o，切点为 D、E，该两点即为当光从 B 点到 C 点时，从 A 点发出的 e、o 光分别达到的点。连接 AD、AE，并各自延长，这两个方向即为晶体中的 e 光和 o 光的传播方向。从 C 点折入晶体形成的 e 光、o 光分别与 AD、AE 平行。

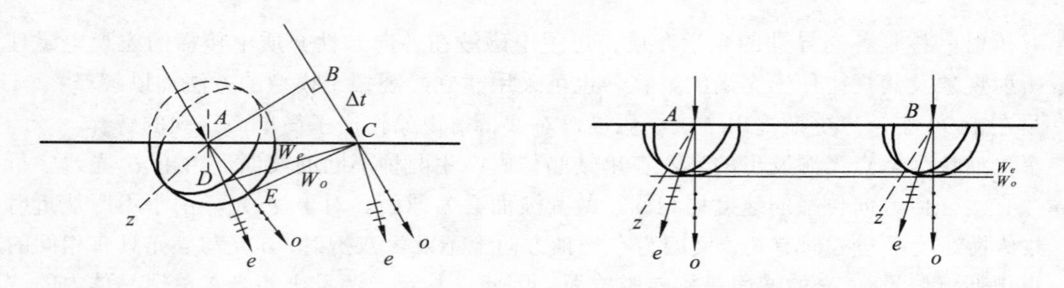

图 6.21　光轴位于入射面内，平行光斜入射晶体　　**图 6.22　光轴位于入射面内，平行光垂直入射**

在图 6.21 中，如果将入射光束中的所有光线按上述方法一一作出 o 光波面和 e 光波面，那么可以发现 W_o 是所有 o 光波面的包络面，W_e 是所有 e 光波面的包络面。即 W_o 和 W_e 分别是晶体中传播的 o 光和 e 光在 Δt 时间后的波面。可以看出，e 光传播方向并不与其波面垂直，这是晶体各向异性的表现。

（2）光轴方向同上，平行光垂直入射。

如图 6.22 所示，用类似方法可得，o 光沿原方向传播，e 光则偏离原方向，但两个波面仍与晶面平行。

（3）光轴垂直于晶面，光线垂直入射（见图 6.23），o 光与 e 光均沿光轴方向传播，且传播速度相同，不产生双折射现象。

（4）光轴平行于晶面，光线垂直入射（见图 6.24），两束光都沿原方向传播，但速度不同，两个波面不重合。仍属于双折射现象，因为两种光在晶体中的速度不相同。在经过一定厚度以后，o、e 光之间存在一定的相位差。通过后面的学习可以知道，应用这个相位差可以制成一种称为波晶片的重要偏振器件。

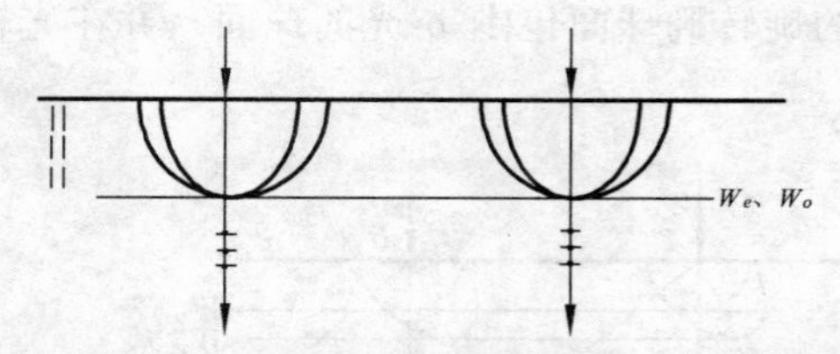

图 6.23　光轴垂直于晶面，光线垂直入射

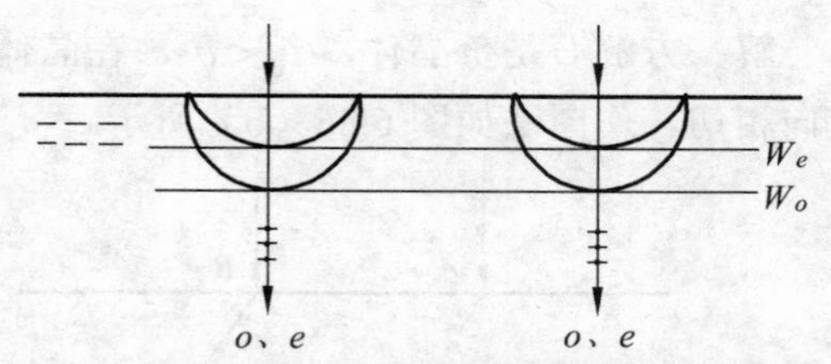

图 6.24　光轴平行于晶面，光线垂直入射

以上是以正晶体为例，对于负晶体的情形，只要注意两波面的关系是 e 光的旋转椭球面包围 o 光的球面，其他方法与正晶体相同。

6.4.3　单轴晶体的主折射率

由单轴晶体的波面图如图 6.20 所示可以看到，不论正晶体还是负晶体，当顺着光轴方向看时，在垂直于光轴的平面内 o 光和 e 光波面为同心圆环，即在垂直于光轴的平面内，e 光的传播速度不再随方向变化，而成为常量。人们就在这个平面内分别定义了 o 光和 e 光的折射率——主折射率 n_o 和 n_e。

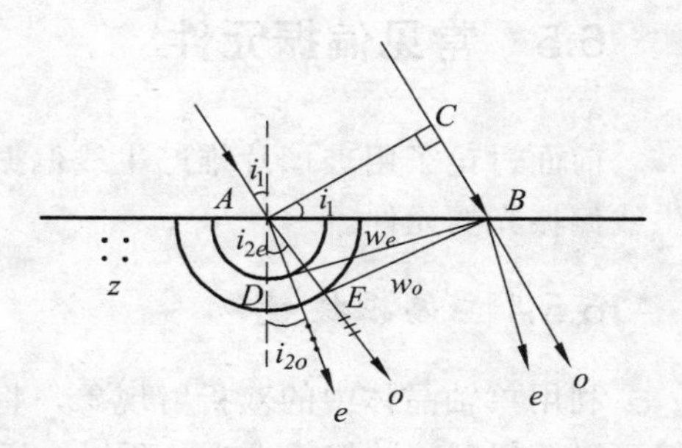

图 6.25　计算 e 光、o 光折射率

如图 6.25 所示，图面即为垂直于光轴的平面，o 光和 e 光的波面都是球面，光由 C 传到 B 的时间为 Δt，显然有 $AD = \upsilon_e \Delta t$，$AE = \upsilon_o \Delta t$。对于 e 光的折射有

$$\frac{\sin i_1}{\sin i_{2e}} = \frac{CB/AB}{AD/AB} = \frac{C\Delta t}{\upsilon_e \Delta t} = \frac{C}{\upsilon_e} = n_e$$

为一常数。

对于 o 光的折射有

$$\frac{\sin i_1}{\sin i_{2o}} = \frac{C\Delta t/AB}{\upsilon_o \Delta t/AB} = \frac{C}{\upsilon_o} = n_o$$

上两式中的 n_o 和 n_e 分别叫晶体对 o 光和 e 光的主折射率。正晶体的 $\upsilon_o > \upsilon_e$，负晶体 $\upsilon_o < \upsilon_e$，故正晶体的 $n_o < n_e$，负晶体的 $n_o > n_e$，表 6-1 给出了几种常见单轴晶体对钠黄光的主折射率。请注意，只有在垂直于光轴的平面内，e 光才遵守折射定律，在一般情况下，e 光的传播不遵守折射定律。

表 6-1　几种常见晶体对钠黄光的主折射率

晶　体	n_o	n_e
方解石	1.658	1.486
石英	1.544	1.552
硝酸钠	1.585	1.337
电气石	1.640	1.620
冰	1.306	1.307

例 6-5　有一块方解石，光轴在入射面内，与晶体表面斜交，光线垂直表面入射，用作图法求晶体内两种光的传播方向。

解：方解石是负晶体，$v_o < v_e$，在晶体中 e 光的旋转椭球面包围 o 光的球面，并在光轴方向相切。作图法如图 6.26（b）所示。

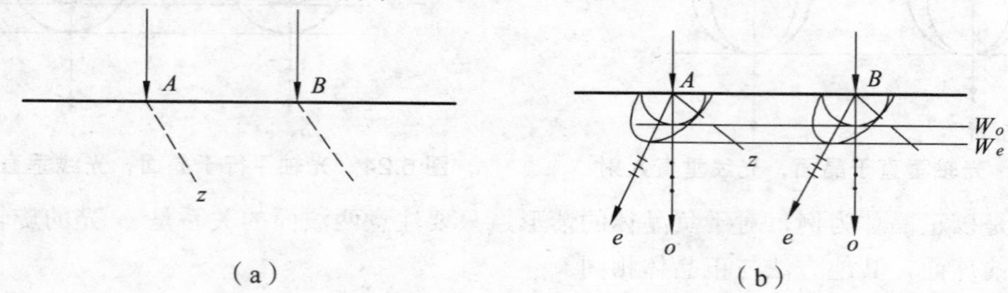

图 6.26　方解石对光线的折射

6.5　常见偏振元件

前面讨论了用玻璃片堆产生线偏振光的原理，本节将讨论利用晶体双折射和二向色性产生线偏振光的元件。

6.5.1　偏振棱镜

利用单轴晶体中的双折射现象，将晶体制成各种棱镜，可以产生线偏振光。由于偏振棱镜可以获得理想的线偏振光，所以广泛应用于高精度的激光偏光技术。

1. 尼科耳棱镜

尼科耳棱镜简称尼科耳，它是以其创制者的姓氏命名的偏振棱镜，是人们最先制成的双折射偏振仪器。其结构如图 6.27（a）所示，主体是一块经过精密加工的长六面体方解石，长与宽之比为三比一。将晶体按一定的要求切成两块（*AECFB* 和 *AECFD*），然后再用透明的加拿大树胶重新黏结起来，光轴为 ZZ'；一束自然光 *SG* 由左端面射入，其入射面与晶体的主截面 *ABCD* 重合［见图 6.27（b）］，o、e 光都在其内传播，方解石对 o 光折射率 $n_o = 1.658$。加拿大树胶是一种各向同性的透明介质，它对 $\lambda = 589.3\ \text{nm}$ 的钠黄光折射率为 1.550，介于方解石对该黄光折射率 $n_o = 1.658\,4$ 与 $n_e' = 1.515\,9$ 之间（这里的 n_e' 是黄光沿图中纵长方向传播时 e 光的等效折射率，它等于真空中的光速 c 与 e 光在晶体中沿纵长向传播时之比）。所以对于 o 光来说，树胶相对于方解石为光疏介质，而对 e 光则为光密介质。当 o 光大约以 77°角入射到加拿大树胶层上时，因入射角大于该界面的临界角（$i_c = \arcsin\dfrac{1.550}{1.658} \approx 69°$），故发生全反射而射向棱镜侧壁，继而被壁上的涂黑层吸收。**而 e 光射向树胶层上时，不发生全反射，可通过**

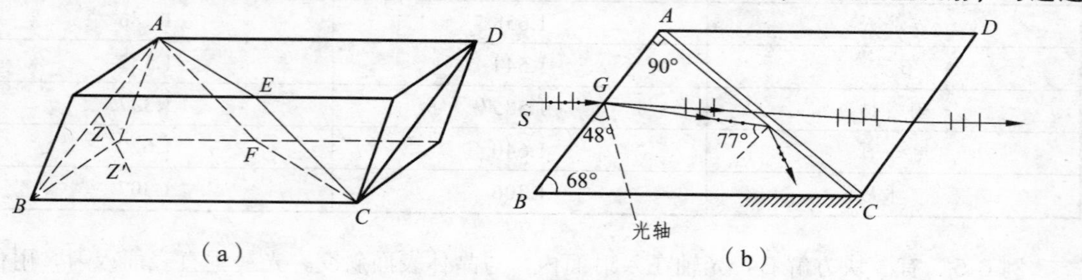

图 6.27　尼科耳棱镜

尼科耳，因此从尼科耳右端面射出的光为线偏振光，其振动面平行于主截面，即平行于尼科耳端面的对角线。可以看出，尼科耳棱镜利用全反射把晶体中传播的两束线偏振光去掉一束（*o* 光）。

尼科耳棱镜在光学发展史上曾有着重要的地位。但近年来，在激光应用技术和现代偏光技术中已被新型棱镜所取代。

下面介绍两种新型的偏振棱镜。

2. 格兰棱镜

尼科耳棱镜中出射光与入射光不在一条直线上，有时使用不方便，格兰棱镜就是为改进这一缺点而设计的。格兰棱镜是由两块方解石直角棱镜所组成，如图 6.28 所示，它的光轴平行于端面也平行于斜面，与图面垂直（用点表示），两斜面接合处可以是空气层，也可以用适当的介质黏合（如用加拿大树胶、甘油等）。

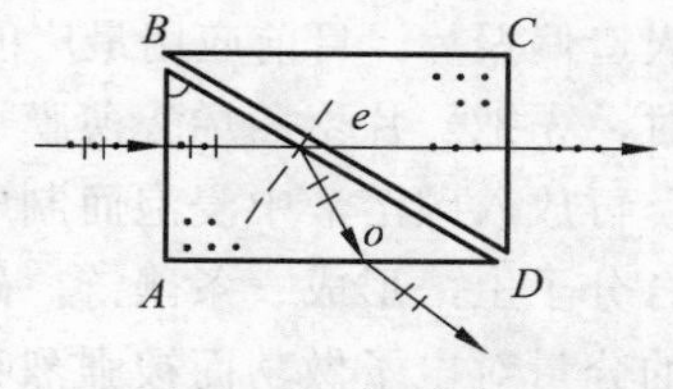

图 6.28 格兰棱镜

自然光进入第一棱镜后所分解的 *o* 光、*e* 光传播速度不同，但光路不分开。当光线射入交界面 *BD* 上时，入射角等于棱镜的顶角 θ，适当选择 θ 角使得 *o* 光发生全反射而 *e* 光不发生全反射，于是 *o* 光将被侧面吸收或从侧面射出，而振动面平行于光轴的线偏振光将沿入射方向射出。对于斜面间充以空气的格兰棱镜，θ 角取为 38.5°。

3. 沃拉斯顿棱镜

沃拉斯顿镜是一种能够**将自然光分解为两束角度较大的、振动方向互相垂直的线偏振光的偏振元件**。如图 6.29（a）、（b）所示，它由两块方解石（也可用石英）直角棱镜所组成。两棱镜的光轴互相垂直，一个平行于图面（用短线表示），一个垂直于图面（用点表示）。自然光由左端面垂直射入，在晶体中形成 *o* 光和 *e* 光，它们仍沿入射方向传播，但速度不同。由于两块棱镜的光轴互相垂直，棱镜 *ABD* 中的 *o* 光进入棱镜 *BDC* 后成为 *e* 光；而棱镜 *ABD* 中的 *e* 光进入棱镜 *BDC* 后成为 *o* 光。因方解石的 $n_o > n_e$，所以在界面 BD 上折射时，棱镜 *ABD* 中的 *o* 光由光密介质折入光疏介质，故折射线远离法线向上偏折；棱镜 *ABD* 中的 *e* 光则由光疏介质进入光密介质，折射线靠近法线向下偏折，两折射线之间形成一个夹角。这两束光从右端面射出时，又以更大的夹角分开，这样就得到两束夹角很大的，振动方向互相垂直的线偏振光。

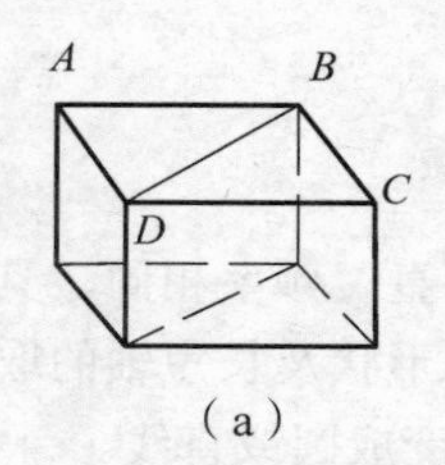

（a）

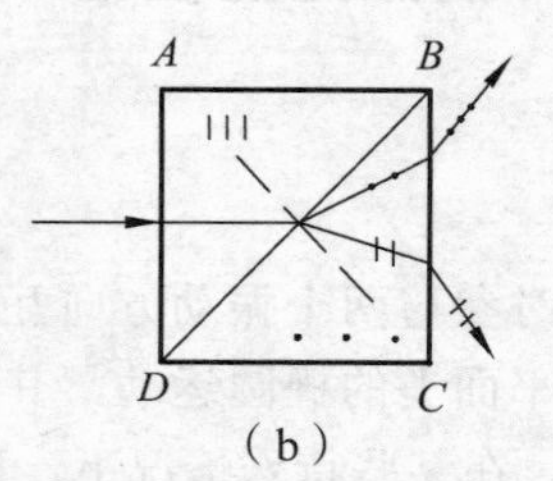

（b）

图 6.29 沃拉斯顿棱镜

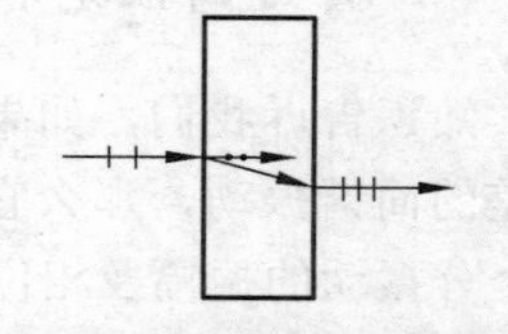

图 6.30 晶体的二向色性

6.5.2 偏振片

目前使用较多的偏振元件是人造偏振片。尼科耳棱镜和沃拉斯顿棱镜不能产生大面积偏振光，且造价昂贵，限制了使用。人造偏振片成本低，轻便，能产生大面积的线偏振光，适合非精密要求的一般使用。

自然界有一类各向异性的晶体（如电气石）对入射光中两个互相垂直的振动成分具有选择吸收的性能，这种性质称为**二向色性**。如图 6.30 所示，电气石对 *o* 光有强烈的吸收作用，在 1 mm 的距离内寻常光差不多已被完全吸收，而对 *e* 光则吸收很少，以自然光白光入射时，透射光为线偏振光且呈绿色。

利用电气石这类具有二向色性的晶体，可做成偏振器。但因它略带颜色，且大小有限，所以无实用价值。1928 年，由哈佛学院十九岁的大学生兰德发明了人造二向色性材料，制成了人造偏振片。目前应用最广的是 H 型偏振片，也是兰德发现的（1938 年），制造这种偏振片时，先把一片聚乙烯醇薄膜加热后，沿一个方向拉伸，使聚合物分子在拉伸方向排列成长链，再放入碘溶液中浸泡而制成。浸泡后的聚乙烯薄膜具有二向色性。碘附着在直线的长链聚合分子上，形成一条碘链，碘中的传导电子能沿着碘链运动。自然光入射后，光矢量平行链的分量对电子做功而被强烈吸收，只有矢量垂直于薄膜拉伸方向的分量可以透过，即其透振方向垂直于拉伸方向。人造偏振片可根据使用要求，制成不同形状、不同大小。

目前，在一般偏振仪器如偏振显微镜、量糖计以及许多起偏、检偏装置中大多采用人造偏振片。在观看立体电影时观众要戴上一副眼镜，这是一对透振方向互相垂直的偏振片，且透振方向分别与左右两放映机所用的线偏振光的振动方向相同。立体电影的立体感是利用人眼的立体视觉，即双眼视觉产生的。由于左片只能透过左机射出的线偏振光，而右机射出的线偏振光因其振动方向与左镜片的透振方向垂直而不能通过，因而观众的左眼只能看到左机放映的影像。同样的分析可知右眼只能看到右机放映的影像，两影像不混淆地分别进入两眼形成了立体视觉。大家在看立体电影时可以试验一下，摘下眼镜，将会看到两个稍有差别、交错重叠的影像，景物是模糊的。实际立体电影放映机用的是单镜头，两种图像分别记录在同一胶片的上下两部分，放映时交替地将两影像呈现在银幕上，其光学原理与上述分析相同。

再举一个应用偏振片的例子，那就是照相机的偏振滤光片。在拍摄落日时的水面、雨后的街道、池中的游鱼或玻璃橱窗内的陈列物时，由于反射光的干扰，往往使景象不清楚。我们知道，反射光是偏振或部分偏振的，如果我们在照相机的镜头前装一偏振片，使其透振方向与反射光的振动面垂直，就可减弱偏振的反射光而使图像变得清晰。

6.6 椭圆偏振光与圆偏振光　偏振光的检验

6.6.1 椭圆偏振光和圆偏振光

力学知识告诉我们，如果一个质点同时参与两个振动方向互相垂直、频率相同、具有固定相位差的简谐振动，那么它的合振动是平面上的椭圆运动，其椭圆形状及长短轴的取向等都与两个分振动的振幅及相位差密切相关。在某些特殊情况下，椭圆变成圆或直线。

在光学中，如果有两束同频率、振动面互相垂直、有固定相位差的线偏振光沿同一方向传播，则在传播过程中，其合振动矢量的方向和大小都将发生变化，而其合矢量（即光矢量）的末端在垂直于光的传播方向的平面内将描绘出椭圆或圆，在某些特殊情况下，椭圆变成圆或直线。我们就将这种在垂直于传播方向的平面内光矢量端点做椭圆运动的光称为**椭圆偏振光**。**圆偏振光**和线偏振光都是椭圆偏振光的一种特殊情况。

显然，椭圆偏振光和圆偏振光的形成，是由具有一定相位差的两正交光振动即两线偏振光合成的结果。在实验室中获得椭圆或圆偏光的装置如图 6.31 所示，P_1 是起偏器，c 是双折射晶体薄片，其光轴平行于晶体表面，P_1 的透振方向与 c 的光轴方向夹角为 θ。自然光经起偏器 P_1 后形成的线偏振光垂直入射至晶片 c 上，在 c 内形成沿同一方向传播、振动互相垂直的两线偏振光，由 c 射出后两者有一定相位差，从而合成椭圆或圆偏振光。

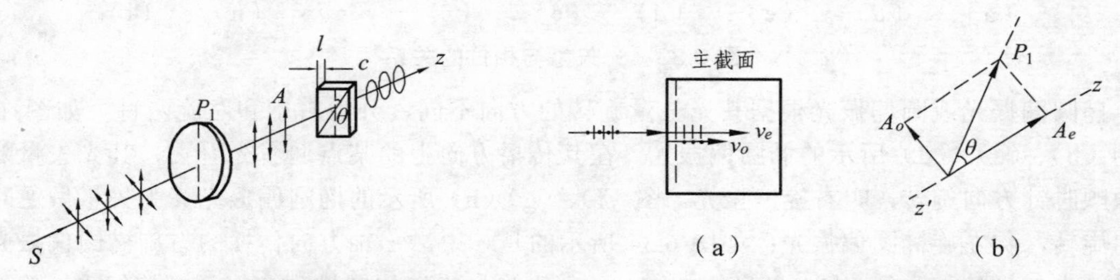

图 6.31　获取圆偏振光的装置　　**图 6.32　光在晶体中传播**

晶片 c 中 o、e 光的振动面、相位差和强度的分析和计算如下。如图 6.32 所示，在晶片 c 中，o、e 光都沿着垂直于晶片表面的方向传播，但速度不同（方解石中 e 光快于 o 光）。在刚进入晶片表面时，两束光相位相同（为零），经过厚度为 l 的晶片射出时就有

$$\left.\begin{aligned}&\text{光程差}\quad n_o l - n_e l = (n_o - n_e)l\\&\text{相位差}\quad \Delta\Phi = \frac{2\pi}{\lambda}(n_o - n_e)l\end{aligned}\right\}\quad (n_o > n_e) \tag{6.4}$$

它们的振动面是相互垂直的，e 光平行于 c 的主截面（图面），而 o 光则垂直于 c 的主截面。设入射偏振光的振幅为 A，其振动面与主截面的夹角就是 P_1 的透振方面与晶片 c 光轴的夹角 θ。则在晶体内分解成的 o 光与 e 光振幅为

$$\left.\begin{aligned}A_e &= A\cos\theta\\A_o &= A\sin\theta\end{aligned}\right\} \tag{6.5}$$

综上所述，由晶体薄片 c 射出的两线偏光频率相同（为原入射光的频率），振动方向互相垂直，有恒定的相位差 $\Delta\Phi$，振幅分别为 A_e 和 A_o，它们以椭圆偏光或圆偏光（$A_o=A_e$）的形式继续在空气中向前传播。光矢量的旋转方向及其描绘出的**椭圆或圆的形状、长短轴取向等性质都与相位差 $\Delta\Phi$ 密切相关**。其规律与力学中两正交振动合成的规律基本相同（见图 6.33），即当

$$\Delta\Phi = 2k\pi \quad (k = 0, 1, 2, \cdots) \tag{6.6}$$

时成为特殊的椭圆偏光——线偏振光 [见图 6.33（a）、（i）]，且振动面平行于原入射偏振光的振动面。当

$$\Delta\Phi = (2k+1)\pi \quad (k = 0, 1, 2, \cdots) \tag{6.7}$$

时，为线偏振光 [见图 6.33（e）]，但其振动面要相对于入射偏振光转过 2θ 角度。当

$$\Delta\Phi = (2k+1)\frac{\pi}{2} \quad (k = 0, 1, 2, \cdots) \tag{6.8}$$

时，为正椭圆偏振光 [见图 6.33（c）、（g）]。$\Delta\Phi$ 为上述以外的值时，成为各种取向不同的椭圆偏振光 [见图 6.33（b）、（d）、（f）、（h）等]，在形成正椭圆偏振光的情况下，若绕入射方向旋转晶体 c，使入射线偏振光振动面与光轴成 $\theta = 45°$ 角，则 $A_o=A_e$，即椭圆的长短轴相等，变成圆偏振光。

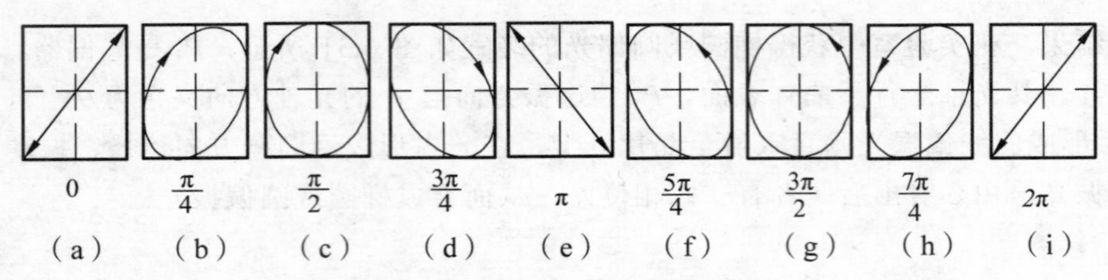

图 6.33　光矢量与相位的关系

椭圆偏振光或圆偏振光根据其光矢量旋转的方向不同，分为右旋和左旋两种。如图 6.33 中的（b）、（c）、（d）所示的椭圆偏振光，在其传播方向上的某点迎着光看去，其光矢量随时间做顺时针方向旋转，叫右旋偏振光。图（f）、（g）（h）所示的椭圆偏振光其光矢量做逆时针方向旋转，称左旋椭圆偏振光；如图 6.34 所示的是一束沿 z 轴方向传播的右旋椭圆偏振光在某时刻光矢量随 z 的分布图。随着 z 的增加，其光矢量末端如图排列在右手螺旋线上。随着时间的推移，此右旋椭圆偏振光在传播路径 z 上的各点，光矢量要随时间做顺时针旋转。因此图示的螺旋线必随时间做整体的顺时针转动（迎着光看）。光矢量在旋转的同时，其大小也伴随着变化。

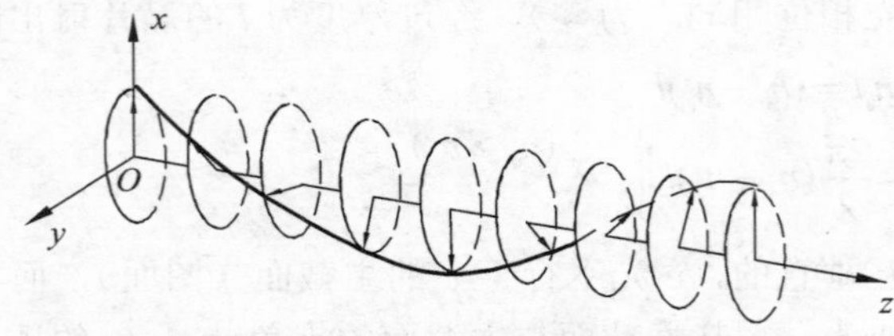

图 6.34　光矢量随 z 轴分布图

6.6.2　波　片

当晶片的厚度 l 满足（6.7）式，即

$$\Delta\Phi = \frac{2\pi}{\lambda}(n_o - n_e)l = (2k+1)\pi$$

时，它能使通过的 o、e 光产生“奇数个半波长”的光程差，称之为二分之一波片或半波片。其最小厚度，即产生半个波长光程差所需的厚度（$k=0$）

$$l_{\min} = \frac{\lambda}{2(n_o - n_e)} \tag{6.9}$$

由前面所学的知识可知，二分之一波片能使入射的线偏振光通过后，成为振动面转过 2θ 角的线偏振光。参见图 6.33（a）、（e）、（i），相当于利用半波片，可以使线偏振光从图（a）变到图（e），或从图（e）变到图（i）。

当晶片的厚度满足（6.8）式，即

$$\Delta\Phi = \frac{2\pi}{\lambda}(n_o - n_e)l = (2k+1)\frac{\pi}{2}$$

时，它能使通过的 e、o 光产生奇数个 $\frac{1}{4}$ 波长的光程差所需的厚度，当 $k=0$ 时，厚度最小，为

$$l_{\min} = \frac{\lambda}{4(n_o - n_e)} \tag{6.10}$$

四分之一波片能使入射的线偏振光成为正椭圆偏光或圆偏光，（6.9）式和（6.10）式中的 λ 是

指真空中的波长，不同波长可见光的同一种波片厚度是不同的。在实际应用中，当两块四分之一波片的光轴平行时，其总效应相当于一块二分之一波片的作用。

6.6.3 偏振光的检验

前面我们讨论了五种光：自然光、线偏振光、部分偏振光、圆偏振光和椭圆偏振光。在学习五种光的鉴别方法前，我们先分析下面两种情形。

第一，椭圆偏振光和圆偏振光经检偏器后光强的变化。本章 6.2 节讲过，利用一个偏振片作为检偏器可以区分自然光、部分偏振光与线偏振光。当椭圆偏振光和圆偏振光通过一块偏振片时能观察到什么现象呢？

设椭圆偏振光所对应椭圆的半长轴为 A_1，半短轴为 A_2，它们可以看成是合成椭圆偏振光的两正交线偏振光的振幅。当偏振片的透振方向转到与椭圆的长轴重合时，通过偏振片的透射光强为 $I_1 = A_1^2$；当偏振片的透振方向和短轴重合时，透射光强为 $I_2 = A_2^2$，显然，$I_1 > I_2$；当透振方向转到介于椭圆的长轴和短轴之间时，透射光强介于 I_1 和 I_2 之间，即 $I_1 > I > I_2$。于是，当椭圆偏振光透过偏振片时，在偏振片转动一周的过程中，透射光强出现两次极大值 I_1 和两次极小值 I_2，但不会发生消光现象。这个结果和通过偏振片观察部分偏振光的结果相同。

如果入射光是圆偏振光，在转动偏振片的过程中，透射光强将不会改变，这和通过偏振片观察自然光的结果也完全相同。

显然，只靠一个偏振片，将无法区分椭圆偏振光和部分偏振光，也不能区分圆偏振光和自然光。

第二，各种光经 $\dfrac{\lambda}{4}$ 片后偏振态的变化。当一束自然光入射到 $\dfrac{\lambda}{4}$ 片时，虽然晶片中形成的 o 光和 e 光振动面相互垂直，但这两束光不能合成椭圆偏振光或圆偏振光，这是因为它们之间没有固定的相位差。这两束光经 $\dfrac{\lambda}{4}$ 片后，仍是两束独立的线偏振光，因此合起来仍是自然光。同理，部分偏振光通过 $\dfrac{\lambda}{4}$ 片后，仍然是部分偏振光。

如果入射的是线偏振光，有下面三种情形：① 线偏振光的振动面与 $\dfrac{\lambda}{4}$ 片的光轴平行或垂直，此时在晶片中只存在一种线偏振光（e 光或 o 光），所以从晶片上射出的仍为线偏振光。② 入射光的振动面与 $\dfrac{\lambda}{4}$ 片的光轴成 45°角，则在晶片内形成的 o、e 光振幅相等（A_o=A_e），由前面所学的知识可知，从晶片射出的光为圆偏振光。③ 入射光的振动面处于其他位置时，经 $\dfrac{\lambda}{4}$ 片后的光为椭圆偏振光。

若入射的是圆偏振光或椭圆偏振光，如前所述，圆偏振光或正椭圆偏振光的 o、e 光相位差原为 $\Delta\Phi = (2k+1)\dfrac{\pi}{2}$，经 $\dfrac{\lambda}{4}$ 片后，产生 $\pm\dfrac{\lambda}{2}$ 的变化，故相位差将变为 $\Delta\Phi' = (2k+1)\pi$ 或 $2k\pi$。因此，圆偏振光经 $\dfrac{\lambda}{4}$ 片后成为线偏光，而椭圆偏振光经 $\dfrac{\lambda}{4}$ 片后则不一定成为线偏振光，只有当椭圆的长短轴与 $\dfrac{\lambda}{4}$ 片的光轴平行时（即为正椭圆），才会变为线偏振光。而当椭圆的对称轴处于其他位置时，椭圆偏振光经 $\frac{\lambda}{4}$ 片后仍为椭圆偏振光。

下面我们来讨论偏振光的检验方法。

首先用偏振片来检验。让待检光通过一个偏振片，旋转偏振片，若透射光强不变，则入射光为圆偏振光或自然光；若观察到透射光强有明暗变化但无消光现象，则入射光为椭圆偏振光或部分偏振光；若有消光现象，入射光就是线偏振光。利用偏振片把入射光分为三类，并鉴定出线偏振光。如图 6.35（a）所示。

然后利用 $\frac{\lambda}{4}$ 片区分自然光和圆偏振光，部分偏振光和椭圆偏振光。我们先来区分圆偏振光和自然光，让入射光先通过 $\frac{\lambda}{4}$ 片，转动偏振片，若出现消光现象，入射光就是圆偏振光，否则就是自然光。

用类似的方法也可将部分偏振光与椭圆偏振光区分开来，只是注意适当改变 $\frac{\lambda}{4}$ 片位置。具体方法是，让入射光先通过 $\frac{\lambda}{4}$ 片，但 $\frac{\lambda}{4}$ 片的光轴要与第一个检验步骤中出现光强极大（或极小）时偏振片的透光轴方向一致（若待检光为椭圆偏振光，即可使其长（短）轴与光轴重合），再通过偏振片。转动偏振片，若出现消光现象，入射光为椭圆偏振光；若透射光强度有变化，但无消光现象，则入射光为部分线偏振光。如图 6.35（b）所示。

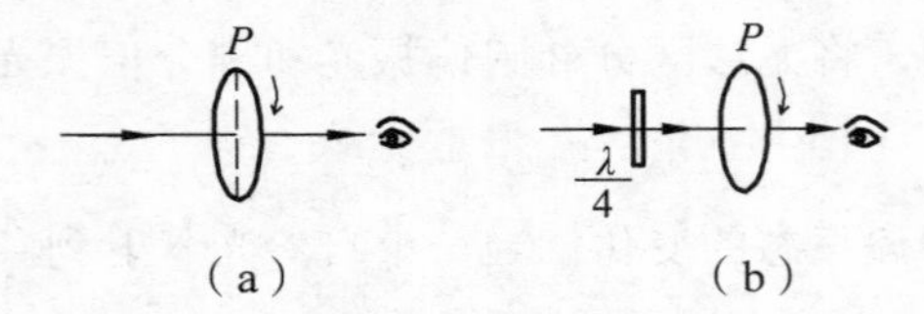

图 6.35　偏振光的检验方法

6.7　偏振光的干涉

观察偏振光干涉的实验装置如图 6.36 所示，在两块偏振片之间插入一块光轴平行于晶面的晶体薄片，令平行光垂直入射到第一个偏振片 P_1，用眼睛观察从第二个偏振片 P_2 射出的透射光强，或把透射光投射到屏幕 E 上观察。

（1）当薄晶片 C 厚度均匀，且用单色光入射时，屏幕上光强是均匀的。转动三个元件中的任一个，屏幕上光强将发生变化。

若用白光入射时，幕上会呈现一定颜色，转动任一元件，颜色将发生改变。用一块透明塑料纸代替晶片 C，不一定有彩色图样，但拉伸塑料纸，将会看到彩色图样，转动一块偏振片，彩色图样将发生变化。塑料经拉伸后具有双折射性质，这将在后面讲到。

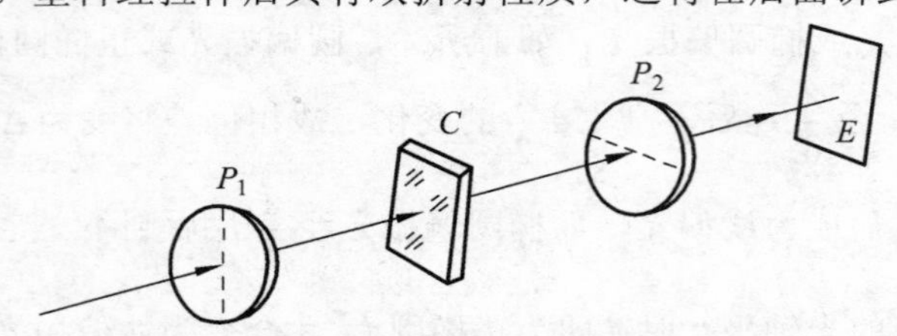

图 6.36　偏振光的干涉

（2）若将晶片制成尖劈状，就会出现干涉条纹，这种干涉条纹具有等厚干涉的特征。白光入射时，呈现彩色条纹。转动元件，条纹的色彩及相对强度均发生变化。

下面先对上述实验现象进行初步分析，再作定量讨论。

我们知道，从偏振片 P_1 射出的线偏振光通过晶片 C 后形成 o、e 光，虽然它们频率相同，有恒定相位差，但因振动面互相垂直，因此只能合成椭圆偏振光而不能产生干涉。当这两束光进入偏振片 P_2 后，只有各自投影到 P_2 透振方向上的分量透过，因此通过的这两个分量所对应的两个光振动的振动方向相同，满足相干条件，产生干涉，这就是偏振光的干涉现象。P_1、P_2 两偏振片透振方向不同时，产生的干涉效应有所区别。

我们仅就两种典型情况进行定量分析。

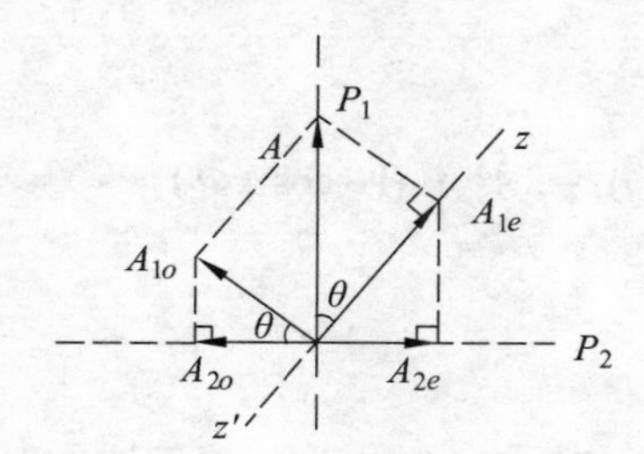

图 6.37 $P_1 \perp P_2$，偏振光干涉

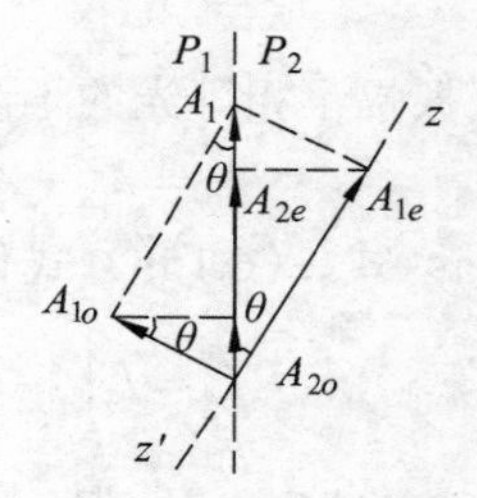

图 6.38 $P_1 /\!/ P_2$，偏振光干涉

（1）两偏振片透振方向互相垂直，即 $P_1 \perp P_2$ 时偏振光的干涉。如图 6.37 所示，以 P_1、P_2 代表偏振片的透振方向，z 代表晶体光轴。设晶体光轴与 P_1 成 θ 角，自然光经 P_1 后成为线偏振光，其振幅为 A，进入晶片 C 以后分成 o 光和 e 光，其振幅分别为

$$A_{1o} = A\sin\theta$$

$$A_{1e} = A\cos\theta$$

经过厚度为 l 的晶片后，两束光的相位差

$$\Delta\Phi_c = \frac{2\pi}{\lambda}(n_o - n_e)l \tag{6.11}$$

当它们经过 P_2 时，能透过的两个分量为

$$\left.\begin{aligned} A_{2o} &= A_{1o}\cos\theta = A\sin\theta\cos\theta \\ A_{2e} &= A_{1e}\sin\theta = A\cos\theta\sin\theta \end{aligned}\right\} \tag{6.12}$$

在透振方向 P_2 上投影时，也会引起一个位相差 $\Delta\Phi_{投}$，若投影后对应的两个光振动方向相同，则 $\Delta\Phi_{投} = 0$，若方向相反则 $\Delta\Phi_{投} = \pi$。因此，当 $P_1 \perp P_2$ 时，通过 P_2 的两束光的总相位差

$$\Delta\Phi_{\perp} = \Delta\Phi_c + \pi = \frac{2\pi}{\lambda}(n_o - n_e)l + \pi \tag{6.13}$$

这两束等振幅相干光产生干涉，干涉光强

$$I_{\perp} = 4A_{2e}^2\cos^2\frac{\Delta\Phi_{\perp}}{2}$$

将（6.12）式和（6.13）式代入，有

$$I_{\perp} = I_o\sin^2 2\theta\sin^2\frac{\Delta\Phi_c}{2} \tag{6.14}$$

式中，$I_o = A^2$ 是入射至晶片 C 上的线偏振光强度；θ 是该偏振光振动面与晶片 C 光轴的夹角。

当 $\Delta\Phi_\perp = 2k\pi$ 即 $\Delta\Phi_c = (2k+1)\pi \quad (k=1,2,3,\cdots)$ 时，为相长干涉，透射光强最大。

当 $\Delta\Phi_\perp = (2k+1)\pi$ 即 $\Delta\Phi_c = 2k\pi \quad (k=1,2,3,\cdots)$ 时，为干涉相消，透射光强为零。

（2）两偏振片的透振方向互相平行，即 $P_1 /\!/ P_2$ 时偏振光的干涉。如图 6.38 所示，透射光振幅为

$$A_{2o} = A_{1o}\sin\theta = A\sin^2\theta \tag{6.15a}$$

$$A_{2e} = A_{1e}\cos\theta = A\cos^2\theta \tag{6.15b}$$

它们之间的相位差

$$\Delta\Phi_{/\!/} = \Delta\Phi_c = \frac{2\pi}{\lambda}(n_o - n_e)l \tag{6.16}$$

这是两束振幅不相等光的干涉，其干涉光强

$$I_{/\!/} = A_{2o}^2 + A_{2e}^2 + 2A_{2o}A_{2e}\cos\Delta\Phi_c = (A_{2o} + A_{2e})^2 - 2A_{2o}A_{2e}(1-\cos\Delta\Phi_c)$$

将（6.15a）式、（6.15b）式代入上式有

$$I_{/\!/} = I_o\left(1 - \sin^2 2\theta\sin^2\frac{\Delta\Phi_c}{2}\right) \tag{6.17}$$

当 $\Delta\Phi_{/\!/} = \Delta\Phi_c = 2k\pi$ 时，为相长干涉；当 $\Delta\Phi_{/\!/} = \Delta\Phi_c = (2k+1)\pi$ 时，为相消干涉，但透射光强一般不为零。

由（6.15a）式和（6.15b）式可知：$I_\perp + I_{/\!/} = I_o$，$I_o = A_o^2$。这说明 $P_1 \perp P_2$ 和 $P_1 /\!/ P_2$ **两种情况下偏振光干涉光强是互补的**。（6.14）式和（6.15）式还告诉我们，$I_{/\!/}$ 和 $I_\perp$ 是 θ 和 $\Delta\Phi_c$ 的函数，而 $\Delta\Phi_c$ 又是入射光波长 λ 和晶片厚度 l 的函数，因此干涉光强要随 λ、l、θ 变化。

下面我们分别讨论几种情况。

（1）当晶片厚度均匀时，透过晶片各部分的两种光有相同的光程差，因此在屏上有相同强度。旋转晶片或旋转偏振片，θ 发生改变，强度发生变化。

当白光入射时，$\Delta\Phi_c$ 与 λ 有关，可能某些波长的光满足相长条件，某些波长的光满足相消条件，对其他波长的光则有不同程度的加强或减弱，因此出射光有一定颜色。当旋转晶片或 P_2 时，出射光颜色也发生变化。我们称这种现象为显色偏振。

（2）如果晶片厚度不均匀，则通过不同厚度处的两种光有不同的相位差，因此将出现等厚干涉条纹。当白光照射时，将出现彩色条纹。

（3）对于一定的晶片，当白光入射时，对 $P_1 \perp P_2$ 和 $P_1 /\!/ P_2$ 两种情况下所出现的颜色是不同的。但由于它们的干涉光强互补，可知这两种情况下干涉的颜色相加，将得到全部入射的色光——白光。因此这两种情况下干涉的颜色也是互补的。

显色偏振是鉴定物质是否具有双折射性质的极为灵敏的方法，当双折射率（$n_o - n_e$）很小时，用直接观察 e 光和 o 光的方法很难确定是否存在双折射现象。但只要把该种物质薄片放在两块偏振片之间，用白光照射，若能观察到彩色，就可断定该样品具有双折射特性。

例 6-6 两正交偏振片之间旋转一方解石晶片，晶片的光轴与第一偏振片 P_1 的透振方向夹角为 45°，若要使透过第二偏振片的光强为最大，波晶片最小厚度为多少？入射光强为 I_0 时，透出的光强有多大？（入射光 λ=589.3 nm，n_o=1.658，n_e=1.486）

解： 当两偏振片正交时，由第二个偏振片透射出的两相干光的相位差为

$$\Delta\Phi_\perp = \Delta\Phi_c + \pi$$

产生干涉极大的条件是

$$\Delta\Phi_c = (2k+1)\pi$$

即

$$\frac{2\pi}{\lambda}(n_o - n_e)l = (2k+1)\pi$$

当 k=0 时，晶片的厚度最小，为

$$l = \frac{\lambda}{2(n_o - n_e)} = \frac{5.89\times10^{-5}}{2\times(1.658-1.486)} = 1.71\times10^{-4}\ (\text{cm})$$

透射光强为

$$I_2 = I_1\sin^2 2\theta\sin^2\frac{\Delta\Phi_c}{2} = I_1\sin^2 90°\sin^2 90° = I_1 = \frac{I_0}{2}$$

例 6-7 有一厚度为 0.02 mm 的方解石晶片，其光轴平行于表面，放在正交的偏振片之间，且使光轴与偏振片的透振方向不一致。若入射光包含 400～700 nm 内所有波长的光，问哪些波长的光不能透过第二块偏振片（$n_o = 1.658$，$n_e = 1.486$）？

解：在正交装置中，两束光的总相位差为

$$\Delta\Phi_\perp = \Delta\Phi_c + \pi$$

相消条件为

$$\Delta\Phi_\perp = (2k+1)\pi \quad 即 \quad \frac{2\pi}{\lambda}(n_o - n_e)l = 2k\pi \quad 或 \quad (n_o - n_e)l = k\pi，故$$

$$\lambda = \frac{(n_o - n_e)l}{k} = \frac{(1.658-1.486)\times2\times10^{-5}}{k} = \frac{3.44\times10^{-6}}{k}\ (\text{m})$$

因 λ 范围 4×10^{-7}～7×10^{-7} m，故 k 值可取 5，6，7，8。

$k=5$，$\lambda_5 = 688.0$ nm；$k=6$，$\lambda_6 = 573.3$ nm；$k=7$，$\lambda_7 = 491.4$ nm；$k=8$，$\lambda_8 = 430.0$ nm。以上四种波长的光不能透过第二个偏振片。

6.8 人工双折射与偏振光干涉的应用

某些各向同性介质受到机械作用或电场、磁场作用时会变成各向异性介质，因而能产生双折射现象，这种现象称为**人工双折射现象**。观察人工双折射现象要利用偏振光的干涉。人工双折射现象作为偏振光干涉方面的应用也越来越广泛。

6.8.1 光弹性效应

玻璃、塑料、赛璐珞等非晶体在通常情况下是各向同性的，但在机械应力（拉力、压力）作用下会变成各向异性，因而能显示出双折射现象，这种现象称为光弹性效应。在均匀压缩下，显示出单轴负晶体的光学性质；在均匀拉伸下，显示出单轴正晶体的光学性质。例如，把退火不均匀而具有残存内应力的玻璃放在两块偏振片间，用单色光照射时，则可观察到明暗相间的干涉花样；用白光照射时，则出现彩色条纹。实验表明，这些介质在一定应力范围内其重折射率 $(n_o - n_e)$ 与应力 p 成正比，即，

$$n_o - n_e = cp \tag{6.18}$$

式中，c 为表示材料性质的常数。在如图 6.39 所示的装置中，用厚度为 l 内部具有某种应力分布的介质片代替玻晶片，则会出现相位差

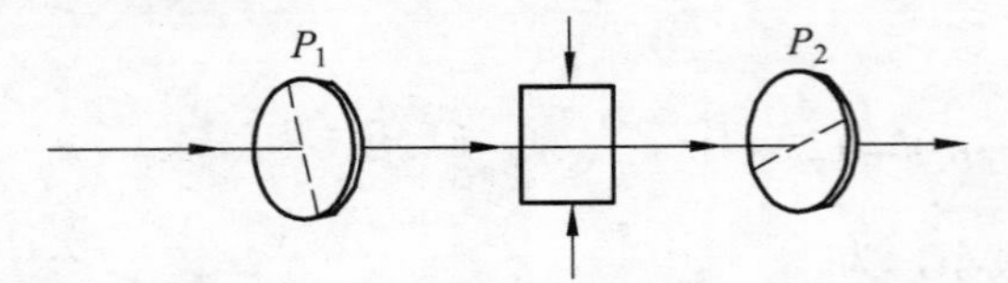

图 6.39　某种应力分布的介质产生干涉现象

$$\Delta\Phi = \frac{2\pi}{\lambda}(n_o - n_e)l = \frac{2\pi}{\lambda}cpl \tag{6.19}$$

由于干涉场中光强的分布取决于 $\Delta\Phi$，就可以通过干涉花样来分析介质内部应力的分布。

利用上述原理，可以采用模拟实验的方法来分析某些机械零件或工程构件在实际使用条件下内部的应力分布。用透明塑料一类的材料制成上述零构件的断面，放在正交偏振片之间，根据实际使用的情况，对模型施加外力，即可得到一幅干涉花样。干涉条纹的分布决定于应力分布，应力集中处干涉条纹较细密，所以从干涉条纹的分布情况可以分析出应力的分布情况。目前这种方法已经在工程设计中得到广泛应用，并已发展成一门独立的学科——光弹性力学。

6.8.2　电光效应

在电场作用下，某些各向同性的透明介质也可以产生双折射现象，这时介质具有单轴晶体的光学性质，光轴沿电场方向。这种现象是苏格兰物理学家克尔在 1875 年发现的，称为克尔效应或电光效应。如图 6.40 所示为观察克尔效应的典型装置，在两个正交偏振片间放置装有硝基苯或硝基甲苯液体的玻璃盒（克尔盒），在两平行板间施加高压时，板间形成静电场，在电场作用下，由于介质分子沿电场方向排列，介质显示出单轴晶体的光学特性，其光轴沿电场方向，可以认为克尔盒相当于光轴平行于晶面的波晶片。以平行自然光入射，若无外加电压，不会发生双折射现象，透射光强为零。当两极板间的电场强度 E 约为 10^4 V/cm 时，盒内液体具有波晶片性质，使出射光成为椭圆偏振光。

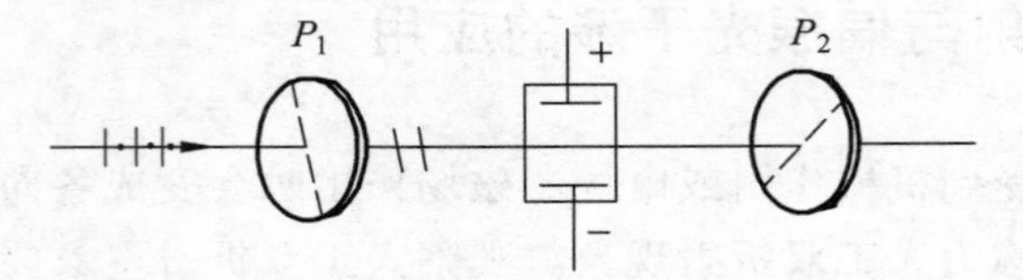

图 6.40　克尔效应装置

实验表明，在克尔效应中，液体的双折射率与电场平方成正比，即

$$n_o - n_e = K\lambda E^2 \tag{6.20}$$

式中，K 为克尔常数，不同介质的 K 值差异可能很大，λ 为入射光波波长。许多物质如水和玻璃等都可以产生克尔效应，不过它们的克尔系数比硝基苯要小 2～3 个数量级。

克尔效应的响应时间极短，即随着电场的建立与消失，双折射也很快地产生与消失，其间的时间延迟小于 10^{-9} s，因此利用克尔效应可以制作电光开关，在高速摄影、激光测距等方面有广泛应用。利用克尔效应还可以制成电光调制器，其装置如图 6.40 所示，若克尔盒长度为 l，它对 o、e 光产生的相位差为

$$\Delta\Phi_c = \frac{2\pi}{\lambda}(n_o - n_e)l = 2\pi KE^2 l \tag{6.21}$$

在克尔盒装置中，由（6.21）式知相位差决定于电场强度的平方。如果把电信号加在克尔盒的两极板上，则相位差将随电信号而改变，从而使透射光强也随电信号而改变。这种电光调制器在激光通信与激光电视中是一个重要的器件。

近年来，随着激光技术的发展，对电光开关、电光调制器的要求越来越高，克尔效应已不能适应这些新的要求。

有些晶体，特别是压电晶体，在施加电场后，可改变原有的光学性质。例如，磷酸二氢钾（简称 KDP）在自由状态下是单轴晶体，在电场作用下则会变成双轴晶体，光沿原来的光轴方向传播时，将分成振动面互相垂直的两束光，它们的双折射率（$n_o - n_e$）与电场强度的一次方成正比。这种电光效应是德国物理学家泡克耳斯在 1893 年发现的，称为泡克耳斯效应，或晶体的线性电光效应。它所需要的电压比克尔效应要低，弛豫时间一般小于 10^{-9} s，由于这些优点，近年来常用于制作高速开关。

6.9 旋光现象

某些双折射晶体或各向同性介质具有一种特殊性质，即当线偏振光通过这些物质时，其振动面会旋转一个角度，这种现象称为旋光现象。能使偏振光的振动面发生旋转的物质叫旋光物质。如石英、辰砂、氯酸钠、溴酸钠等晶体，还有一些液体如松节油、糖的水溶液、酒石酸溶液以及许多非晶体等大约几千种物质都具有旋光性。研究旋光性的实验可以这样进行，如图 6.41 所示，让单色光射入正交偏振片的第一个偏振片 P_1，这时没有光从第二个偏振片透出，在两偏振片中间放入石英晶片（其光轴平行于入射光方向、垂直于晶体表面）后，发现 P_2 有光射出。若将第二个偏振片转过一个角度 θ，透射光强又变为零。这就表明线偏振光通过石英晶片的过程使振动面转了一个角度 θ。

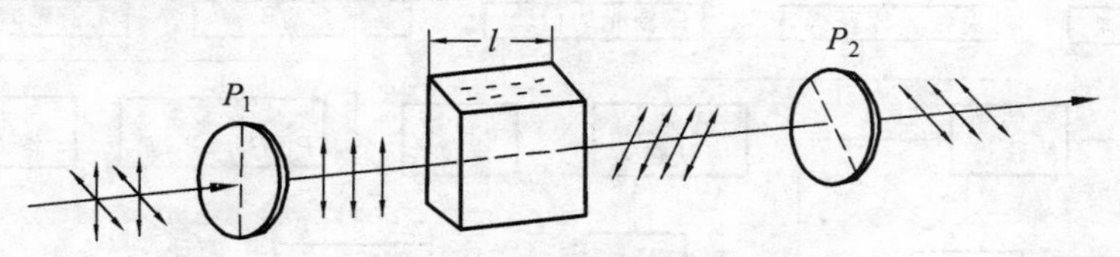

图 6.41　旋光性实验

实验发现，对于一定的旋光物质，使线偏振光振动面旋转的角度 ψ 与光在物质中经过的距离 l 成正比

$$\psi = \alpha l \tag{6.22}$$

式中，α 称为该物质的**旋光率**。

旋光性不仅为晶体所具有，许多液体或溶液也具有旋光性。如松节油、糖溶液等。实验发现，对于溶液，线偏振光振动面旋转的角度还与溶液浓度成正比，即

$$\psi = \alpha lc \tag{6.23}$$

式中，c 是溶液浓度；α 称为溶液的旋光率；l 为光通过液体的长度，通常以分米（dm）为单位。测出 α 以后，可根据 ψ 的数值算出溶液浓度。工业上的量糖计就是根据这个原理制成的。

物质的旋光率 α 随入射光的波长改变而改变，不同波长的线偏振光通过同一厚度 l 的旋光

物质后，振动面转过的角度θ并不同。若以白光入射，通过旋光物质射到第二块偏振片的各单色光与透振方向 P_2 的夹角θ就有不同的数值，这就使第二块偏振片射出的光呈现某种颜色，如果转动其中一个偏振片，还会使透射光的颜色发生变化。这种旋光率随波长而改变的现象，称为旋光色散。

实验还发现石英晶体可分为两类，使入射光振动面沿不同方向转动。迎着光线看，使振动面沿顺时针方向转动的叫右旋石英；使振动面沿逆时针方向转动的叫左旋石英。大多数旋光物质都有**左旋**和**右旋**两种。

目前还发现一些生物具有旋光性。例如，自然界与人体中的葡萄糖是右旋的，而果糖则为左旋物质。而不同的氨基酸、DNA 等也发现有左旋右旋的不同，这些都是目前生物物理研究的课题。

1825 年，菲涅耳对旋光现象提出了一种解释。他认为线偏振光进入旋光物质后分解为同频率、等振幅、旋转方向相反的两圆偏振光，但传播速度不同：在右旋物质中，右旋偏振光速度大于左旋偏振光速度；而在左旋物质中正好相反。透出旋光物质后左、右旋两圆偏振光因而具有了相位差。重新合成线偏振光时，其振动面必然相对于入射线偏振光转过一定角度。这种解释虽然为实验所证实，但不能从根本上解释旋光现象，因此是唯象的。旋光现象的根本解释，需要分子结构和量子光学作为基础。

【小　结】

1. 基本内容框图（见图 6.42）

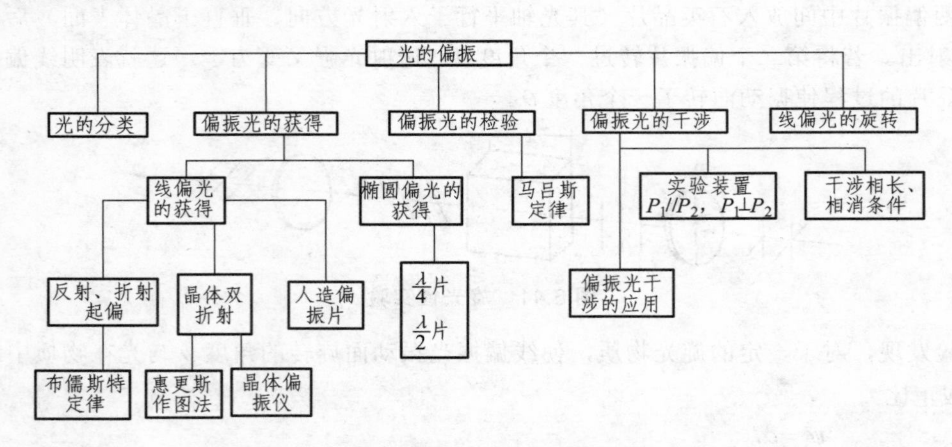

图 6.42　内容框图

2. 补充例题

例 6-8　如果把方解石分割成厚度相等的 A、B 两块并平移开一点距离，一束自然光通过这两块方解石后有几条光线射出来？为什么？

解：如图 6.43（a）所示，A、B 两块移开一点距离，且 B 块绕光线转过一角度α，自然光入射 A 以后，形成 o、e 两束光，从 A 射出的两束光进入 B 后，又分别形成 B 内的 o、e 光，故从 B 出射的光一般有 4 条：ee、eo、oe、oo。由图 6.43（b）可知：

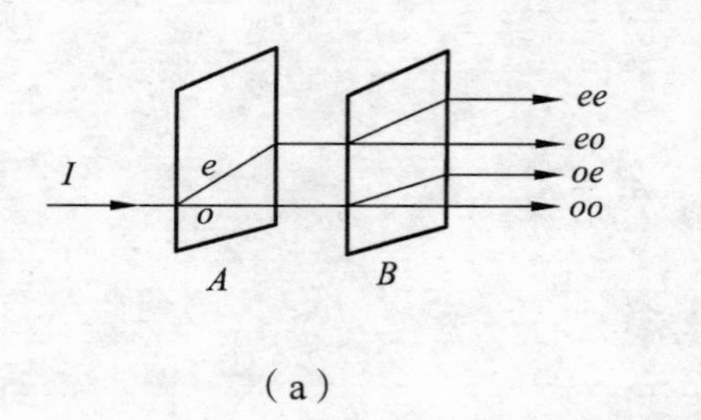

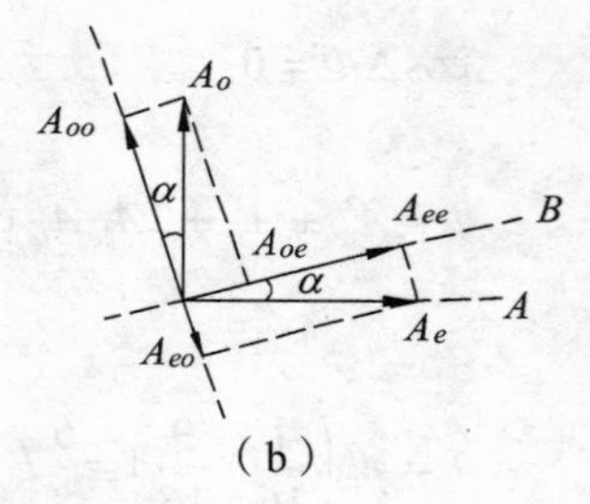

图 6.43 方解石透光实验

当 $\alpha=0°$ 时，$I_{oo}=I_{ee}=\dfrac{1}{2}I$，只有两条出射光线，此时 B 块相对于 A 块平移了一点距离，但无转动；

当 $\alpha=45°$ 时，$I_{oo}=I_{ee}=I_{oe}=I_{eo}=\dfrac{1}{4}I$，有四条出射光线；

当 $\alpha=90°$ 时，$I_{oo}=I_{ee}=0$，$I_{eo}=I_{oe}=\dfrac{1}{2}I$，只有两条出射光线；

当 $\alpha=180°$ 时，同 $\alpha=0°$ 时的情形一样。

例 6-9 试根据图 6.44 中所画的折射情况，判断晶体的正负。

解：如图 6.44（c）所示，正晶体中，$v_e<v_o$，椭球面在球面之内；如图 6.44（d）所示，负晶体中 $v_e>v_o$，椭球面在球面之外。按惠更斯作图法，画出正入射的光束 AB 分别经正晶体和负晶体后 e 光、o 光的传播方向。将图 6.44（a）、（b）分别与图 6.44（c）、（d）比较即可看出，（a）图所示正晶体，e 光更靠近光轴；（b）图所示为负晶体，e 光更远离光轴。

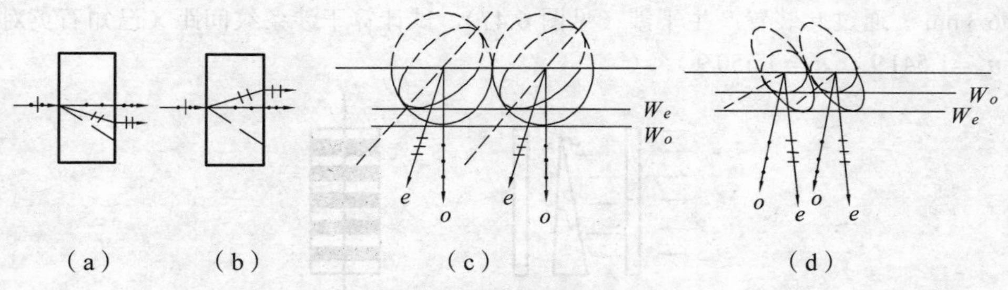

图 6.44 晶体折射光路图

例 6-10 两块偏振片透振方向夹角为 60°，中间插入一块 $\lambda/4$ 片，波片主截面平分此夹角，光强为 I_0 的自然光入射，求通过第二个偏振片的光强。

解：如图 6.45 所示

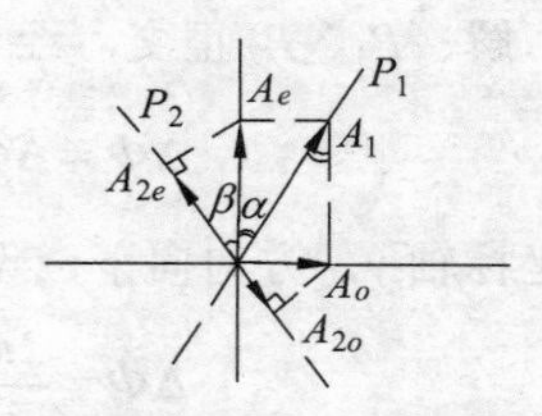

图 6.45 偏振片实验

$$A_{2o}=A_1\sin\alpha\sin\beta=A_1\sin^2 30°=\frac{A_1}{4}$$

$$A_{2e}=A_1\cos\alpha\cos\beta=A_1\cos^2 30°=\frac{3}{4}A_1$$

透过第二个偏振片 o、e 光的相位差

$$\Delta\Phi=\Delta\Phi_c+\pi，\Delta\Phi=\Delta\Phi_c=\pm\frac{\pi}{2}，\Delta\Phi=\pm\frac{\pi}{2}$$

则

$$\cos\Delta\Phi = 0$$

透射光强

$$I = A_{2o}^2 + A_{2e}^2 + 2A_{2o}A_{2e}\cos\Delta\Phi = A_{2o}^2 + A_{2e}^2$$

由 $A_1^2 = \dfrac{1}{2}I_0$ 有

$$I = A_1^2\left(\frac{1}{16}+\frac{9}{16}\right) = \frac{5}{8}I_0$$

例 6-11 如图 6.46 所示，P、P' 为一对透振方向平行的偏振片，l 为折射率分别为 n_o 和 n_e 的双折射晶体，其光轴平行于折射表面。若有波长为 λ_0 的入射光经由图示系统后被消光，试求此晶体的光轴方向和晶体的厚度 l。

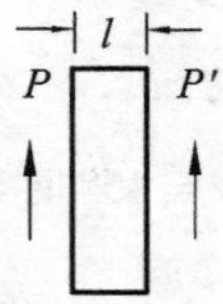

图 6.46 消光系统

解： 入射光经 P 后变成平面偏振光，能被 P' 完全消光，说明晶体刚好将偏振光的振动面旋转了 90°，因此晶体必为 $\dfrac{\lambda}{2}$ 片，且其光轴与 P、P' 的偏振化方向的夹角为 45°，其厚度满足

$$\frac{2\pi}{\lambda}(n_o - n_e)l = (2k+1)\pi$$

故

$$l = (2k+1)\frac{\lambda}{2(n_o - n_e)} \quad (k = 0, 1, 2, \cdots)$$

例 6-12 将楔角 $\alpha = 0.33°$ 的石英劈（光轴平行于劈棱）置于正交偏振片之间，氢的红光（$\lambda = 656.3\ \text{nm}$）通过此装置产生干涉（见图 6.47），试计算干涉条纹间距（已知石英对该波长折射率 $n_o = 1.5419$，$n_e = 1.5509$）。

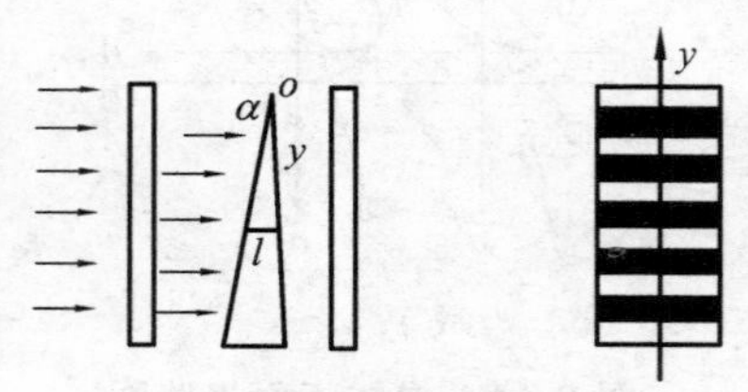

图 6.47 光的干涉实验

解： P_1、P_2 正交，经 P_2 后，两束光的相位差

$$\Delta\Phi = \Delta\Phi_c + \pi = \frac{2\pi}{\lambda}(n_o - n_e)l + \pi$$

取坐标轴 y，方向向下，设距劈棱 y 处，晶体厚度为 l，则 $l \approx y\alpha$，故

$$\Delta\Phi = \frac{2\pi}{\lambda}(n_o - n_e)y\alpha + \pi$$

对于明纹

$$\Delta\Phi = 2k\pi = \frac{2\pi}{\lambda}(n_o - n_e)y\alpha + \pi$$

为求条纹间距，对上述方程微分有

$$\frac{2\pi}{\lambda}(n_o - n_e)\Delta y\alpha = 2\pi\Delta k$$

令 $\Delta k=1$，则

$$\Delta y=\frac{\lambda}{|(n_o-n_e)|\alpha}=\frac{6.653\times10^{-4}}{0.33\times\frac{3.14}{180}\times(1.550\,9-1.541\,9)}=12.53\ (\text{mm})$$

例 6-13 在如图 6.48（a）所示装置中，S 为单色光源，置于透镜 L 的焦点处，P 为偏振片，K 为单色光的 $\frac{\lambda}{4}$ 片，其快轴与偏振器的透光轴成 α 角；M 为平面反射镜。已知入射到偏振器的光强度为 I_0，通过分析光束经过各元件后的光振动状态，求出光束返回 L 处的光强（用 I_0、α 表示）。（不计反射、吸收等损失）

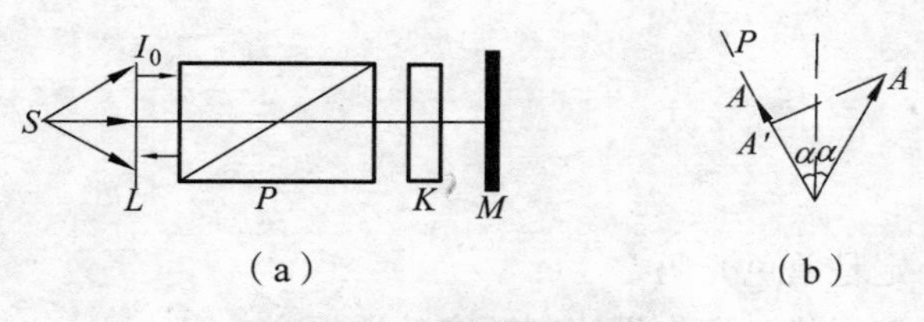

图 6.48 光源传输系统

解：快轴——指在晶体形成的 o、e 两束光中，速度较大者的光振动方向。速度较小者的光振动方向称为慢轴，显然晶体中的快轴方向与慢轴方向相互垂直。

强度为 I_0 的自然光经偏振器 P 后，成为强度为 $I_0/2$ 的线偏光，设其振幅为 A，再通过 $\frac{\lambda}{4}$ 片，变成椭圆偏振光，沿快轴与垂直于快轴方向的振幅分别为 $A\cos\alpha$ 和 $A\sin\alpha$，且沿快轴方向的振动比沿慢轴方向的超前 $\pi/2$。经平面镜反射后，上述两个分振动均有相同的相位突变，故其相位差仍为 $\pi/2$。当它们再一次穿过 $\frac{\lambda}{4}$ 片 K 后，相位差 $\frac{\pi}{2}+\frac{\pi}{2}=\pi$，合成线偏振光，其振幅为 A，但其振动方向与快轴夹角为 α，与偏振片 P 的透光轴成 2α［见图 6.48（b）］，故当它穿过 P 到达 L 时，就成为沿偏振方向振动，振幅大小为 $A\cos 2\alpha$ 的线偏振光，其强度为 $I=\frac{I_0}{2}\cos^2 2\alpha$。

例 6-14 平行单色自然光通过偏振片，然后垂直照射杨氏双缝，在屏幕上得到一组干涉条纹（见图 6.49），试问：

（1）偏振片的透振方向与图面成怎样的角度，才能使光屏上的暗条纹最暗？

（2）若在一个缝右边再放一片光轴和偏振片的透振方向成 45° 的 $\frac{1}{2}$ 波片，则屏上的条纹又如何变化？

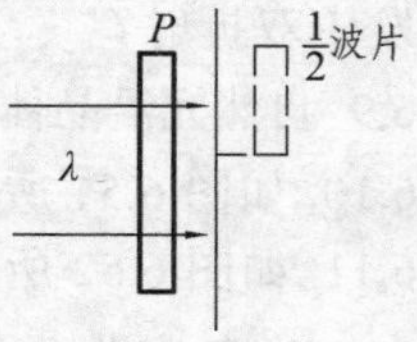

图 6.49 杨氏双缝实验

解：（1）已知杨氏干涉实验中，屏上光强分布为

$$I=4I_0\cos^2\frac{\Delta\Phi}{2}$$

式中，I_0 为一缝在屏上某点形成的光强；$\Delta\Phi$ 为双缝发出的光波到达屏上某点的相位差。

若用一偏振片放在双缝前，则干涉条纹的光强分布为

$$I=4\left(\frac{I_0}{2}\right)\cos^2\frac{\Delta\Phi}{2}$$

光强比不加偏振片减半的原因是由于偏振片吸收一半的光强的缘故。其次，由于偏振片很薄，

对光程差的影响甚微，故干涉条纹的位置和间距并不改变。为了使视场最暗，偏振片的放置使其透振方向垂直于图面，以使屏上的叠加严格是两束光沿同一直线振动的叠加。

（2）若在双缝中一个缝的后面放一$\frac{1}{2}$波片，其光轴与偏振片的透振方向成45°，则此缝的平面偏振光和另一缝的平面偏光比较，将对称于$\frac{1}{2}$波片的光轴转过$2\theta = 2\times\frac{\pi}{4} = \frac{\pi}{2}$，此时变成两束同频率、振动方向互相垂直的光的叠加，不能产生干涉条纹。屏幕上呈现的是均匀照度，各点光强相同，其数值为$\frac{I_0}{2}+\frac{I_0}{2}=I_0$。

【思考题】

6.1 平面偏振光一定是单色光吗？

6.2 手中仅有一块偏振片，请你设法判断它的透振方向。

6.3 如果让光从光密介质射向光疏介质，在界面上能否产生完全偏振的反射光？

6.4 自然光从光疏介质进入光密介质时，折射光中平行于入射面振动占优势。那么由光密介质进入光疏介质时，是否垂直振动的分量占优势？

6.5 折射率为n_2的玻璃片置于折射率为n_1的液体中，自然光以入射角i投射到玻璃表面，已知$i = \arctan\frac{n_2}{n_1}$，试在图6.50中画出各种光线的偏振态。

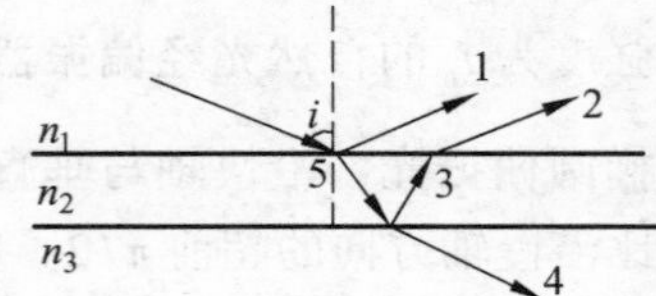

图 6.50 光线在介质中传播光路图

6.6 自然光入射到两个偏振片上，这两个偏振片的取向使得光不能通过。如果在这两个偏振片之间插入第三块偏振片后，则有光透过，那么这第三块偏振片是怎样放置的？如果仍然无光透过，又是怎样放置的？试用图表示出来。

6.7 双折射晶体中的e光射出该晶体后再进入各向同性介质，它还遵从折射定律吗？

6.8 当单轴晶体的光轴与表面斜交时，一束自然光以平行于光轴方向射到晶体表面，问是否会发生双折射？

6.9 自然光沿晶体内某一方向传播时，两束光的光路不分开，则这个方向一定是光轴方向吗？

6.10 如图6.51所示，zz'代表光轴方向。由折射情况判断晶体的正负。

6.11 如图6.52所示的双折射棱镜由石英制成（n_o=1.543，n_e=1.552），短线与黑点代表光轴方向。当自然光正入射时，试确定折射光方向，并标明各束光的振动方向。

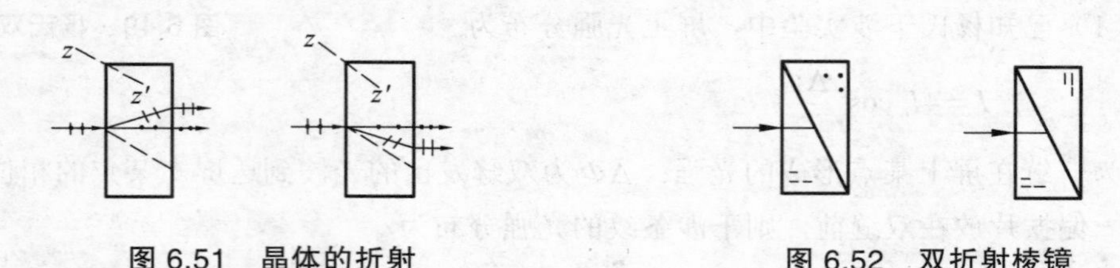

图 6.51 晶体的折射　　图 6.52 双折射棱镜

6.12 自然光经过方解石以后分成o光和e光，如把这两束光再合起来时，是否可能产生干涉？

6.13 一个晶体薄片，当钠光的线偏振光通过时，产生 o、e 光的相位差为 $\frac{\pi}{2}$，其他波长的线偏振光通过时，形成 o、e 光的相位差是否仍为 $\frac{\pi}{2}$？为什么？

6.14 某束光可能是① 线偏振光；② 部分偏振光；③ 自然光。你如何用实验判断这束光究竟是哪一种光？

又某束光可能是① 线偏振光；② 圆偏振光；③ 自然光。你又如何用实验判断这束光究竟是哪一种光？

6.15 有哪些方法可以获得线偏振光？

6.16 自然光入射到两个偏振片上，这两个偏振片的取向使得光不能透过。如果在这两个偏振片之间插入第三块偏振片后，则有光透过，那么这第三块偏振片是怎样放置的？如果仍无光透过，又是怎样放置的？试用图表示出来。

6.17 用什么方法能区别晶片是 $\frac{1}{2}$ 波片还是 $\frac{1}{4}$ 波片？

6.18 平面偏振光经过 $\lambda/4$ 片以后变成椭圆偏振光。反过来，椭圆偏振光经过 $\lambda/4$ 片以后会变成平面偏振光吗？

6.19 单色光通过透振方向相互垂直的两偏振片，中间插一双折射晶片。在晶片的光轴与第一偏振片的透振方向平行和垂直的两种情况下，能否观察到干涉现象？

6.20 有哪些方法可以使线偏振光的振动面转过90°？哪些方法可以使透射光强不会减少得太多？

【习　题】

6.1 将三个偏振片叠放在一起，第二个与第三个的偏振化方向分别与第一个的偏振化方向成45°和90°角。① 强度为 I_0 的自然光垂直入射到这一组偏振片上，试求经每一偏振片的光强和偏振状态；② 如果将第二个偏振片抽走，情况又如何？

6.2 自然光投射到互相重叠的两块偏振片上，如透射光的强度为入射光强度的 $\frac{1}{9}$，求两块偏振片的透振方向之间的夹角。

6.3 自然光通过透振方向相交成50°角的两块偏振片，如每块偏振片把通过的光线吸收10%，求透射光强与入射光强之比。

6.4 钠黄光以50°角入射到方解石晶片上（见图 6.53）。若晶片光轴平行于表面且垂直于入射面，晶片厚度为 1 mm。求：（1）晶片内两折射光线间夹角 r；（2）两束出射光之间的夹角 r；（3）两束出射光之间的垂直距离 d（n_o=1.658，n_e=1.486）。

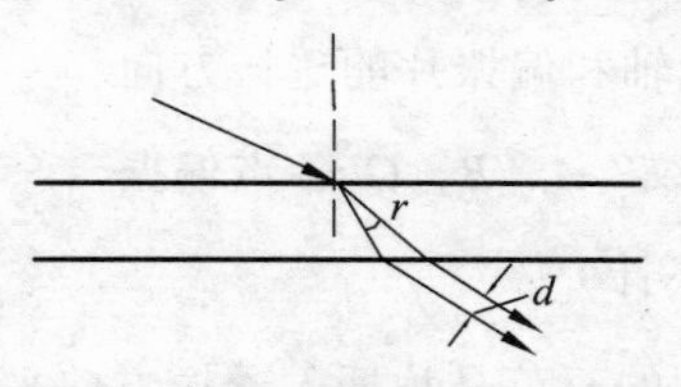

图 6.53　方解石晶片的折射

6.5 水的折射率 n=1.33，若空气中平静水面上的反射光为线偏振光，求入射角与折射角。

6.6 光在某两种介质界面上的临界角是45°，它在界面同一侧的起偏角是多少？

6.7 根据布儒斯特定律可以测定不透明介质的折射率。今测得釉质的起偏角 $i_0 = 58°$，试求其折射率。

6.8 线偏振光正入射到一块方解石片上，入射光的振动面和晶体的主截面成30°角，求两束折射光的振幅比与强度比。

6.9 一束线偏振光正入射到一方解石晶片上，入射光的振动面和晶体的主截面成30°角，两束折射光再通过晶片后面的一个主截面和原入射光振动面成50°角的尼科耳棱镜，求两束折射光的相对强度。

6.10 一束线偏振的钠光（λ=589.3 nm），垂直射入一石英晶片，晶片的光轴平行于表面，入射线偏振光的振动面与光轴成 45°角。为了在晶片后得到（1）线偏振光；（2）圆偏振光，石英片的最小厚度各为多少？（已知石英的 n_o=1.544，n_e=1.552）

6.11 用光轴平行于表面的方解石晶体，做成对钠光的$\dfrac{1}{4}$波片和$\dfrac{1}{2}$波片，其最小厚度分别为多少？

6.12 厚为 0.025 mm 的方解石晶片，其表面平行于光轴，放在两个正交偏振片之间，光轴与两个偏振片各成45°角，如射入第一个偏振片的光为波长为 400～760 nm 的可见光，问透出第二个偏振片的光中，缺少哪些波长的光（n_o=1.658，n_e=1.486）？

6.13 设一方解石晶片沿平行于光轴方向切出，其厚度为 0.034 3 mm，放在正交的两个尼科耳棱镜间。平行钠光（589.3 nm）经过第一尼科耳棱镜后，垂直地射到晶片上，此光束通过第二尼科棱镜后，形成的偏振光干涉是加强还是减弱？若将两尼科耳棱镜平行放置，结果又如何？（方解石对钠光的 n_o=1.658，n_e=1.486）

6.14 两正交偏振片之间放置一块方解石制成的$\lambda/4$片，其光轴方向与正入射到晶片表面的线偏振光振动面之间夹角为60°，今以单色平行自然光向上述系统正入射。（1）求通过$\lambda/4$片后光的偏振态；（2）若入射光强为I_0，则透过这一系统的光强是多少？

6.15 楔形水晶棱镜顶角$\alpha = 0.5°$，棱边与光轴平行，置于正交的偏振片之间，使其光轴与两偏振片的透振面都成45°角，以水银的 404.7 nm 紫光垂直照射，问：（1）通过第二个偏振片，看到的干涉图样怎样？（2）相邻亮纹的间距Δl为多少？（3）若第二个偏振片转90°角，干涉条纹有何变化？（4）维持两偏振片正交，把水晶棱镜转45°角，使其光轴与第一个偏振片的主截面平行，干涉图样又如何（n_o=1.557，n_e=1.566）？

6.16 如图 6.54 所示，杨氏双缝由单色自然光照明，在屏幕上得到一组干涉条纹，已知 A、C 两点分别为零级明纹与一级暗纹，B 为 AC 中点。设通过每一缝的单色自然光强为I_0，求：（1）若在双缝后放一偏振片 P，屏上干涉条纹的位置及宽度有何变化？A、C 两点光强为多少？（2）今在一缝的偏振片后再放一$\dfrac{\lambda}{2}$波片，其光轴和偏振片的透振方向成45°角，问在屏上有无干涉条纹？A、B、C 各点偏振状态如何？（P 及$\dfrac{\lambda}{2}$片厚度忽略不计）

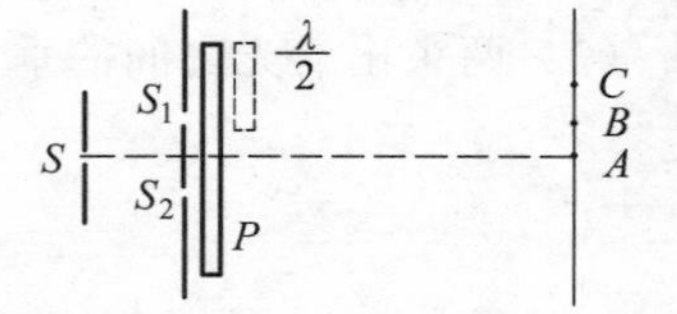

图 6.54　杨氏双缝实验

6.17 把一片垂直于光轴切割的石英晶片插入透振方向平行的两偏振片间，以钠黄光为光

源，石英片的厚度等于多少时光不能透过该系统？（已知石英对钠黄光的旋光率为 21.7°/mm）

【阅读材料】

液晶的光学特性

液晶是介于液态和结晶态之间的一种物质状态。它既具有液体的流动性，又具有晶体的光学各向异性。液晶只能存在于一定的温度范围内，只有在这个温度范围内，物质才处于液晶态，才具有种种奇特的性质和许多特殊的用途。目前，由有机物合成的液晶材料已有几千种之多，日常适当浓度的肥皂水溶液就是一种液晶。

液晶的分子有盘状、碗状等形状，但多数为细长棒状。根据分子排列的方式，液晶可分为近晶相、向列相和胆甾相三种。如图 6.55 所示，近晶相液晶分子呈棒状，分层排列，各层之间距可以变动，但分子只能在本层中活动，不会往来于层间［见图 6.55（a）］。胆甾相液晶的分子也是分层排列，逐层叠合。每层中分子长轴彼此平行，且与层面平行，但相邻两层分子排列方向稍有旋转，这样层层叠起来形成螺旋结构。分子排列完全相同的两层间的距离，称为胆甾相液晶的螺距［见图 6.55（b）］。在向列相液晶中，分子长轴彼此平行，但不分层［见图 6.55（c）］。

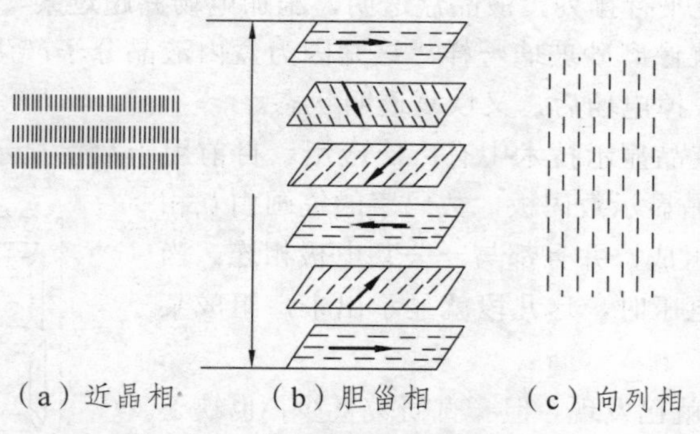

图 6.55　液晶分子的排列方式

液晶的光学特性。

（1）液晶的双折射现象。一束光射入液晶后，分裂为两束光的现象，称为液晶的双折射现象，如图 6.56 所示。双折射现象实质上是表示液晶分子中各个方向上的介电常数以及折射率是不同的。多数液晶只有一个光轴方向，一般液晶的光轴沿分子长轴方向，胆甾相液晶的光轴垂直于层面方向。

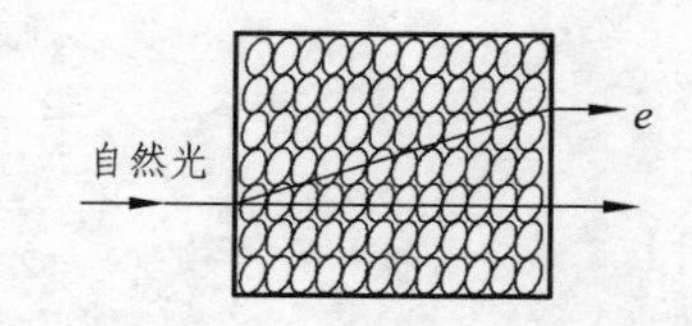

图 6.56　液晶的双折射

（2）胆甾相液晶的选择反射。胆甾相液晶在白光照射下，呈现美丽的色彩，这是它选择反射某些波长光的结果。反射哪种波长的光取决于液晶的种类、温度以及光线的入射角。一般来说，在日光下使用，随着温度的升高，色彩按红、橙、黄、绿、青、蓝、紫的顺序变化，温度下降时，又按相反顺序变色。胆甾相液晶的这一特性被广泛用于液晶温度计和各种测量温度变化的显示装置上。实验表明，胆甾相液晶的反射光和透射光都是圆偏振光。

（3）液晶的电光效应。在电场作用下，液晶的光学特性发生变化称为电光效应，现已发现的有 15 种以上的电光效应。下面介绍其中两种。

① 电控双折射效应。因为液晶具有流动性，通常把它注入玻璃盒中，称为液晶盒。今把向列相液晶垂面排列（液晶分子长轴方向垂直于表面）、带有透明电极的液晶盒放在两正交偏振片之间，如图 6.57 所示。未加电场时，光在液晶内沿光轴方向传播，不发生双折射，由于两偏振片正交，所以装置不透明。加电场并超过某一数值时，电场使液晶分子轴向倾斜，此时光在液晶中传播时，发生双折射，装置由不透明变为透明。

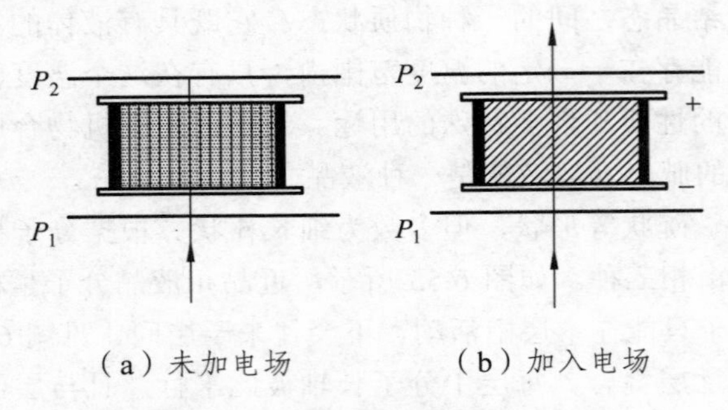

图 6.57　电场对液晶排列的改变

② 动态散射。把向列相液晶注入带有透明电极的液晶盒内（液晶厚度10 μm 左右），未加电场时，液晶的分子呈平行排列，液晶盒透明，施加电场并超过某一值时（约几十伏），液晶盒就变成混浊的了，就像磨砂玻璃一样。这是因为盒内液晶分子产生紊乱运动，因而使光发生强烈散射的结果。去掉电场后，又恢复透明状态。

动态散射现象在液晶显示技术中有广泛应用。目前用于数字显示的多为向列相液晶。如图 6.58 所示为 7 段液晶显示数码板，数码字的笔画由互相分离的 7 段透明电极组成，并且都与一公共电极相连。当其中某几段电极加上电压时，这几段就显示出来，组成某一数码字。

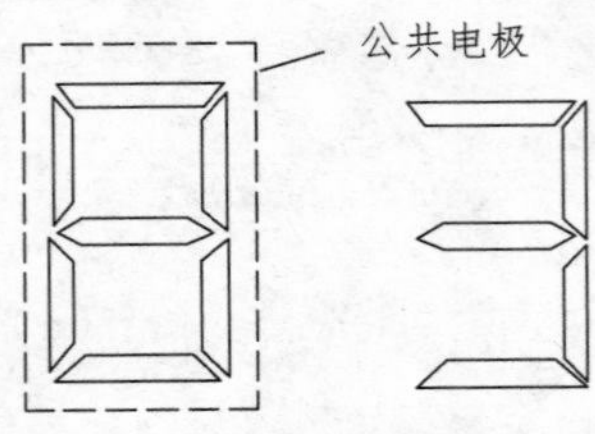

图 6.58　液晶显示数据板

液晶早在 1881 年就已发现，但一直研究甚少，也缺乏实际应用。直到 1968 年发现了液晶的动态散射后，液晶才在各种领域内获得长足的进展和广泛的应用。

7 激光和全息照相

【教学要求】

(1) 理解自发辐射和受激辐射，理解产生激光的两个必要条件。

(2) 了解氦氖激光器和半导体激光器，了解激光的特性、应用和非线性光学。

(3) 了解全息照相的基本原理、全息图的特点及应用。

激光是受激辐射引起光放大的简称。爱因斯坦早在1916年就已证明，当物质和电磁辐射建立平衡时，存在着受激辐射过程。1960年7月，美国人梅曼制成了世界上第一台红宝石激光器。几个月后雅文等人又制成了氦氖激光器，此后又陆续出现了许多类型的激光器。

激光除了是一种光源外，还有许多特性。激光的出现和应用，使光学和其他科学技术获得了新的、迅速的发展。

本章将扼要介绍激光产生的基本原理、氦氖激光器、激光的特性及应用等内容。

7.1 激光的产生

7.1.1 自发辐射和受激辐射

原子中存在一系列分立的能量状态。在正常情况下，大多数原子处于能量最低的状态——基态，当原子由于碰撞而获得能量或吸收外来光子的能量时，便跃迁到能量较高的状态——激发态。原子在没有外界影响下，处在激发态的原子会自发地向低能态跃迁而发光，这种发光过程叫自发辐射。白炽灯、日光灯和高压水银灯等普通光源，它们的发光过程就是自发辐射。这些光源中的发光物质包含有大量的原子，由于各个原子在自发辐射时所发出的光在频率、振动方向与相位等方面是彼此独立的，没有固定关联，因此这些光源所发出的光不是相干光。

当处于激发态的原子在外来光子的刺激下，由高能态向低能态跃迁而发光，这种发光过程叫**受激辐射**。如图7.1所示是受激辐射的示意图。外来光子的频率满足

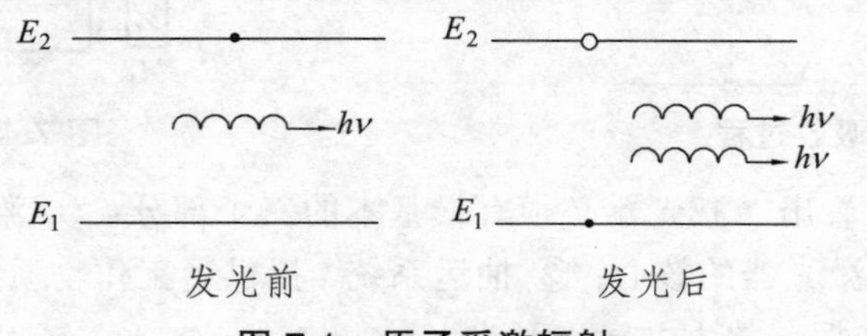

图 7.1 原子受激辐射

$$h\nu = E_2 - E_1 \tag{7.1}$$

而受激辐射产生的光子和外来光子具有完全相同的特征，即它们的频率、相位、振动方向与传播方向均相同。在受激辐射中，通过一个光子的作用，可以得到两特征完全相同的光子，

这两个光子各自再感应出一个光子就成为四个光子，这四个光子各自再感应就成为八个特征相同的光子，……，这种链式过程称为受激辐射的**光放大过程**（见图 7.2）。这种过程一旦形成，光源就能在极短的时间内辐射大量的频率、相位、振动方向和传播方向完全相同的光子，这种光就叫作“激光”。

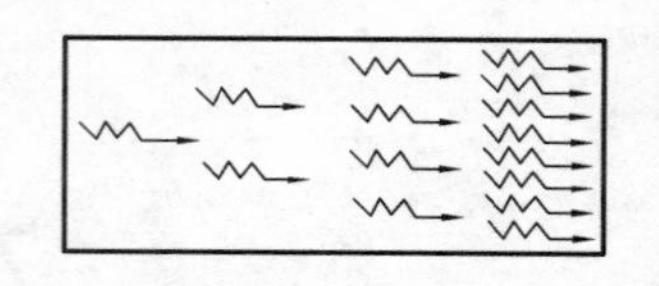

图 7.2　受激辐射的光放大过程

7.1.2　产生激光的两个条件

通常，光通过工作物质时，在产生受激辐射的同时，还同时存在着一个相反的过程，即光的吸收过程。当能量为 $h\nu = E_2 - E_1$ 的光子与处于高能级 E_2 的原子接近时，可能引起受激辐射；而当能量为 $h\nu = E_2 - E_1$ 的光子与处于低能级 E_1 的原子相接近时，光子就可能被原子所吸收，而使原子从低能级 E_1 激发到高能级 E_2，这就是光的吸收过程（见图 7.3）。在通常情况下，原子系统处于热平衡状态，处于低能级的原子比处在高能级的原子多，这种分布叫粒子数的正常分布。显然，在正常分布时，光的吸收过程占优势。所以，光通过正常状态下的工作物质后，总是减弱的，不可能实现放大而获得激光。解决这个问题的方法是，使光源中处于高能态的原子数比处在低能态的原子数多，也就是要使原子数的分布与正常分布相反，叫作粒子数的反转分布，简称**粒子数反转**。所以，只有在粒子反转的工作物质中实现才能光放大。并非所有物质都能作为激光工作物质，在激光工作物质中也并不存在任何能级间都能实现粒子数反转，实现粒子数反转必须满足两个条件：第一，工作物质必须具有合适的能级结构；第二，必须有能量输入系统不断从外界向工作物质输入能量，即有一“抽运”过程，以便使尽可能多的低能态粒子激发至高能态上去，从而实现粒子数反转。

仅仅使工作物质处于反转分布，产生光放大，并不能获得激光。因为在普通光源中，自发辐射将大大超过受激辐射，对自发受激辐射光放大也是不可能实现的。要获得激光，必须采用光学谐振腔，如图 7.4 所示是光学谐振腔的示意图。M_1 为全反射镜，M_2 为部分反射镜，两者严格平行构成光学谐振腔，中间的 Q 为激光工作物质。在工作物质中大量自发辐射产生的光子射向各个方向，凡是偏离轴线方向的光子将很快从腔内逸出，只有沿谐振腔轴线传播的光子，才能在 AB 间来回反射而不致逸出谐振腔，这些光子在沿轴向多次反射过程中，感应出大量的受激辐射光子，形成雪崩式的光放大，这些光子沿轴线方向部分由反射镜中射出，成为激光。可以看出，这样产生的激光具有很好的方向性和单色性。

图 7.3　光的吸收过程

图 7.4　光学谐振腔

由上面的分析可以看出，激光器必须有最基本的三个部分：① 激光工作物质，其内部粒子处于粒子数反转，是激光器的核心；② 抽运系统，提供使工作物质实现粒子数反转的能量；③ 光学谐振腔，实现光振荡放大并输出激光。

7.2　氦-氖激光器

激光器的种类很多，其分类方法亦有几种。如果从激光工作物质的物理状态来分，有气体激光器、固体激光器、液体激光器和半导体激光器等。氦-氖激光器属于气体激光器，红宝石激光器属于固体激光器，染料激光器则属于液体激光器等。

氦-氖激光器的构造如图 7.5 所示。其外壳一般由硬质玻璃制成。中心有内径 1～6 mm 的毛细管，称为放电管。玻壳两端各装一面镀有多层介质膜的反射镜 M_1、M_2，一个为全反射的，另一个为部分反射的。两镜构成光学谐振腔，腔长从 25 cm～1 m 有多种规格。玻壳内充有气压约为 260 Pa 的氦氖混合气体，作为激光的工作物质，氦和氖的比例为 5∶1～7∶1 不等。放电电极安装在接近玻壳两端的侧面，一个为钨棒制成的阳极，另一个为高纯铝制成的圆筒状阴极。工作时两端加有数千伏直流电压，可使氦氖混合气体放电以完成“抽运”，实现粒子数反转。为了实现粒子数反转，产生激光的工作物质必须有合适的能级结构。如图 7.6 所示为 He 原子和 Ne 原子的有关能级结构，氦原子有两个亚稳态能级，氖原子有与之很接近的两个能级（1 和 2），以及一个寿命极短的能级 3。当氦氖混合气体在阳极与阴极间几千伏高压作用下放电时，使大量氦原子被激发到亚稳态能级上，通过氦原子与氖原子的碰撞作用，使大量基态氖原子被激发到 1 和 2 能级上，结果使处于 1、2 能级的原子数大大多于处于能级 3 上的原子数，在能级 1、2 和能级 3 之间实现了粒子数反转。当受激辐射引起氖原子在能级 1、3 之间跃迁时，产生波长 632.8 nm 的辐射光；在 2、3 之间或其他能级间跃迁时产生红外辐射。采取适当的措施使 632.8 nm 的光能在腔中振荡，最后输出波长为 632.8 nm 的激光。

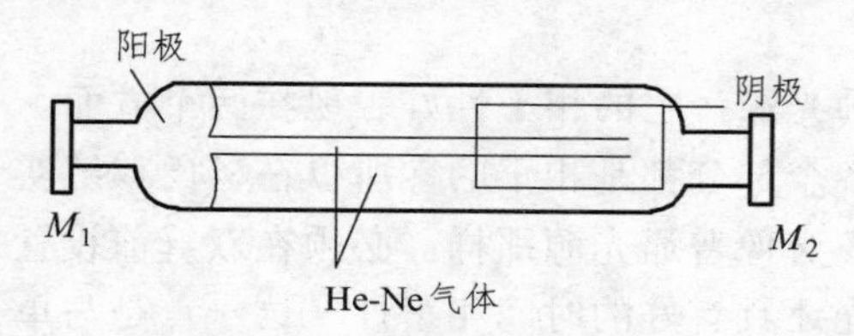

图 7.5 氦-氖激光器的构造

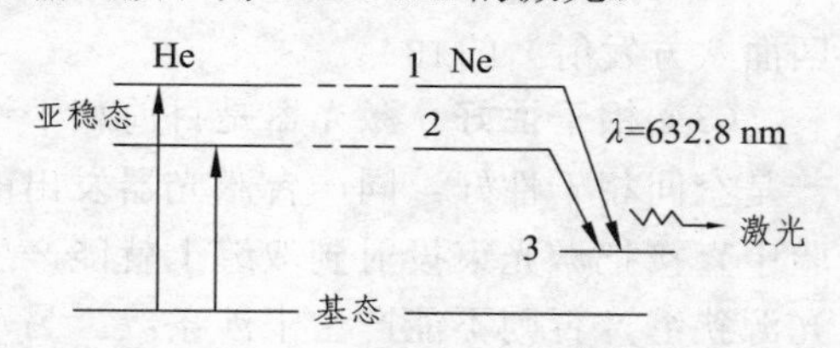

图 7.6 He、Ne 原子能级结构

氦-氖激光器的优点在于制造容易、价格便宜、性能可靠；缺点是功率较小，通常只有毫瓦级的输出功率。氦-氖激光器是连续发光的激光器。

He-Ne 激光器是最常见的气体激光器。氩离子激光器和二氧化碳激光器也属气体激光器，氩离子激光器发出的激光波长为 488 nm 与 514.5 nm，功率可达 100 W；二氧化碳激光器发出波长为 1 060 nm 的激光，功率可达 l00 kW。这两种激光器既可发出连续的激光，也可发出激光脉冲。

红宝石激光器是发明最早的激光器，属于固体激光器，我国于 1961 年研制成功。这种激光器的结构如图 7.7 所示，工作物质是一根人造红宝石棒，其成分是掺有浓度为 0.05%铬离子（Cr^{3+}）的 Al_2O_3 晶体，产生的激光是与 Cr^{3+}有关的能级。红宝石两端磨成光学平面，平行度要求在 1′以内，其中一端镀银成为全反射面，另一面上有 10% 的透过率，在两个反射面之间形成谐振腔，围绕红宝石的螺旋形氙闪光灯是激光器的激励能源，当氙闪光灯脉冲放电时，发出的光经外面的反射层会聚到红宝石上，其中一部分光能为红宝石吸收，使 Cr^{3+}激发到产生激光的能级上，当它们由高激发态跃迁到基态时发出辐射，经光放大后形成波长为 694.3 nm 的红色脉冲激光输出，输出功率在千瓦数量级。

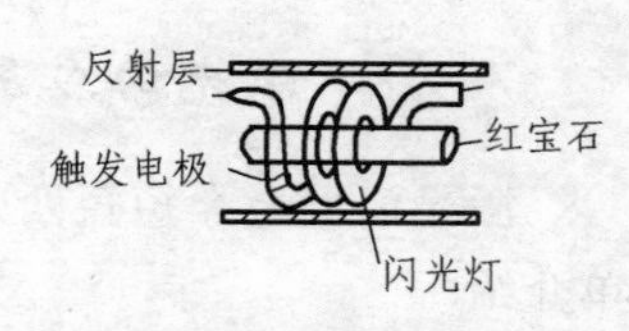

图 7.7 红宝石激光器

其他的激光器还有液体激光器、半导体激光器、化学激光器等。染料激光器是目前运用最广的液体激光器，它的突出优点是发出的激光波长在一个较大范围内连续可调，选用不同染料还可得到不同波段激光。近几年研制成功的自由电子激光器，其激光的波长范围很大，其工作物质是自由电子，这种激光器的辐射激光是来源于自由电子动能的改变，因而输出激光的波长变化范围能包括从 X 射线到毫米波的整个波段，且输出功率大，效率高。

7.3 激光的特性和应用

7.3.1 激光的特性

（1）**单色性好**。激光几乎是严格的单色光。通常所谓的单色光，实际是其波长不只为某个数值，而是由许多波长相近的光所组成，其波长取值范围称为谱线宽度。不同光源发出的光有不同的谱线宽度。曾经作为长度基准的氪灯（^{86}Kr），它的谱线宽度为 4.7×10^{-3} nm，而氦-氖激光器所发的 632.8 nm 的激光，谱线宽度可达 10^{-9} nm，由此可见其单色性很好。正是因为激光单色性好，目前，国际上才采用氦-氖激光器所发激光的波长作为长度标准，进行精密测量。

（2）**方向性好**。激光束的发射角很小，几乎是平行光束。这是由于在激光的形成过程中，受激辐射的光子要在光学谐振腔内来回振荡，最终只有沿轴线方向传播的才能形成激光，所以激光出射时基本上是沿着光学谐振腔的轴线方向传播的。激光的发散角只有普通光源（向四面八方发射）的 10^{-6}。

（3）**相干性好**。激光器是目前相干性最好的一种光源，它的相干性好表现在两个方面。一是空间相干性好。同一台激光器发出的激光束的各个部分都是相干的，所以在杨氏双缝实验中直接把激光束投射到双缝上就能产生干涉，而不必像普通光源那样，必须在双缝前设置光源狭缝，否则不能产生干涉条纹。另一方面，激光还具有好的时间相干性（这一点是与单色性好相联系的），即激光的相干长度长，或者说相干时间长，最长可达几百公里，而氪灯的相干长度仅为几十厘米。因此把激光投射到普通玻璃片上也很容易得到干涉条纹。

（4）**亮度高**。普通光源一般是向四面八方发光，而激光则发散在极小的立体角（2×10^{-6} 球面度）内，其能量在空间上高度集中，故具有很高的亮度和照度。一个 10 mW 的氦-氖激光器，亮度可达太阳表面的 3 000 倍。在以脉冲形式发射激光的激光器中，巨大的能量在时间上又进一步集中，能产生极高的功率密度，以至可以熔化，甚至汽化某些金属或非金属，在工业加工上具有广泛的应用。

7.3.2 激光的应用

激光问世至今短短四十多年，其应用已非常广泛。下面仅就激光在某些方面的应用作简单介绍。

（1）激光通信。激光通信的原理和无线电通信的原理大体相同，只不过无线电通信中携带各种信号的载体是无线电波，而激光通信则是以光波为载波。

激光通信的最大优点是它所携带的信息量大。从理论上讲，一条光路可以同时传送 100 亿路电话，可以同时传送 1 千万套彩电节目，实际上现在已能传送 150 万路电话或几十套彩电节目。用光学纤维传递信息，可以减轻缆线重量，节省大批金属材料。一克硅（砂子中含硅）可拉成几千米光学纤维，一根直径为 1 cm 的光缆含有 100 根光导纤维。除了容量大、重量轻、成本低以外，激光通信的另一优点是不受电磁干扰，保密性强。

（2）激光测距。激光方向性好的特性可以用来测量距离。激光测距装置又称为激光雷达，其作用原理与雷达相同，是利用激光脉冲往返时间来确定被测目标的距离。由于目前可以产生10^{-2} s的极短脉冲，因此测量的精确度很高。比如在月球至地球距离测量中，精度可达30 cm。

（3）激光加工。激光束截面小，功率高，经过透镜聚焦，能把巨大能量进一步集中在很小面积上，产生极高的温度，液化甚至汽化金属或非金属，用来对工件进行切割、焊接、打孔及热处理等。比如钟表及精密仪表中宝石轴承的打孔，超小型集成电路的焊接，电子元件刻槽，以及某些易碎、坚硬材料的切割。

（4）激光在医学上的应用。激光在医学上已用于诊断、治疗和手术。早在20世纪70年代，就能用紫外激光照射诊断肝癌；近年来不断有用激光治疗某些肿瘤癌症的报道，用激光治癌，可把激光只集中在癌细胞上而将它杀死，对正常细胞则不产生影响；小功率He-Ne激光能促进细胞组织的生长，还有镇痛、消肿、改善运动功能等作用，因此被用于治疗多种疾病；用激光做手术刀，切口小，出血少，容易愈合；利用激光进行眼科手术，可精确地“切割”角膜，修正其曲率，使非正常眼成为正常眼；利用激光还可治疗视网膜脱落症，通过眼球本身将激光聚焦在视网膜上，可以把视网膜“焊”在眼底上。

（5）激光核聚变。某些轻元素的原子核结合成质量较大的原子核（如氘和氚结合成氦）时，伴随有巨大能量的释放，这个过程叫作核聚变。如果核聚变能得到控制，将成为非常理想的能源，但引发核聚变需极高的温度。自从激光出现后，人们就开始研究利用激光高度集中的能量来实现受控核聚变。我国于1987年实现了实验室激光核聚变。实验中用两路各为一万亿瓦（10^{12} W）的激光脉冲，同步地击中直径只有0.1 mm的靶球（由聚变材料氘和氚组成），在一百亿分之一秒（10^{-10} s）内使其温度骤升至1千万（10^7）摄氏度，形成1千万个大气压以上的向心压力，发生了聚变反应，释放出能量。

（6）激光分离同位素。激光极好的单色性使它成为适宜于分离同位素的能源。同位素的化学性质非常相似，但其能级结构不同。我们可以采用特定波长的激光使某一种同位素跃迁到激发态上去，而另一同位素因其能级结构略有不同而不能跃迁，故仍处于基态。然后，利用激发态与基态物理、化学性质的差别，采用适当的物理、化学方法将其分离。这种激光分离同位素的方法，较一般的同位素分离法成本低，效率高。我国激光分离同位素铀U^{235}和U^{238}的原理性实验于1986年获得成功，从而使我国跨入掌握这一技术的国际先进行列。

（7）激光在农业上的运用主要用于育种方面。实验表明，激光照射种子能诱发遗传变异，从而改良种子。国内外均有采用经激光照射的种子后获得增产的报道。此外，还试验过用激光照射黄瓜、西红柿种子，使产量增加，而且果实中维生素含量也有所增加。值得注意的一个动向是，激光技术正向遗传工程渗透，并已取得了某些实验性的结果。

（8）非线性光学。激光的强电场与物质相互作用时就产生非线性效应，研究这种非线性光学效应的科学，叫作非线性光学。在寻常光学中，光束在透明物质中传播、折射、反射等现象，并不受光束强度的影响，也不受另一束光存在的影响。但在非线性光学中则不然，当激光光束在某些物质中传播时，从材料射出的光，不仅包含原来的激光光束，而且还包含另一种新光束，这种新光束的频率恰恰等于原来激光频率的两倍，这种现象称为二次谐波。当光波的电场作用于物质分子或原子时就使原子形成电偶极子，在光电场强度弱时，它们彼此成为线性关系；如果是在激光强大电场的作用下则非线性关系就明显起来了。设P为单位体积中原子被激化的偶极矩，E为入射光波的电场强度，它表示为下列关系

$$P = \alpha E + \beta E^2 + \gamma E^2 + \cdots \tag{7.2}$$

其中，α、β、γ、$\cdots$称为极化系数；$\alpha \gg \beta \gg \gamma \gg \cdots$。寻常光由于其电场强度很弱，故 E 的二次方以上都可忽略。现在激光电场强度很强，可达10^5 V/cm，则二次方、三次方就要考虑了。现在，二次谐波（倍频）实现了，这应属于非线性效应的结果。

其次，利用两种不同频率的强激光束照射在非线性晶体上，在一定条件下，非线性就产生出第三个光波，其频率为二者之和或二者之差。因而，利用该特性可把低频的光转变为高频的光，如把红外线转变为可见光，这在军事上有很大的价值。

7.4 全息照相

全息照相原理是 1948 年伦敦大学的丹尼斯·伽柏为了提高电子显微镜的分辨本领而提出的。他曾用汞灯作光源拍摄了第一张全息照片。其后，这方面的工作进展相当缓慢，直到 1960 年激光问世以后，全息照相术才获得了迅速发展。现在已是一门应用广泛的重要新技术。

7.4.1 全息照相

一个物体发出或反射的光波既包含有振幅或强度信息，也包含相位信息。普通的摄影（照相、电影、电视）只能记录光的强度（振幅平方）信息，却不能记录物光的相位信息，因而只是得到物体的平面像。**全息照相**则能记录光波的全部信息，得到的是物体的**立体图像**，它既能反映物体各部分的明暗，又**能反映各部分的远近**。

在图 7.8（a）中，人眼看到一个发光点，是因为发光点所发出球面波的波面为人眼所接受到的缘故。如果上述发光点或物体（可视为由无数发光点所组成）被障碍物所遮住，但所发出的球面波或特定的波面已被记录下来并为人眼看到，我们也应同样感觉到该发光点或物体的存在［见图 7.8（b）］，这就是全息照相的最初设想。这种设想应包两个步骤，其一是要将景物的特定波面（包括振幅和相位）记录下来；其二是在观察时再将原来的特定波面显现出来。

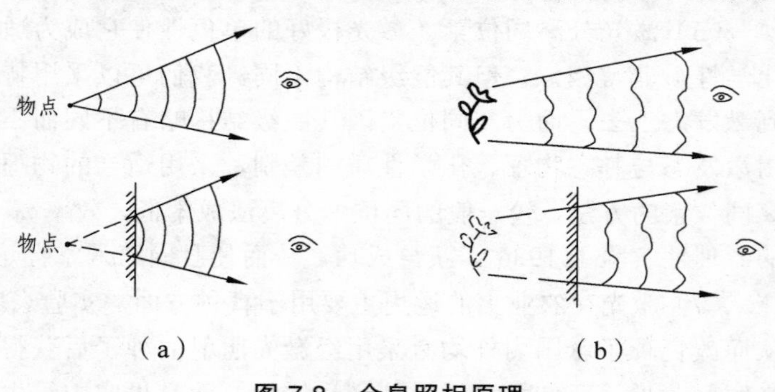

图 7.8 全息照相原理

7.4.2 全息记录与全息再现

全息照相的记录装置如图 7.9 所示。来自同一光源的激光一部分照在物体上。经物体反射（或透射）后照射到全息底片 M 上，这束光携带着物体信息，叫物光 O；另一部分光经反射后直接照射在 M 上，称为参考光 R。

为简单起见，设平面参考光垂直照射，在照相底片上的初相为零，振幅为 A_R，则参考光在全息底片（又叫全息干版）的振动方程为

$$E_R = A_R \cos \omega t \tag{7.3}$$

设物光在底片上的振幅和相位分别为 A_O 和 Φ_O（如果在 M 上建立直角坐标系 xOy，则 A_O 和

Φ_O 是 x、y 的函数），底片上物光的振动方程为

$$E_O = A_O \cos(\omega t + \Phi_O) \tag{7.4}$$

物光与参考光是相干的，所以底片上光强分布为

$$I = A_O^2 + A_R^2 + 2A_O A_R \cos\Phi_O \tag{7.5}$$

底片上的感光物质记录下（7.5）式的光强分布，经过线性处理（即适当的显影、定影），使得底片的透光率 τ 跟 I 成正比，即

$$\tau = KI \tag{7.6}$$

K 是常数。这样，我们就制成了一张全息图片。可见全息图片记录的是物光与参考光的干涉图样，这些图样记录了物光振幅和相位的全部信息。全息图片并不直接显示物体的形象，全息照相也不需要使用透镜，全息记录的巧妙之处在于将物光的振幅和相位都转换为强度记录在底片上。

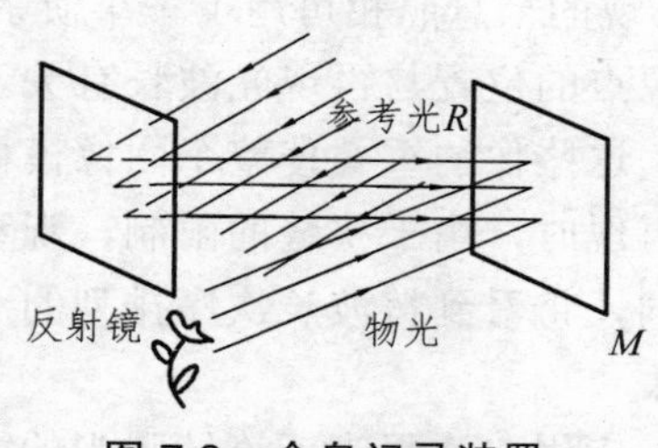

图 7.9　全息记录装置

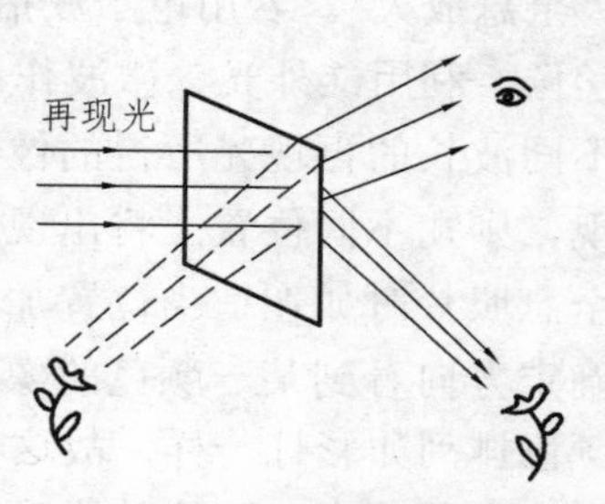

图 7.10　全息再现装置

全息再现的装置如图 7.10 所示。用与参考光相同的再现波照射全息图片，经全息图片发生衍射，复杂的衍射波中含有反映原物体的光波，此光波进入人眼，人就会看到原物体的立体形象。

设再现光波在全息图片上的光振动仍由（7.3）式表示，则经图片之后透射光的光振动为

$$\begin{aligned} E &= \tau E_R = KE_R I = KA_R \cos\omega t(A_O^2 + A_R^2 + 2A_O A_R \cos\Phi_O) \\ &= KA_R(A_O^2 + A_R^2)\cos\omega t + KA_O A_R^2 \cos(\omega t + \Phi_O) + KA_R^2 A_O \cos(\omega t - \Phi_O) \end{aligned} \tag{7.7}$$

第一项是振幅为 $KA_R(A_O^2 + A_R^2)$ 的沿再现波方向传播的光波（直进波）；第二项与（7.4）式表示的物光波比较，仅仅振幅扩大为 KA_R^2 倍，携带着原物体的全部信息（振幅和相位），是再现的物光波，叫再现物波。第三项与第二项相比仅在 Φ_O 前的正、负号不同，叫再现物波的共轭波。再现物波成虚像，共扼波成实像，虚像和实像分居全息图片的两侧。

从上述全息照相的过程可看出，全息照相是以波动光学为基础，利用光的干涉记录物光波的全部信息（振幅和相位），制成全息图片。全息图片的衍射波重现物体的立体形象。

7.4.3　全息图的特点和应用

与普通照相相比，全息照相具有以下一些主要特点：

（1）再现像立体感强。当我们观看全息照片再现像时，就如同看到物体本身一样。只需把头偏移适当角度，就可能看见原来看不见的部分。这是因为全息照相记录的是物光波与参考波的干涉图样，包含了物光振幅和相位的全部信息。物光振幅信息反映了物体或图像的明暗部分，而物光的相位信息反映了物体的三维立体分布。

（2）全息底片的任一碎片都能完整地再现原来物体。这是因为全息照片记录的不是物体的像而是干涉图样。在记录过程中，物体上每一点反射的光波都覆盖整个底片，或者说底片上的每一点都记录着所有物点的信息。

（3）同一张底片可以多次曝光，记录许多物体的全息图。用这样的底片再现时，各个物体的像可以互不干扰地显示出来。这是因为在全息记录中，我们可以将不同景物的物光以不同的角度入射到底片上。由于所得干涉图样随物光与参考光之间的夹角大小而变化，它们将形成数个不同的干涉图样被记录下来。再现时，各个景物的再现像就会出现在不同的衍射方向上，从而将各个景物的像分离开来。

由于全息照片具有一系列独特的优点，有着广泛的实际应用。

在一般全息照相中，再现光与参考光的波长是相同的，但也可用不同波长的光。如果再现光的波长比参考光长，则再现的像比原物大，放大的倍数等于再现波长与参考光波长之比，这就是“全息放大”。若用电子波拍摄微小物体的全息图，然后用可见光束再现，则可得到放大的光学像。利用红外光、微波作参考光而用可见光再现的全息照相可用于军事侦察。

用不同波长的再现光所得的像大小不同，这表示像点的位置与再现光波长有关。如用白光来再现，则在不同位置上将出现不同颜色的再现像，这些像的重叠使整个图像模糊不清。在记录全息照片时如在适当位置加入狭缝，当用白光再现时，由于狭缝的限制，观察者只能在某一确定方向看到某一颜色的像，随着观察方向不同，将看到按波长次序排列的不同颜色的像，颜色排列如彩虹一样，故这种全息称为彩虹全息。

由于全息照相在一张底片上可以重叠记录许多像，应用二次曝光或连续曝光的全息图技术，可以进行精密的干涉测量或无损检测，还可实现全息存储。目前已制成的全息存储器，可在 1 cm^2 胶片上存入 10^7 个信息，它在提高计算机运算速度上将起十分重要的作用。

全息照相再现像的立体感很强，在显微技术中，可用来进行三维立体观察。若用全息方法摄制电影或电视，将可看到真正的立体图像。

【小　结】

（1）激光产生的基本原理：

① 自发辐射和受激辐射。

② 产生激光的两个条件：实现粒子数反转和具有光学谐振腔。

（2）氦-氖激光器的基本结构及其作用。激光的特性和应用。

（3）全息照相：

① 全息图的记录和再现。

② 全息图的特点和应用。

【思考题】

7.1 激光光源与普通光源发光的主要不同之处是什么？

7.2 激光具有哪些主要特性？结合氦-氖激光器的构造和工作过程，简要说明激光为什么能具有这些特点。

7.3 全息照相记录时为什么要引入参考光？

7.4 全息图再现光的波长必须与记录全息图时物光和参考光的波长相同吗？

7.5 试将全息图再现与平面反射镜成像进行比较，其中有何相同与不同之处？

【阅读材料】

模压全息图

全息照相是与激光器的问世几乎同时发展起来的，但只有在 20 世纪 70 年代模压全息图诞生后，才迎来了一个真正的全息照相显示时代。1970 年美国无线电公司（RCA）的 Batolini 等人首先发明了模压全息图。这种全息图是用类似凸版印刷的方法复制而成，所以模压全息术又称为全息印刷术。模压全息图可用白光再现物体色彩绚丽、逼真生动的立体图像，并随着视角不同而呈现彩虹变化。由于模压全息图可用印刷方式大批生产，成本价格低廉，它的发明使全息图迅速商品化，从实验室走入社会诸多领域。

全息照相显示经历了三个时代。第一代，只能在激光下再现；第二代，在各种记录材料上，可在白光下再现；第三代，压印于薄膜上的全息图。正是这第三代才迎来了一个真正的具有广泛应用领域的全息照相显示时代，因为它大批复制（6～15 m^2/min），且压印在廉价的镀铝薄膜或烫金材料上。

模压全息图的应用领域正在不断地扩大。除了作为装潢印刷应用于贺卡、艺术图片、邮件、广告、产品说明书以及书籍、杂志、高级笔记本封面等方面外，其最成功、最重要的应用是在防伪领域。目前，包括我国在内的许多国家已在信用卡、身份证、护照、钞票、商标、商品包装及政府重要文件上，用模压全息图作为防伪标志。

模压全息图的另一个应用领域是反光材料。目前，该种材料以各种绚丽多彩、变幻无穷的色彩取胜于平淡的铝箔包装材料。这种材料用于服装上，可使表演艺术家更增添魅力；用于食品，可使食品更加招人喜爱。如一粒本来是乳白色的巧克力，经全息模压包装，在灯光下就变得五彩缤纷，十分诱人，既是食品，又是艺术品。此外，这种技术也已应用于建筑行业如瓷砖、贴木等建筑装潢材料上。

模压全息图的制作可分为三个阶段。第一个阶段：激光摄制。用光致抗蚀剂作为记录介质，摄制成浮雕型白光再现全息图。第二个阶段：电成型。电成型也称电铸，目的是将光刻胶版上的浮雕型全息图“转移”到金属镍板上，以便在模压机上作为“压印模板”，对热塑形塑料薄膜进行大批量的复制。第三个阶段：模压。模压也称压印法，即在一定压力和温度下，利用专用模压机将镍板上的全息图印刷到热塑型塑料膜上。

模压全息图的另一类型是烫金全息或称热压全息图。模压时采用“三明治”式的烫金材料，这种材料经模压机压出全息图后，在铝层面上再涂上热敏胶，然后采用普通印制厂的烫金方法，直接将全息图“转印”在纸面上。无疑，附有三维立体图样的小说和报纸不久将与人们见面。

8　信息光学简介

【教学要求】

（1）了解空间频率和空间频谱分析。

（2）了解阿贝成像原理和空间滤波。

从20世纪40年代后期开始的30多年间，光学在理论方法和实际应用上都有许多重大的突破和进展，将信息科学理论和傅里叶变换的分析方法引入光学，就形成了光学的一个崭新的分支——信息光学（或变换光学）。信息光学的形成是现代光学的重大进展之一。信息光学的基本思想是用空间频率和频谱的语言分析光信息，认为光学系统对物光的空间频率的传递情况决定成像的质量，用改变频谱的办法处理相干成像系统中的光信息，从而改变物体所成的像。信息光学已经渗透到物理学和其他科学技术的许多领域，得到越来越广泛的应用。

8.1　空间频率与光学信息

我们所熟悉的“频率”这个概念，原义是指时间频率。例如，在简谐振动表达式

$$x = A\cos(2\pi \nu t + \Phi_0) \tag{8.1}$$

式中，ν就表示频率。其意义是单位时间内振动的次数，与之相应的周期$T=\frac{1}{\nu}$是指相继出现两个相同振动状态所经历的时间。这里的频率和周期都是用于描述周期性运动的时间特征。应明确称为时间频率和时间周期。

在信息光学中，已将频率的概念延伸为空间频率，**用空间频率表示空间分布的特征**。例如，一幅绘有等距离平行等宽窄条的图片（见图8.1），其明暗分布就具有空间周期性。相邻两条之间的空间距离d可以叫作空间周期，其倒数$f=\frac{1}{d}$为单位长度内的条数，就叫空间频率。在图8.1中，由于窄条垂直于x轴，只要一个空间频率f_x就可表示图像特征。如果直条是斜的，其特征（还包括其倾斜度）就需要用两个空间周期d_x或d_y或相应的两个空间频率$f_x=\frac{1}{d_x}$和$f_y=\frac{1}{d_y}$来表示了，如图8.2所示。

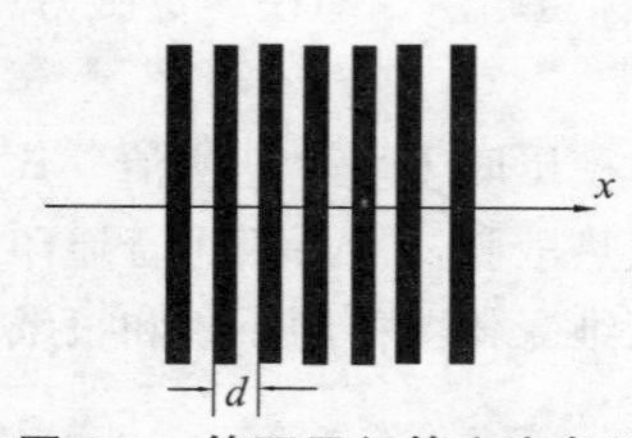

图8.1　等距平行等宽窄条纹

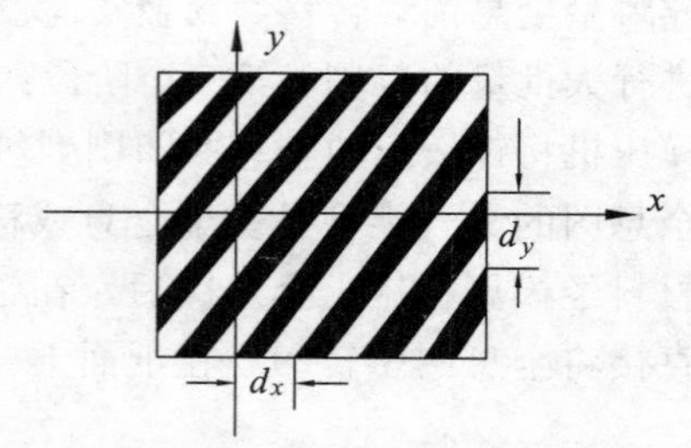

图8.2　倾斜的等距平行等宽窄条纹

一只黑白光栅，用平行光照射时，通过光栅的振幅分布函数（或透射率）为

$$f(x)=\begin{cases}1 & md\leqslant x\leqslant\left(m+\dfrac{1}{2}\right)d\quad (m=0,1,2,\cdots)\\ 0 & \text{当}\,x\,\text{为其他值时}\end{cases}\tag{8.2}$$

其图形如图 8.3 所示，显然其透过率具有像图 8.1 所示那样的周期性，其空间频率就是 $f=\dfrac{1}{d}$，而 d 是光栅常数，也是空间周期。

正弦光栅振幅透射率的分布函数为一正弦函数，如图 8.4 所示。

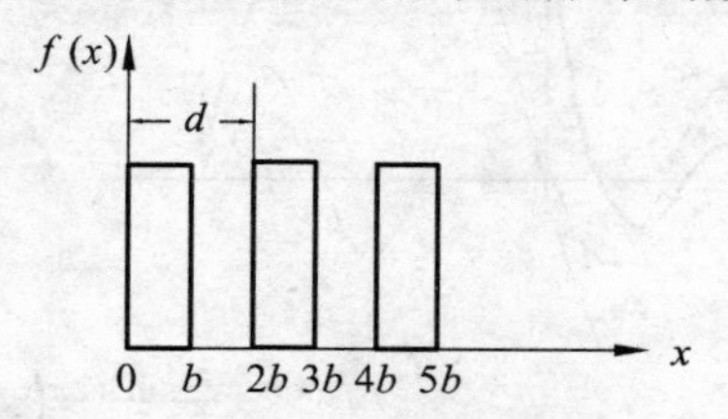

图 8.3　通过黑白光栅振幅分布函数

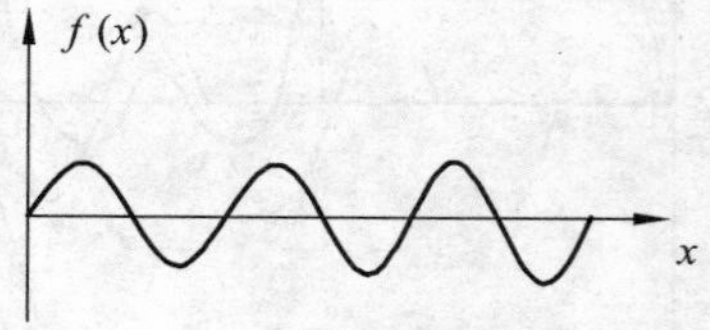

图 8.4　通过正弦光栅振幅分布函数

由傅里叶级数有关知识可知，任何一个周期函数都可以展开成不同频率的简谐函数叠加；任何一个非周期函数也可以展开成频率连续分布的简谐函数叠加。

一个周期函数 $f(x)$，如果周期是 l，则 $f(x)$ 可以表示为傅里叶级数

$$f(x)=\frac{a_0}{2}+\sum_{i=1}^{\infty}\left(a_n\frac{2\pi nx}{l}+b_n\sin\frac{2\pi nx}{l}\right)\tag{8.3}$$

式中

$$\left.\begin{aligned}a_n&=\frac{2}{l}\int_{-\frac{l}{2}}^{\frac{l}{2}}f(x)\cos\frac{2\pi nx}{l}\mathrm{d}x\quad (n=0,1,2,\cdots)\\ b_n&=\frac{2}{l}\int_{-\frac{l}{2}}^{\frac{l}{2}}f(x)\sin\frac{2\pi nx}{l}\mathrm{d}x\quad (n=0,1,2,\cdots)\end{aligned}\right\}\tag{8.4}$$

按照（8.3）式和（8.4）式，可将黑白光栅的振幅分布函数展开成简谐函数的线性叠加

$$a_n=\frac{2}{d}\int_0^{\frac{d}{2}}\cos\frac{2\pi nx}{d}\mathrm{d}x=\begin{cases}1 & (\text{当}\,n=0\,\text{时})\\ 0 & (\text{当}\,n\,\text{为其他值时})\end{cases}$$

$$b_n=\frac{2}{d}\int_0^{\frac{d}{2}}\sin\frac{2\pi nx}{d}\mathrm{d}x=\begin{cases}0 & (\text{当}\,n=2,4,6,\cdots\,\text{时})\\ \dfrac{2}{n\pi} & (\text{当}\,n=1,3,5,\cdots\text{时})\end{cases}$$

将上两式代入（8.3）式，并注意到 $\dfrac{1}{d}=f$，则有

$$f(x)=\frac{1}{2}+\frac{2}{\pi}\left[\sin 2\pi fx+\frac{1}{3}\sin 3(2\pi fx)+\frac{1}{5}\sin 5(2\pi fx)+\cdots+\frac{1}{n}\sin n(2\pi fx)+\cdots\right]\tag{8.5}$$

（8.5）式右方第一项是常数项，可以看作是周期为无穷大的零频项；第二项是频率等于基频的正弦波，振幅为 $2/\pi$；第三、四项是频率为基频整倍数的正弦项……把这些函数按一定振幅进行线性叠加，便得到 $f(x)$。n 值取得越大，（8.5）式右方的项数越多，其和就越接近于 $f(x)$。在图 8.5 中实曲线画出的是（8.5）式右方前三项之和的函数图形，可以见到，它与 $f(x)$ 已经相近了。由图 8.5 还可看出，**低频成分决定了曲线的粗略结构，高频成分决定了曲线的细**

微结构。上述结果说明，黑白光栅（或方波形光栅）的透过率函数是一系列正弦光栅透过率函数的和，故我们可以将**黑白光栅看作是一系列正弦光栅的线性叠加**。

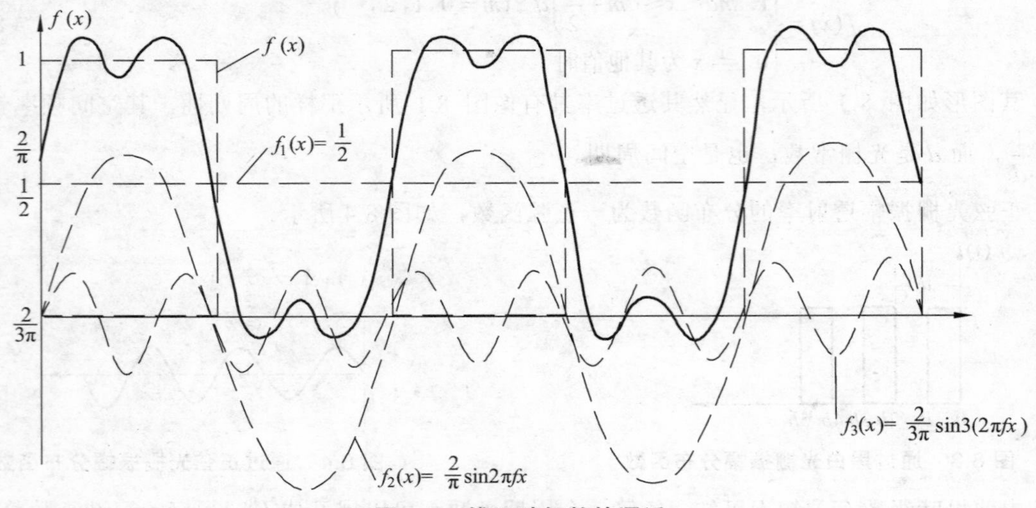

图 8.5　傅里叶级数的逼近

在数学上可以将一个复杂的函数作傅里叶展开，从这个观点出发，可以认为一张图片中包含许多不同空间频率的单频信号，各个空间频率及相应的“振幅”，即为该图片的光信息空间频谱。明暗具有空间周期性图像的频谱中，各空间频率（包括 f_x 和 f_y）具有分立的值，而非周期性图像的频谱中，其频率值是连续的。在一张图片所包含的频谱中相应于较大空间周期的成分是“低频”成分，相应于较小空间周期的成分是“高频”成分。图像的粗略结构或比较圆滑的部分具有较低的空间频率，细微结构或变化尖锐的部分具有较高的空间频率。一幅图像的特征就这样可以用它的频谱来表示，频谱中所有的频率成分和相应的振幅就是这幅图像所包含的光学信息（加上彩色，信息量还要增加很多）。应用傅里叶分析的概念理解一幅图像（透明片或反射片），可以认为是由许多光栅常数和窄缝的取向不相同的正弦光栅叠加而成的，也即一张图片即为一个复杂的衍射屏。

在实验室内，可以用适当的方法找出一幅图片所包含的光学信息，即频谱。这个方法就是夫琅禾费衍射。

我们知道，用如图 8.6 所示装置，当栅缝水平的光栅 G 被单色点光源 S 形成的平行光照射时，其衍射第一级亮斑出现在 $\pm\theta$ 的方向上，而

$$\sin\theta = \lambda / d = f\lambda \tag{8.6}$$

式中，$f=\dfrac{1}{d}$，表示光栅的空间频率。

如图 8.7 所示，在透镜 L_2 的后焦面上显示的这一组亮斑，就是正交光栅（正交网格）空间频率 f 的记录。栅缝的方位不同，后焦面上亮斑的方位也不同。换一个光栅常数不同的光栅，亮斑出现的位置也不同：较大光栅常数（低频）对应的亮斑靠近中央；光栅常数较小（高频）时，所对应的亮斑离中央较远。一张透明照片相当于许多正弦光栅的叠加，各分光栅都在屏上相应的位置形成各自的亮斑，**每一对亮斑就代表原照片中的一种单频成分**。这样，就在屏上记录下来了一幅图像的空间频率。这也就是说，当单色光正入射到图像上时，通过夫琅禾费衍射，一定空间频率的信息就被一对特定方向的衍射波输送出来，由于透镜的聚焦性质，

把不同方向的衍射波会聚在后焦面的不同位置上，形成了图像的傅里叶频谱图。因此，可以说，夫琅禾费衍射装置就是图像傅里叶空间频谱分析器，而一个图像的夫琅禾费衍射图就是它的傅里叶频谱图。

图 8.6　夫琅禾费衍射

图 8.7　傅里叶频谱

图 8.7 给出了一个傅里叶频谱分析实例。衍射屏（即“物”）是一正交光栅（即正交网格），其水平和竖直周期分别是 d_x 和 d_y，其频谱图则是整齐排列的一系列光斑。

8.2　阿贝成像原理和空间滤波

一个发光物体或画片通过透镜产生实像，其原理是大家熟知的。如图 8.8 所示，物上各点（如 A、B、C）发出的光经凸透镜会聚，对应地形成各点的像（如 A'、B'、C'）。这些点的集合就组成了整个物体的像。这就是几何光学对物体成像的认识。

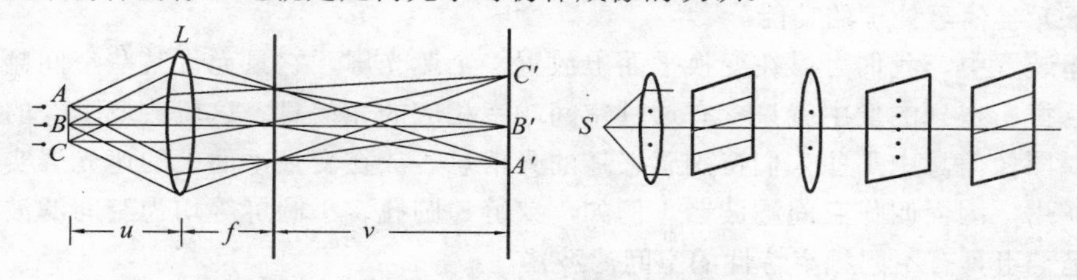

图 8.8　透镜成像原理

1874 年，德国人阿贝在研究显微镜成像规律时，从波动光学的观点提出了另一种成像理论。他把物体或画片看作包含一系列空间频率的衍射屏，从而把透镜成像的过程分为两步：第一步是通过衍射屏的光发生夫琅禾费衍射，在透镜的后焦面 F' 上形成其傅里叶频谱图。这后焦面就叫傅氏面或变换面。**第二步是这频谱面上的各亮斑又可以视为次波波源，这些次波源发出的次波在像平面上相干叠加而形成像**。即经第二次傅里叶变换将各种空间频率又重新组合成物体或画片的像。可以说，**第一次是信息分解，第二步是信息合成**。这种理论叫**阿贝两步成像原理**。

过去我们希望成像光学仪器（如显微镜、照相机）所成的像尽可能与原物相似。从阿贝成像原理来看，这就要求在物光信息的合成和分解中，尽量不使其频谱改变。如果物平面包含一系列从低频到高频的信息，由于实际透镜的口径总是有限的，频率超过一定限度的信息将因衍射角过大而不能通过透镜（见图 8.9），所以透镜本身总是一个“低通滤波器”。丢失了高频信息的频谱再合成时，成像的细节将变得模糊，以至分辨不清。这就是信息光学对光学仪器分辨本领的解释。因此要提高光学系统的成像质量，就应该扩大透镜的孔径，这是在第 5 章中早已得到的结论。然而使图像还原只是人们使用光学仪器的目的之一，更多情况下，人们还希望能改造图像。**阿贝成像原**

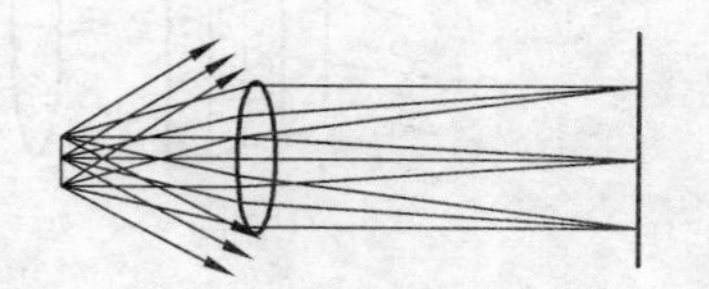

图 8.9　透镜的低通特性

理的真正价值还在于提供了一种新的频谱语言来描述光学信息，启发人们可以用改变频谱的手段来改造光学信息。因此，阿贝成像原理是光学信息处理的理论基础。

利用阿贝成像原理设计的图像处理 $4f$ 系统如图 8.10 所示。两个透镜 L_1 和 L_2 为共焦组合；L_1 的前焦面 O 为物平面，由点光源 S 通过透镜形成的平行光照射此平面上的照片（衍射屏）；L_1 的后焦面 T 为变换平面，在此平面上形成照片的频谱。通过此频谱面的光通过透镜 L_2 在其后焦面 I 上相干叠加生成像，因此 I 面即为像平面。

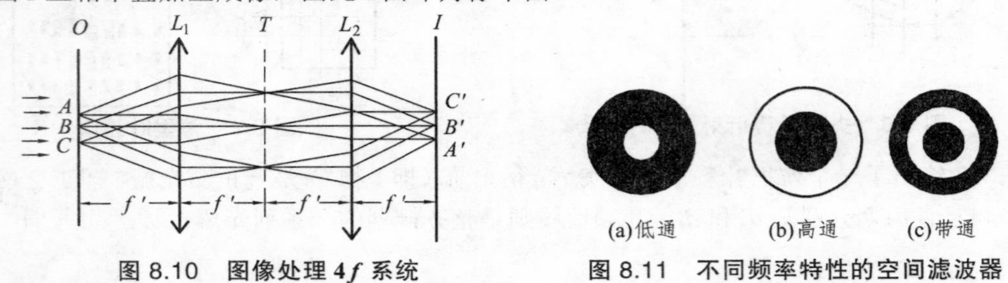

图 8.10　图像处理 $4f$ 系统　　图 8.11　不同频率特性的空间滤波器

$4f$ 系统是用于空间滤波的光学信息处理基本系统。首先，激光束经过物平面，其物光信息经过第一个透镜 L_1 的傅里叶变换作用，得到其频谱。频谱再经第二个透镜的傅里叶变换作用又合成输入物面的像。当采用两个相同的傅里叶变换镜头时，输出图像与输入物面尺寸同样大小。如果在频谱面上加入另一个起选频作用的光学器件，那么输出图像便能得到改造，从而实现了光学信息处理的功能。

在上述装置中，我们可以在变换平面上放置一个遮光屏，它只允许某些空间频率的光信号通过。这样所得到的像中就只含有透过空间频率相应的光信息。这就改变了像的质量，从而可取得原图像信息中那些人们特别感兴趣的光信息。放在变换平面上的遮光屏实际上起到了选频的作用，因而叫作**空间滤波器**。例如，狭缝、圆孔、小圆屏等均为空间滤波器。如图 8.11 所示是一组具有不同频率特性的空间滤波器。

现举例对空间滤波作用加以说明。设物是一个正交光栅［即正交网格，见图 8.12（a）］，频谱如图 8.12（b）所示。这频谱点阵包含了水平和竖直两套光栅的空间频率 f_x 和 f_y。若在频谱面上加入直径很小的圆孔形滤波器，只让频谱中的零频通过，则不能得到正交光栅的像，在像面上将是均匀的照明。若用一条狭缝作为滤波器，当狭缝水平放置时，得到的是竖直光栅的像［见图 8.12（c）］；当狭缝竖直放置时，得到的是水平光栅的像［见图 8.12（d）］。一定孔径的圆孔形滤波器，挡住的是频率较高的频谱，为低通滤波器［见图 8.11（a）］，透镜的孔径就起到了低通滤波器的作用。而一定直径的不透明遮光屏，起高通滤波器的作用［见图 8.11（b）］。

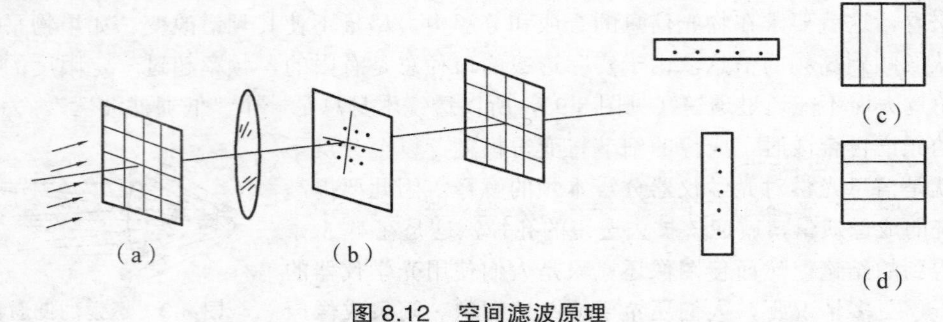

图 8.12　空间滤波原理

如果正交网格上有几粒灰尘，则在频谱面上除了网格的频谱外，在中心还有灰尘的云雾状频谱。我们只要在变换面上放上合适的滤波器，将灰尘频谱挡住，只让网格频谱通过，则会得到没有灰尘的网格像。

类似的方法可以为检查微型电路板的缺陷提供一个简捷的方法。先将没有缺陷的标准电路放在如图 8.10 所示 $4f$ 系统的物平面上，摄下它的频谱，并制成负片（其明暗分布与频谱图相反）。将此负片作为空间滤波器放在变换面上，再把待检的电路板放入物平面，如果电路板没有缺陷，则它的频谱完全被空间滤波器滤掉，在像面上没有任何信息。如果某些地方有缺陷，则这些缺陷的频谱不会被空间滤波器挡住而在像平面上成像，这样就可以立即发现电路板上的缺陷。这种方法也可以用于文字或图片的特征识别。

下面介绍一类**分光滤波的方法（又称 θ 调制）**。这是一种有趣的信息处理方法，即用白光照明透明物体，而在像面上得到彩色图像。如图 8.13（a）所示为鸭子游水的图，我们希望把鸭身着黄色，把鸭嘴着红色，把水着蓝色。为此要制备特别的光栅衍射屏。把要着色的图片分成几个部分，每一部分都用光栅剪成相应的图形，然后拼成原图。但各部分光栅的取向不同［见图 8.13（a）中三部分光栅互成120°］。用白光照射此衍射屏时，在频谱面上会出现三个不同方向的彩色光谱［见图 8.13（b）］，其中水平的光谱是鸭身的频谱，右上斜的光谱是水的频谱，左上斜的光谱是鸭嘴的频谱。如在频谱面上加一纸片，只让鸭身对应的±1 级光谱中的黄色部分通过，让水的±1 级频谱中的蓝光通过，让鸭嘴±1 级光谱的红光通过，如图 8.13（c）所示。这样只有这些颜色的空间频率通过，它们在像面上相干叠加就形成所需的彩色图像［见图 8.13（d）］。眼睛为黑色，它不是由光栅薄膜制成，这部分没有光通过，不受分光滤波影响，因此仍为黑色。

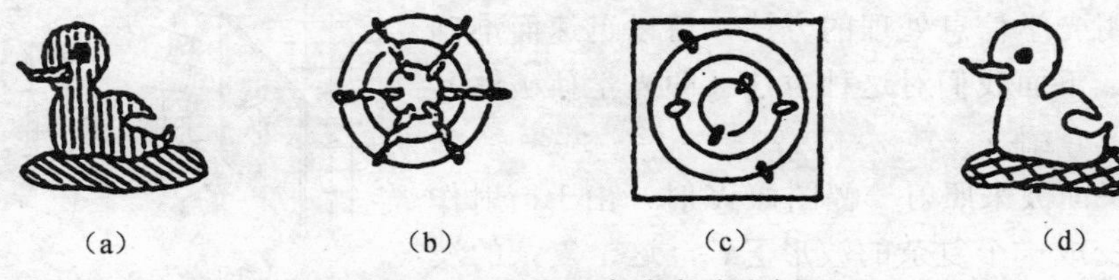

图 8.13　分光滤波方法实例

空间滤波有很多实际应用，如可将由于摄影时抖动引起的像面模糊、重叠摄影、曝光不正确、照片污染和拼接、像质差等不良照片加以处理，得到较理想的图像；还可用于图像识别、文字读取等，这里不再介绍了。

【小　结】

（1）空间频率和空间频谱分析。

（2）阿贝成像原理和空间滤波。

【思考题】

8.1 什么是空间频率？它与空间周期的关系是什么？

8.2 一幅图像的空间频谱指的是什么？

8.3 一幅图像的频谱中包含有高频成分和低频成分，它们与该图像的结构有何关系？

8.4 为什么用夫琅禾费衍射的方法，可以找出一幅图片所包含的光学信息，即其频谱？

8.5 什么是阿贝成像原理？什么是空间滤波？信息光学中的高通滤波器与低通滤波器各有什么特点？

【阅读材料】

指纹识别和光学侦破

指纹识别是公安局常用的破案方法之一。

人们的指纹是各式各样的，经研究指出，迄今为止，还没有发现两个人具有完全相同的指纹。

通常情况下，在当地公安局存有许多罪犯的指纹档案——每一名曾被逮捕过的罪犯都在这里留下了他们的指纹照片，并被编上号码，然后制成自动检索的缩微胶卷。如果作案者是惯犯，则核对指纹档案可判断作案人。

过去，当采取到犯罪分子的现场指纹 x 时，指纹专家们要在高倍显微镜下，从浩如烟海的指纹档案中查找和对比与 x 具有相同特征的指纹，这是一件十分繁杂而又容易出错的事，当现场指纹残缺不全时，识别的困难就更大了。

现今，利用光学信息处理的方法，可以迅速而准确地判断作案人。下面我们对这种方法（即光学侦破法）的原理作一简单介绍。

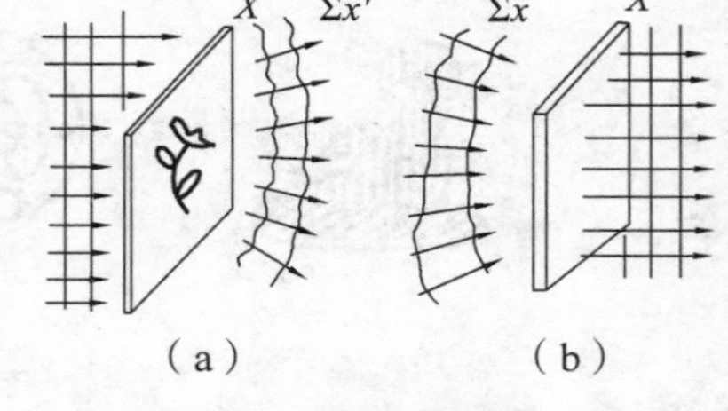

图 8.14　图像信息获取与还原

当用单色平面波来照射一幅图像 X 时，由于衍射作用，透射波面变成一个复杂的波形 $\sum x'$，这个复杂的波形，已经携带了图像 X 的信息，如图 8.14（a）所示。

设想整个系统反转过来，并使光波沿反向传播，记这个波面为 $\sum x$，根据光路可逆性原理，透过图像后出射的将是平面波［见图 8.14（b）］，这个反向放置的图像为 X^*。显然，X^* 只能使特定的波形 $\sum x$ 转换成平面波，其他波形通过 X^* 都不会变成平面波。

如图 8.15 所示，现在将指纹图案 X 放在 $4f$ 系统的输入平面上，平面波透过 X 后成为一个复杂的波形 $\sum x'$，再通过 L_1，在 L_1 的后焦面即频谱面上形成 X 的频谱 X^*，射向谱面的，是一个复杂的波形 $\sum x$。按照上面的方法，在谱面上放置一个滤波器 X^*（称为输入图像 X 的匹配滤波器），光波 $\sum x$ 通过 X^* 后变成平面波。

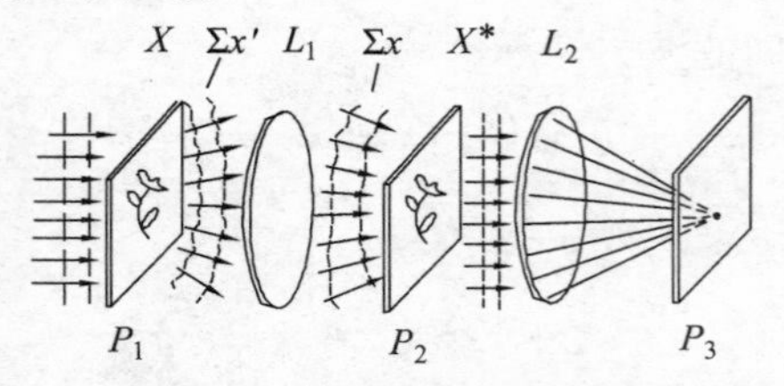

图 8.15　指纹识别系统原理

如果用别的指纹 y 输入系统，由于照射到滤波器上的波形与 $\sum x$ 不同，因此通过 X^* 滤波后成为别的复杂波形，不可能成为平面波。也就是说，仅当 $\sum x$ 通过 X^* 后才可能成为平面波。这样一来，$\sum x$ 就从许多波形中分离出来。

当平面波再通过下一个变换透镜 L_2 时，就会在 L_2 的焦平面即输出平面 P_3 上聚焦成为一个小小的亮点，称为“自相关”亮点，表示输入图像和滤波器 X^* 是相关联的。

如果输入的图像不是完整的指纹 x，而是 x 的一部分甚至一小部分时，我们也能在输出平面上获得自相关亮点。两个图形一致或相关的部分越大，自相关亮点就越亮。

现在，我们来设计一台“激光指纹识别仪”。首先利用作案人的现场指纹 x 制成匹配滤波器 X^*（当然，匹配滤波器的制作工艺是相当专门的技术），放在滤波平面即谱面 P_2 上，然后把指纹档案中的缩微胶卷用电机带动逐个通过系统的的输入平面。输入其他指纹时，输出平面上不会出现亮点；当输入指纹与 x 吻合（或部分吻合）时，就能获得自相关亮点。这样，按照指纹档案的编码，便能迅速而准确地判断作案人。

9　光的量子性

【教学要求】

（1）理解光的量子性和主要实验证据——光电效应和康普顿效应。

（2）理解光的波粒二象性。

前面研究了光的干涉、衍射和偏振等现象，这些现象充分证明了光具有波动性，而且光波是横波。但是到了 19 世纪末和 20 世纪初，人们又发现了一些新的物理现象，这些实验现象表明，在光与物质的相互作用过程中，光显示出粒子性。本章将介绍其中两个重要实验现象，再说明如何从这些事实中提出了光的量子性。

9.1　光电效应

物质（主要是金属）在光的照射下释放电子的现象，称为**光电效应**，所逸出的电子称为**光电子**。

光电效应现象最初是在 1887 年，赫兹在做放电实验时偶然发现的，当用紫外光照射两电极之一时，电极间的放电就容易发生。1900 年，勒纳用实验证实，偶极振子间有电子的发射。

9.1.1　实验规律

如图 9.1 所示为观察光电效应的实验装置。K 是阴极，A 是阳极，两者密封在真空玻璃管内，光经石英窗 M 照射到阴极 K 上，由光电效应产生的光电子受电场加速，飞向阳极 A 形成电流，称为光电流。光电流的强弱可由电流计 G 读出，而由伏特计 V 可读出加在 A、K 间的电压，实验结果如下：

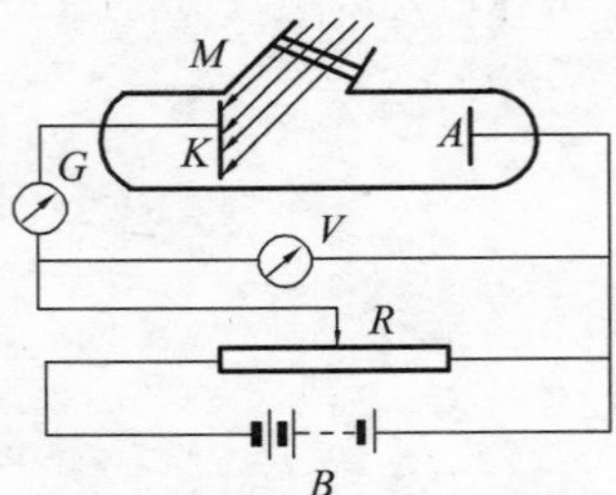

图 9.1　光电效应实验装置

（1）光电子数与入射光的强度成正比。

设入射单色光的强度一定，改变加在 A、K 间的电压，随着电压 U 的增加，光电流 I 也增加，但当电压增加到一定值以后，电流 I 达到饱和，如图 9.2 所示。改变入射光的强度，饱和电流值 I_s 也发生改变。实验结果表明，**饱和电流的大小与入射光强成正比**。

我们知道，当电压 U 较小时，从阴极发出的光电子只有一部分到达阳极形成电流 I。电压增加，电流 I 也随之增加，当电压增加到一定值时，电流 I 达到饱和，这时单位时间内从阴极

发出的光电子已全部飞向阳极，形成饱和电流 I_s。若 n 代表单位时间内从阴极发出的光电子数，则

$$I_s=ne \tag{9.1}$$

其中，e 是电子所带电量。于是可以得出：**单位时间内从金属表面逸出的光电子数与入射光强成正比**。

（2）**光电子的初动能只与入射光的频率有关，而与入射光的强度无关**。

如图 9.2 所示，当外加电压减少到零时，光电流并不为零，仅当加上反向电压 U_a 时，才能使光电流为零，这个反向电压称为遏止电压。这表明从阴极表面逸出的光电子具有一定的初动能，当反向电压等于 U_a 时，光电子的初动能全部用于克服电场力做功。因而电子不能到达阳极，光电流为零。设电子的初动能为 $\frac{1}{2}mv^2$，则有

$$\frac{1}{2}mv^2=eU_a \tag{9.2}$$

由图 9.2 可见，对应于不同的入射光强，遏止电压 U_a 是相同的，说明光电子的初动能与入射光强无关。

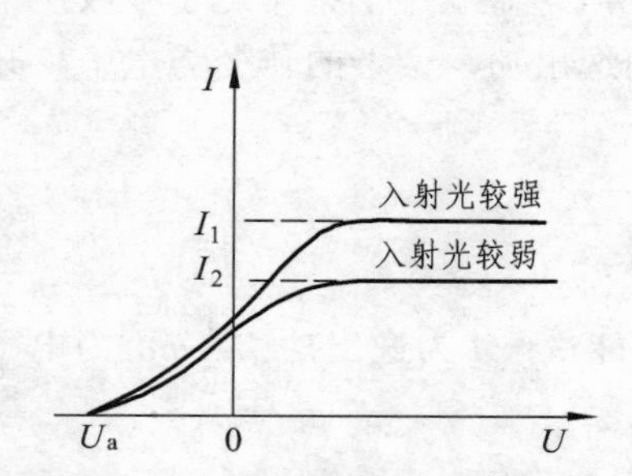

图 9.2　外加电压与入射光强的关系

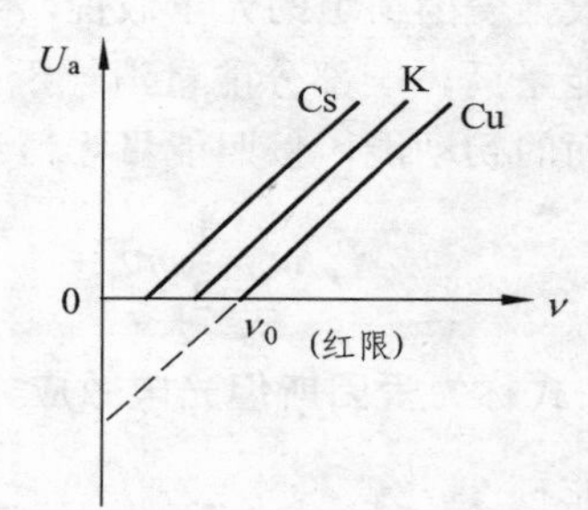

图 9.3　入射光频率与遏止电压的关系

实验发现，若保持入射光强度不变，而改变入射光的频率，遏止电压随入射光频率的增加而线性地增加，也即光电子的初动能随入射光频率的增加而线性地增加（见图 9.3）。实验还发现，对每一种金属来说，都存在一个极限频率 ν_0，当入射光的频率低于这个值时，无论光强多大，照射时间多长，都没有光电效应发生。频率 ν_0 又称为这种金属的红限。有时用波长表示红限，**波长的红限为** $\lambda_0=\frac{c}{\nu_0}$。

（3）光电子立即从金属逸出。实验还表明，从光线开始照射阴极到逸出光电子，无论入射光的强度大小如何，弛豫时间不超过 10^{-9} s，几乎是**瞬时的**。

9.1.2　光的波动理论的困难

光电效应的实验规律除第（1）条外，用光的波动理论完全不能解释，其主要困难有以下两个方面。

（1）按照光的波动理论，当光照射在物体上时，光波的电磁场要使物体内电子作受迫振动，其振幅与入射光波的振幅成正比，当电子的振幅足够大时，就可以脱离物体的束缚，从而逸出金属表面。照理光电子的初动能应决定于光的强度，但实验结果是光电子的初动能与光强无关，却与入射光的频率有关。并且当频率小于该金属的极限频率 ν_0 时，不管入射光有

多强都不能发生光电效应。而按照光的波动理论，只要入射光足够强，任何频率的光都能产生光电效应。

（2）按照光的波动理论，金属中电子要从光中吸收能量并积累到一定量值才能逸出金属表面，电子逸出金属表面需做的功，称为逸出功。显然，入射光越弱时积累的时间就越长。可是事实上，光电效应具有瞬时性。

9.1.3 光电效应的量子解释

1900 年，普朗克用能量子的假说圆满地解释了黑体辐射的实验规律。普朗克的量子假说指出，电磁波在发射和吸收时是不连续的，是以能量为 $h\nu$ 的能量子形式出现的。普朗克的能量子假说仅指出能量在被原子发射或吸收时是不连续的，而对于发射出来后在空中传播的电磁波能量是连续还是分立，则并未涉及。1905 年，爱因斯坦进一步指出光不仅在发射或吸收时（即在与物质相互作用时），表现出粒子性，而且在空间传播过程中也表现出粒子性，**即一束光便是一束粒子流，这些粒子称为光子，每个光子的能量** $\varepsilon = h\nu$ 并以光速 c 运动，这里 h 是普朗克常数，ν 是光的频率。**不同频率的光子，具有不同的能量**。

根据爱因斯坦的光子假说，当频率为 ν 的光照射到金属上，金属中的某个电子吸收一个光子的能量后，一部分能量消耗于电子逸出表面时所需做的逸出功，余下的转变为电子离开金属表面的初动能，按照能量守恒和转换定律则可写成

$$h\nu = \frac{1}{2}mv^2 + A \tag{9.3}$$

（9.3）式称为**爱因斯坦光电效应方程**。式中，$h\nu$ 为光子的能量；A 为**逸出功**；$\frac{1}{2}mv^2$ 为电子的初动能。

爱因斯坦光子理论成功地解释了光电效应的实验规律：

（1）入射光较强时，光子数较多，单位时间内从金属中释放的光电子数也多，饱和电流也随之增大，所以饱和电流的大小与入射光强成正比。

（2）由爱因斯坦的光电方程可知，由于在通常情况下对于一定的金属，逸出功 A 为常量。因此，入射光的频率越高，电子的初动能越大，电子的初动能与入射光强无关。

如果入射光的频率太低，以致 $h\nu < A$，则电子就不能脱离金属表面，所以即使入射光很强，也就是说这种频率的光子数很多，照射时间再长，也不会产生光电效应。只有当入射光的频率 ν 大于红限 ν_0 时，电子才能逸出金属表面。显然，在（9.3）式中，令动能一项为零，即有

$$h\nu_0 = A$$

故红限频率

$$\nu_0 = \frac{A}{h}，\ \lambda_0 = \frac{c}{\nu_0} = \frac{hc}{A}$$

其中，c 为光速，λ_0 为红限波长。红限频率或红限波长都只与阴极材料的性质有关，因为在通常情况下，金属的逸出功随温度的变化甚微。

（3）按照光子的假说，入射光的强弱只表明这种频率的光子数的多少。并不影响每个光子能量的大小，一个光子的能量是一次地被一个电子所吸收的，只要一个电子吸收了一个能量足够的光子，电子将马上逸出金属表面，故无需积累能量的时间，这就说明了光电效应的瞬时性。

9.1.4 光电效应的应用

人们掌握了光电效应的规律之后，制造出了各种光电转换器件应用于生产和科研工作中。例如，光电管（见图 9.4）广泛应用于光功率的测量、光信号的记录、电影、电视和自动控制中。光电管的阴极涂层称为感光层，可采用不同红限的金属喷镀制成，应用于不同光谱范围（例如 K、Na、Ag、Au 和 Zn 等）。光电管内抽成真空，再充以低压惰性气体以防电极氧化。对于弱光信号，可利用光电倍增管，将光电流放大几百万倍。

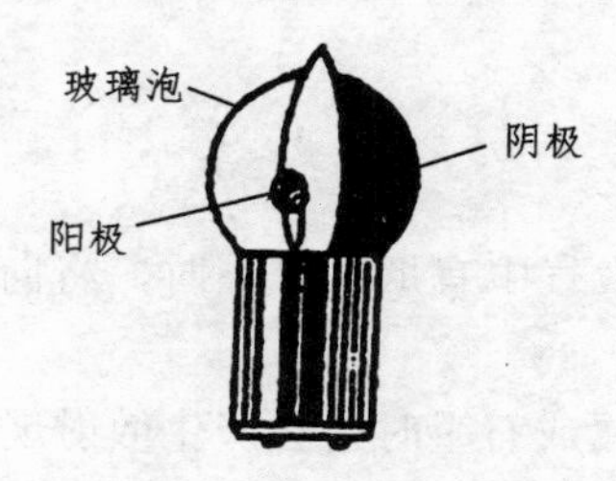

图 9.4　光电管

在以上的光电效应中，光电子飞出金属，称为外光电效应。而某些晶体和半导体在光照射下，使原子释放出电子，但电子仍留在材料体内，使材料的导电性能大大增加，这种现象称为内光电效应。半导体光敏元件、光电池等就是内光电效应器件。

最后需要指出的一点是，在爱因斯坦的光子假说提出之时，人们认为在光电效应中，电子每次只可以吸收一个光子，我们把这种现象称为单光子光电效应。1929 年德国科学家玛丽亚估计，当光强较大时，可能产生双光子或多光子吸收现象，即每次可以吸收 2 个以上光子。1960 年激光器诞生之后，光波的强度大大提高，双光子电光效应和多光子光电效应都已被实验所证实。对于多光子光电效应，爱因斯坦方程应该改为

$$nh\nu = \frac{1}{2}mv^2 + A$$

n 为多光子数目。

但在本门课程中，我们只讨论单光子光电效应。

例 9-1　计算钠黄光中一个黄光光子的能量。（已知钠黄光的波长 $\lambda = 589.3\ \text{nm}$）

解： $\varepsilon = h\nu = h\dfrac{c}{\lambda} = \dfrac{6.63\times10^{-34}\times3\times10^{8}}{589.3\times10^{-9}} = 3.4\times10^{-19}\ \text{(J)}$

或　$\varepsilon = \dfrac{3.4\times10^{-19}}{1.6\times10^{-19}} \doteq 2.13\ \text{(eV)}$

例 9-2　波长 $\lambda = 589.3\ \text{nm}$ 的光入射到镓的表面上，放出光电子的遏止电压为 0.36 V，试求光电子的最大动能，镓的逸出功和红限频率。

解：（1）当电压为遏止电压 U_a 时，光电流为零，此时电子的动能为最大动能，即

$$E = \frac{1}{2}mv^2 = e|U_a| = 0.36\ \text{eV}$$

（2）由 $h\nu = \dfrac{1}{2}mv^2 + A$ 有

$$A = h\nu - \frac{1}{2}mv^2$$

$$A = \frac{6.63\times10^{-34}\times3\times10^{8}}{589.3\times10^{-10}\times1.6\times10^{-19}} - 0.36 = 1.79\ (\text{eV})$$

（3）由 $h\nu_0 = A$ 有

$$\nu_0 = \frac{A}{h} = \frac{1.79\times1.6\times10^{-19}}{6.63\times10^{-34}} = 4.33\times10^{14}\ (\text{Hz})$$

9.2 康普顿效应

入射光通过不均匀媒质（如大气中有烟雾等）时，将向各个方向发出散射光，这便是光的散射现象。

实验发现，当 X 射线射向金属或石墨时也会产生散射现象。1923—1925 年，美国物理学家康普顿（A. H. Compton）和我国物理学家吴有训研究了 X 光被石墨散射的实验，进一步证实了爱因斯坦的光子说。

如图 9.5 所示是康普顿散射实验装置图。X 射线源发射一束波长为 λ_0 的 X 光，射到一块石墨上，从石墨再出射的 X 光是沿各种方向的，故称为散射。实验发现，散射光中除了含有与入射光波长相同的散射光外，还有波长比入射光波长长的散射光出现，这种**波长改变的散射称为康普顿效应**。康普顿因发现该效应而获得 1927 年诺贝尔物理学奖，当时他年仅 35 岁。

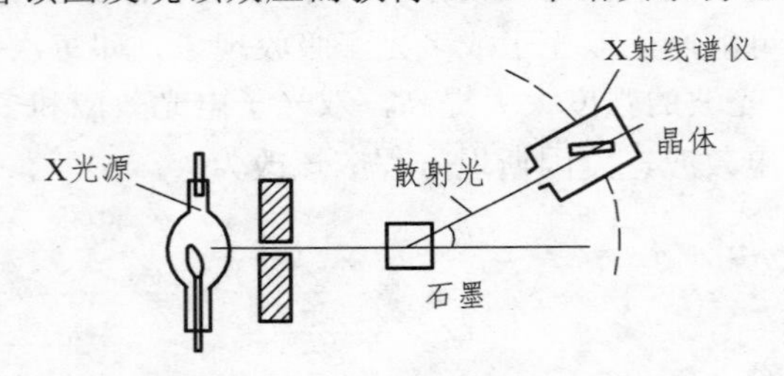

图 9.5　康普顿散射实验装置

按照光的波动理论，入射的 X 光也是电磁波，只不过波长比可见光短得多，当它射向石墨时，将引起石墨中的电子作受迫振动，振动着的电子向各个方向发出散射波。由于受迫振动的频率与入射 X 光的频率相同，因而散射光的波长应与入射光的波长相同。因此经典理论无法说明康普顿散射。

但是，如果应用光子的概念，并进一步**将光与物质的相互作用视作光子与电子的碰撞**，就很容易从理论上得出与实验相符合的结果。在作理论推导前先作一点简化，由于入射光子是 X 光，光子能量较大，约为 10^4 eV 数量级。在石墨（原子量为 12）中存在大量束缚能较小的电子，例如，使这些电子离开石墨只需要几个 eV 的能量就足够了，比 X 光子的能量小得多，所以可以忽略这些电子的束缚能，而近似认为它们是自由电子。同样，这些电子的动能也比 X 光子的能量小得多，也可以忽略电子的初动能，近似地认为它们在与光子碰撞以前是静止的。

设入射光子的能量为 $h\nu_0$，动量为 $\frac{h\nu_0}{c}\boldsymbol{n}_0$，散射光子的能量为 $h\nu$，动量为 $\frac{h\nu}{c}\boldsymbol{n}$，其中，$\boldsymbol{n}_0$ 和 $\boldsymbol{n}$ 分别代表光子与电子碰撞前后运动方向的单位矢量，它们之间的夹角为 θ；电子在碰撞前

是静止的，根据爱因斯坦的质能关系式可知它的能量为m_0c^2，动量为零。与光子碰撞以后，电子以速度$\boldsymbol{v}$飞出，由于电子散射后，可以有很大的速度，所以它的质量可由相对论公式写出，即$m=\dfrac{m_0}{\sqrt{1-v^2/c^2}}$；它的能量和动量又分别为$mc^2$和$m\boldsymbol{v}$，如图 9.6 所示。

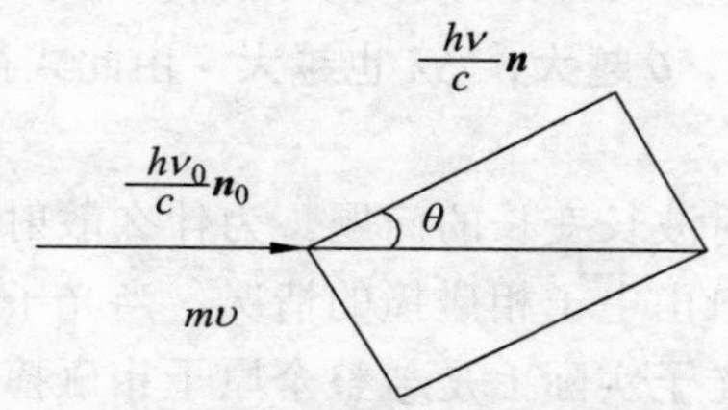

图 9.6　入射与散射光子几何关系

由能量守恒定律有：

$$h\nu+mc^2=h\nu_0+m_0c^2 \tag{9.4}$$

根据动量守恒定律，如图 9.6 所示，应用余弦定理有

$$(mv)^2=\left(\frac{h\nu}{c}\right)^2+\left(\frac{h\nu_0}{c}\right)^2-2\frac{h\nu}{c}\cdot\frac{h\nu_0}{c}\cos\theta \tag{9.5}$$

将（9.4）式改写为

$$mc^2=h(\nu_0-\nu)+m_0c^2$$

两边平方得

$$m^2c^4=(h\nu_0)^2+(h\nu)^2-2h^2\nu_0\nu+m_0^2c^4+2hm_0c^2(\nu_0-\nu) \tag{9.6}$$

将（9.5）式两边乘以c^2，并与（9.6）式相减，即得

$$m^2c^2(c^2-v^2)=m_0^2c^4-2h^2\nu_0\nu(1-\cos\theta)+2hm_0c^2(\nu_0-\nu) \tag{9.7}$$

又由

$$m=\frac{m_0}{\sqrt{1-v^2/c^2}}$$

两边平方后可得

$$m^2\left(1-\frac{v^2}{c^2}\right)=m_0^2$$

两边同乘以c^4有

$$m^2c^2(c^2-v^2)=m_0^2c^4$$

由（9.7）式和（9.8）式有

$$m_0c^2(\nu_0-\nu)=h\nu_0\nu(1-\cos\theta)$$

又由于$\nu_0=\dfrac{c}{\lambda_0}$，$\nu=\dfrac{c}{\lambda}$，令$\lambda-\lambda_0=\Delta\lambda$，故有

$$m_0c^3\frac{\Delta\lambda}{\lambda_0\lambda}=\frac{hc^2}{\lambda\lambda_0}(1-\cos\theta)$$

即

$$\Delta\lambda=\frac{h}{m_0c}(1-\cos\theta) \tag{9.9}$$

$$\lambda_c = \frac{h}{m_0 c} = 0.002\,4\ (\text{nm})$$

λ_c 称为康普顿波长。

上式说明了散射光中出现了波长为 λ 的成分，且 λ 较 λ_0 长，**波长的改变量 $\Delta\lambda$ 与散射物质的性质无关，只决定于散射角 θ，θ 越大，$\Delta\lambda$ 也越大**，由此式得出的计算值与实验值相吻合。（9.9）式称为康普顿散射公式。

这样，就正确地解释了散射波长变长的问题。为什么散射波中还有波长不变的成分呢？这是因为上面讨论的是光子与自由电子相碰撞的情况，当光子与原子中的内层电子碰撞时，由于内层电子被束缚得较紧，光子实际上是与整个原子相碰撞。由于原子的质量远比电子的大，$\Delta\lambda \approx 0$，因此碰后光子只改变方向，而不改变能量大小，因而散射光中存在原波长 λ_0 的成分。

光子理论对康普顿散射的成功解释，首先进一步证明了光的粒子性，其次也证明在光子与电子的相互作用过程中，能量和动量仍然遵从守恒定律。

这里需要指出，在对康普顿效应的上述解释中，我们不能认为是电子在碰撞过程中吸收了入射光子的一部分能量，使光子能量减小，然后以较小的频率散射出去。这种理解是违反量子理论基本观点的。量子理论认为在光子与电子相互作用时，是电子吸收了整个入射光子，同时又发射出散射光子。

9.3 光的波粒二象性

通过前面的学习，我们已经认识到，当光和电子、原子相互作用时，常表现为光的粒子性；而在光的干涉和衍射现象中，又表现出波动性，即光具有波动和粒子两重性质。通常称为**光的波粒二象性**。这种二象性在表示光子的能量和动量的两个式子中表现得特别显著，即

$$\varepsilon = h\nu \tag{9.10}$$

$$P = \frac{h\nu}{c} = \frac{h}{\lambda} \tag{9.11}$$

在上面两式中，等式的左边表示微粒的性质，即光子的能量 E 和动量 P；等式的右边则表示波动的性质，即电磁波的频率和波长。这两种性质通过普朗克常数定量地联系起来。显然，普朗克常数只有在微观世界中才起作用。事实上，波粒二象性是一切微观客体都具有的共同属性。

应当指出，按现代观点，所谓光的粒子性，实质上仅指光与物质相互作用时，在交换能量和动量时是以整个光子的能量和动量交换的，也即光与物质相互作用时交换的能量是一份一份的（即量子化的，一份就是一个光子），光子或者被整个吸收或者不被吸收。这里并非肯定光子就是经典力学中的质点，光子说并非牛顿微粒说的复活，应该说光的粒子性即为量子性。

其次，在波动光学中曾把原子发的光看作一个一个光波列，现在又把光子看作是一个一个光子组成的光子流，那么是否意味着一个光子就是一个光波列呢？回答是否定的。因为它们是描述光不同性质侧面的不同概念，不能因为都是描述同一客体，就把它们等同起来。事实证明，只有用光波列和光子两种模型来共同描述光的本质，这种描述才较完全。

光子的波动性和粒子性可以用统计的观点来建立联系。下面以杨氏双缝实验为例来作说

明。在杨氏双缝实验中，减弱入射光的强度，使光子基本上一个个地通过双缝，实验结果表明，我们无法准确地预言光子到底通过哪个缝，光子落在屏上的分布也是无规则的，个别光子可能落在屏的这一点，也可能落在屏的那一点。但是，当大量光子通过后我们将会发现，屏上出现明暗相间的干涉条纹，这与增加光的强度，一次就让 n 个光子通过双缝的实验所得的花样完全一致。这就表明，对光子行为的预言只能是统计的、概率性的。从统计观点看，大量光子同时通过与一个个通过的差别仅仅在于，前一个实验是空间的统计平均，后一实验却是对时间的统计平均。正像大量枪弹打在靶上有一定的统计分布一样，屏上的干涉条纹反映了大量光子的统计分布。据此可见，大量光子聚集起来的表现确实与光波的表现完全一致。

综上所述，光子等微观客体既不是经典概念中的波（它是概率波，这一概念今后将会在《近代物理中》学习），也不是经典概念下的粒子（没有确定的运动轨道），对于它们的行为，很难用经典概念来描述和理解。只有在量子场论中，才能把光的波动性和粒子性在全新的意义下统一起来，才能真正理解二者的关系。一般地说，光在传播过程中显示出波动性，如光的干涉和衍射等；在与物质相互作用时，则显示出粒子性，如光电效应，康普顿效应等。

波粒二象性是光本性的两个侧面，但并不是它的全部性质。三百年来，人类对光的认识经历了一次又一次飞跃，有了比较深刻的认识，但还远远没有完结，还有待于进一步的探索。例如，光子还能再分吗？光子还有没有内部结构？光子是否真的没有静质量等，还有待于继续深入研究。

【小　结】

1）光电效应。

（1）光电效应及其实验规律。

（2）爱因斯坦光电效应方程

$$h\nu = \frac{1}{2}mv^2 + A$$

红限频率

$$\nu_0 = \frac{A}{h}$$

2）康普顿效应及其解释。

波长偏移

$$\Delta\lambda = \frac{h}{m_0 c}(1-\cos\theta) = \lambda_c(1-\cos\theta)，\ \lambda_c = 0.002\,4\ (\text{nm})$$

3）光的波粒二象性。

【思考题】

9.1 设用一束红光照射一下某种金属，不产生光电效应，如果用透镜把红光聚焦到该金属上，并经历相当长的时间，能否产生光电效应？为什么？

9.2 某种金属在一束绿光照射下刚能产生光电效应，现用紫光或者红光照射时，能否产生光电效应？为什么？

9.3“光的强度越大，光子的能量就越大”，这种说法对吗？

9.4 为了比较容易观察到康普顿效应这种现象，问入射的 X 射线的波长是长一些好还是短一些好？为什么用可见光作为入射光观察不到康普顿效应？

9.5 光电效应和康普顿效应都包含有电子和光子的相互作用，这两种过程有什么不同？

9.6 在康普顿散射图像中，为什么波长偏移 $\Delta\lambda$ 与散射物质无关？

9.7 什么是光的波粒二象性？

【习　题】

9.1 试求用波长 $\lambda = 400$ nm 的光照射在金属铯上时，所放出光电子的最大速度（已知铯的逸出功为 1.94 eV）。

9.2 银的光电效应的红限为 262 nm，求：（1）银的逸出功；（2）入射光的波长为 200 nm 时的遏止电压。

9.3 从钾中移出一个电子需要 2.0 eV 的能量，今有波长为 360 nm 的光投射到钾表面上。问：（1）由此发出光电子的最大动能是多少?（2）遏止电压 U_a 为多大?（3）钾的截止波长为多大?

9.4 入射光子波长为 0.003 nm，康普顿散射电子的最大动能为多少电子伏特？

9.5 在康普顿散射中，入射光子的波长为 0.07 nm，求当光子散射角为 60°和 180°时散射光子的波长。

9.6 在康普顿散射中，光子的散射角 θ=90°，求散射光的波长改变量；并求出入射光波长分别为 600 nm 和 0.1 nm 时，波长改变量和入射光波长之比。

9.7 已知 X 光光子的能量为 0.60 MeV，在康普顿散射之后波长变化了 20%，求反冲电子的能量。

【阅读材料】

非线性光学现象

当光在物质中传播与物质发生相互作用时，通常假定物质原子对光波电磁场的响应是成正比或是线性的，光在媒质中传播满足独立性和叠加性，该理论称为线性光学，也就是普通光学（或弱光光学）。但当强激光进入媒质中时，原子对光波电磁场的响应不仅决定于场强的一次项，也与场强的高次项有关，即响应一般是非线性的。因此，自激光发明之后，人们随即就观察到激光与物质作用时出现的许多新奇的光学现象，即所谓的非线性光学现象。探讨这些现象的规律、理论和应用的学科称为非线性光学或强光光学。

在线性光学中，入射光场中的电场强度比物质原子的内部场强小得多，光（弱光）使介质激化而产生的极化强度 $\boldsymbol{P}$ 与光矢量 $\boldsymbol{E}$ 在量值上有下列关系

$$P = X\varepsilon_0 E = \alpha E_0$$

式中，X为电极化率，它与电场强度无关。当光矢量以频率ν作简谐振动时，介质原子也以同样频率作振动并发射出次级光波，由于次级光波与入射光波的频率一样，所以光波的单色性不会改变。当有几种不同频率的光波同时与物质作用时，各种物质的光波都线性独立地反射、折射和散射，不会产生新的频率，这就是通常所讲的光的独立性原理。

但在强光作用下，介质的极化强度与光矢量值一般有下列关系：

$$P = \alpha E + \beta E^2 + \gamma E^3 + \cdots$$

式中，α、β、γ,…是与介质有关的系数。理论证明

$$\frac{\beta E^2}{\alpha E} \approx \frac{\gamma E^3}{\beta E^2} \approx \cdots \approx \frac{E}{E_0}$$

式中，E_0代表介质原子内的电场强度，其数量级约为10^{10}~10^{11} V/m；在普通光源发射的光波中，光矢量$E \approx 10^3 \sim 10^4$ V/m，$\frac{E}{E_0} \ll 1$，所以近似有$P \approx \alpha E$。但强激光的$E \approx 10^9$~10^{12} V/m，就不能略去P中所包含E的高次项（即非线性项）了，这就是一系列强光光学效应的物理根源。

下面介绍几种非线性光学效应。

1．倍频和混频

设入射到介质中强光光矢量的大小

$$E = E_0 \cos \omega t$$

介质响应的极化强度

$$P = \alpha E_0 \cos \omega t + \beta E_0^2 \cos^2 \omega t + \gamma E_0^3 \cos^3 \omega t + \cdots$$

略去E_0^3以上各项有

$$P = \alpha E_0 \cos \omega t + \frac{1}{2} \beta E_0^2 (1 + \cos 2\omega t)$$

$$= \frac{1}{2} \beta E_0^2 + \alpha E_0 \cos \omega t + \frac{1}{2} \beta E_0^2 \cos 2\omega t$$

上式中第一项是常量，相当于在介质中存在不随时间变化的电极化强度，为直流项。这一项的存在使介质的两相对表面分别出现正的与负的极化面电荷，相应产生一恒定电场。这种由交变电场得到恒定电场的现象称为光学整流；第二项是频率等于入射光频率的极化强度分量，是基频项，表明介质原子发射与入射光频率相同的次级光波；第三项是频率等于入射光频率两倍的次级光波，这就是光学倍频。

光学倍频现象是在激光出现后不久就由弗兰肯等人所发现的。他们用红宝石激光器发出$\lambda = 694.3$ nm 的激光聚焦在石英片上，让出射光进行棱镜分光，结果发现除了存在原有频率的激光外，还存在$\lambda' = 347.15\ \text{nm} = \frac{\lambda}{2}$的较弱紫外光。

当用频率不同的两束强光

$$E_1 = E_{01} \cos \omega_1 t$$

$$E_2 = E_{02} \cos \omega_2 t$$

在介质中相遇时，入射光可以表示为

$$E = E_{01} \cos \omega_1 t + E_{02} \cos \omega_2 t$$

忽略介质极化强度的三次方以上的非线性极化项，则有

$$P=\alpha E+\beta E^2$$

即得

$$\begin{aligned}\beta E^2&=\beta(E_{01}\cos\omega_1 t+E_{02}\cos\omega_2 t)^2\\&=\beta E_{01}^2\cos^2\omega_1 t+\beta E_{02}^2\cos^2\omega_2 t+2\beta E_{01}E_{02}\cos\omega_1 t\cos\omega_2 t\\&=\frac{1}{2}\beta E_{01}^2(1+\cos 2\omega_1 t)+\frac{1}{2}\beta E_{02}^2(1+\cos 2\omega_2 t)+\\&\quad\beta E_{01}E_{02}[\cos(\omega_1+\omega_2)t+\cos(\omega_1-\omega_2)t]\end{aligned}$$

由上式可以看出，除了直流项与倍频项外，还出现了和频项 $\cos(\omega_1+\omega_2)t$ 和差频项 $\cos(\omega_1-\omega_2)t$，这一现象称为光学混频。

在激光器中，为扩展激光器的频谱范围，常采用倍频技术。常用作倍频与混频的介质有磷酸二氮钾（KDP）、碘酸锂 $LiIO_3$）等晶体。

2. 自聚焦

由电磁场理论可知，光学介质的折射率 n 决定于介质的相对介电常数 ε_r，而且 $n=\sqrt{\varepsilon_r}$。当入射光强很小时，ε_r 为常数，折射率也为常数。这时折射率与入射光强无关，介质表现为线性的，这就是普通光学中所遇到的情况。

当用强光照射介质时，ε_r 与入射光强有关，因而折射率 n 也就与入射光强有关了，而且随入射光强增加而增大。如果入射光束截面上光强分布不均匀，则在该截面上各处介质折射率的分布也将是不均匀的。

激光光束的强度呈高斯分布（呈现钟形）。轴线上光强最大，因而致使折射率也作同样的分布，轴线上的折射率高于边缘部分。由光波在介质中的传播速度 υ 与介质的折射率 n 的关系式 $\upsilon=\dfrac{c}{n}$ 可知，n 越大，υ 越小，这样当高斯光束通过介质时，中心部分的相位就会滞后于边缘部分。也就是说，光波波面发生弯曲，其变化情况和光束通过凸透镜时类似（见图 9.7），使光束向轴上会聚，这一现象称为自聚焦。当光束的自聚焦与衍射引起的发散作用相平衡时，光束会自动收缩成一条很细的亮丝（直径约 5～10 μm）。自聚焦形成极高的能量密度，有可能导致介质本身的光学破坏，一般应该避免。如果激光束通过介质中心部分的折射率比周围低，则介质的作用如负透镜，光束的发散大于纯粹由于衍射引起的发散，这种现象称为自聚散。

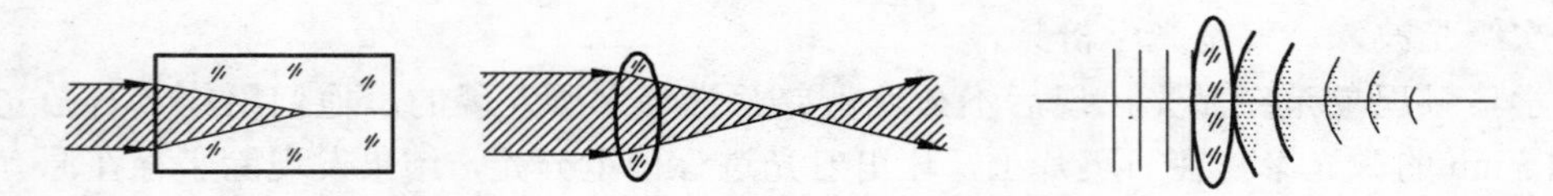

图 9.7　光学介质的自聚焦现象

以上介绍了激光在介质中传播时发生倍频、和频、差频和自聚焦等非线性光学现象，这些现象仍能根据光的波动观点予以解释和说明。还有一些非线性现象，必须直接用光子和原子作用的量子理论才能予以解释，双光子吸收就是如此。

3. 双光子吸收现象

前面在讨论原子受光激发、光电效应时，都认为原子每次只吸收一个光子，并且认为只有当原子两能级的差与入射光子的频率满足玻尔频率公式时，吸收才能发生。然而原则上并

不禁止原子接连吸收 2 个、3 个甚至多个光子，只是在弱入射光的条件下，发生多光子吸收的机会极小而已。但在强激光作用下，处在相同状态的光子密度相当大，使一个原子在满足

$$nh\nu = E_n - E_m$$

的条件下接连吸收多个光子成为可能。

图 9.8　单光子吸收　　　　图 9.9　多光子吸收

在 1961 年，凯塞等利用红宝石激光器产生的波长为 694.3 nm 的红光射向掺铕的氟化钙晶体（$CaF_2 \cdot Eu^{2+}$），使晶体发射出天蓝色荧光，这种荧光的波长为 425.0 nm。显然，这是晶体原子连续吸收了两个入射光子后，再自发辐射出来的。

除了以上所举的几种非线性光学现象之外，还有自透明、光学相位共轭、光学双稳态等效应。通过对这些光学非线性效应的研究，一方面提供了产生强相干光的新办法，扩大了其光谱范围；另一方面，通过强光与物质的相互作用，可以进一步获得物质微观结构的多要重信息。特别是光学相位共轭技术可以用于补偿波前畸变，改善图像在光纤中长距离传输的质量；而利用光学双稳态可以制成具有各种功能的记忆和开关元件，使其在集成光学和光计算机技术中具有重要的实用价值。

正如有人所说，在物理世界中：

线性只是近似的，非线性才是真实而普遍的；

线性确实是优美的，但非线性更显示出它的美妙和神奇。

习题参考答案

第1章

1.1 12.5 lm，11.1 lx

1.2 8×10^4 cd

1.3 $h=\dfrac{\sqrt{2}}{2}R$

第2章

2.3 $n_2=1.41$，无全反射，$\theta_1=52.9°$

2.5 4.24 cm，2.6，2

2.7 12 cm，−1 cm

2.8 1.5，$|r|=76.8$ mm

2.9 −60 cm，−25 cm

2.10 $r=5$ cm，凸面镜

2.11 30 cm

2.12 镜前 30 cm 和 10 cm

2.13 $S_1'=3$ m，$S_2'=-5$ m，$S_3'=0.3$ m

2.14 1.54，−437.4 cm

2.15 −3.25 D，−308 mm

2.17 −0.8 m，发散

2.21 $S_2'=-100$ cm，$\beta=-2$

2.22 放大，正立虚像，$S_2=-15$ cm

2.23 −14.12 cm

2.27 ∞，∞，$2R$

2.28 12 cm

2.29 −24 cm

第3章

3.1 −1 m，20 cm

3.2 −0.5 m，−2 m

3.3 −0.5，5

3.4 −800

3.5 −1 343 倍

3.6 −1.74 cm，−112.6

3.7 $f_1'=16$ cm，$f_2'=4$ cm

3.8 12.5 cm，−12.5 cm，62.5 cm，37.5 cm

第4章

4.1 658 nm，2 mm，2.5 mm，3 mm

4.2 4.29 mm，3.22 mm

4.3 490 nm

4.4 6.6×10^{-3}mm

4.5 3.15 mm

4.6 9×10^{-2}mm，33

4.7 1.98 mm

4.8 1.31×10^{-3}mm

4.9 1.03 m

4.10 1.215

4.11 121 nm，643.7 nm（红）

4.12（1）673.1 nm

（2）583.3 nm，437.5 nm

4.13 628.9 nm

4.14 28.9″

4.15 1.000 28

4.16 除中心点外有 5 条，环数减少，明环的间距增大。

4.17 10^{-5} cm

4.18 凸，100 nm

4.19 成两个实像，$S'=10$ cm，两像点距离 $d=0.04$ cm；由于两束光在观察区域内并不交叠，故在光屏 D 上观察不到干涉纹。

4.20 6.03°

第 5 章

5.1 500 nm，3 mm

5.2 700 nm

5.3 600 nm，4×10^{-6} m

5.4 0.018 cm，0.006 cm

5.5 1.8×10^{-5} m

5.6 1.5×10^{-3} cm，6.0×10^{-3} cm

5.7 0.052 rad，3 级（共 7 条），1.52×10^{-5} rad

5.8 0.3 m

5.9 2.5×10^{-3} mm，10^{-5} rad，0.025 nm，缝宽不变

5.10 13.24°，37.09°

5.11 1.22×10^{-3} mm，6.1×10^{-3} mm

5.12 9.4×10^{-4} rad

5.13 6.7 km

5.14 0.024″；2 500 倍

5.15 1.063，44.4°，400 倍

第 6 章

6.1 （1） $I_1=\dfrac{I_0}{2}, I_2=\dfrac{I_0}{4}, I_3=\dfrac{I_0}{8}$。

均为线偏振光，其振动方向与刚通过的偏振片的透光方向平行。

（2） $I_3=0$

6.2 61°52′

6.3 16.7%

6.4 3.51°，0.052 mm

6.5 53.06°，36.94°

6.6 35°16′

6.7 1.60

6.8 $A_e/A_0=1.732, I_e/I_0=3$

6.9 当振动面和尼科耳的主截面在晶体主截面同侧时，$I_{2o}/I_{2e}=10.72$，在异侧时 $I_{2o}/I_{2e}=0.044$

6.10 3.683×10^{-2} mm，1.842×10^{-2} mm

6.11 8.585×10^{-4} mm，1.713×10^{-3} mm

6.12 430 nm，477.8 nm，537.5 nm，614.3 nm，716.6 nm

6.13 $N_1\perp N_2$ 时干涉减弱，$N_1 /\!/ N_2$ 时干涉加强

6.14 正椭圆偏振光；$\dfrac{3}{16}I_0$

6.15（1）明暗相间直条纹

（2）5.15 mm

（3）明暗互换，间距不变

（4）一片暗场

6.16（1）无变化，A 点强度 $4\left(\dfrac{I_0}{2}\right)$，$C$ 点为零

（2）无干涉条纹，A、C 点为线偏振光，振动面互相垂直。B 点为圆偏振光。

6.17 4.15 mm

第 9 章

9.1 $6.4\times10^{5}\ \mathrm{m\cdot s^{-1}}$

9.2 4.74 eV，1.47 eV

9.3（1）1.45 eV；（2）1.45 V；

（3）622 nm

9.4 2.56×10^{5} eV

9.5 0.071 22 nm，0.074 86 nm

9.6 0.002 43 nm，4.05×10^{-6}，2.43×10^{-2}

9.7 0.10 MeV

参考文献

[1] 姚启钧．光学教程[M]．2 版．北京：人民教育出版社，1989．

[2] 赵凯华，钟锡华．光学（上、下册）[M]．北京：北京大学出版社，1984．

[3] 赫克特 E，赞斯 A．光学（上、下册）[M]．北京：高等教育出版社，1980．

[4] 张阜权，孙荣山，等．光学[M]．北京：北京师范大学出版社，1985．

[5] 梁绍荣，等．普通物理（第四册）光学[M]．北京：高等教育出版社，1988．

[6] 王正清．光学[M]．北京：高等教育出版社，1991．

[7] 张之翔．北京大学普通物理教学研究论文集（第一集、第二集）[M]．北京：北京大学出版社，1987、1992．

[8] 物理通报编辑部．物理教学问题荟萃[M]．保定：河北大学出版社，1992．